普通高等教育能源动力类系列教材

热工基础创新实验

李 季 胡刚刚 编

机械工业出版社

本书是面向能源动力类相关专业“热工基础”“工程热力学”和“传热学”课程的实验指导教材。全书共分为四章，包括热工基础创新实验绪论、热工实验测量仪表及原理、工程热力学创新实验、传热学创新实验。本书的特色是结合创新实验教学思路进行实验内容的安排，每个实验都包括理论部分、实验部分、拓展部分，内容按照课前“兴趣引导、知识巩固、原理掌握”，课中“实验设计、分组研讨、自主实验”，课后“实验拓展、知识拓展”的创新实验教学体系进行设计和编写。

本书可作为能源动力类相关专业本科生的基础实验指导教材及创新实验指导教材，也可为从事能源动力类相关专业的教学、科研及技术人员提供参考。

图书在版编目（CIP）数据

热工基础创新实验/李季，胡刚刚编. —北京：机械工业出版社，2023.5

普通高等教育能源动力类系列教材

ISBN 978-7-111-72783-5

Ⅰ.①热… Ⅱ.①李… ②胡… Ⅲ.①热工学-实验-高等学校-教材 Ⅳ.①TK122-33

中国国家版本馆 CIP 数据核字（2023）第 045091 号

机械工业出版社（北京市百万庄大街 22 号　邮政编码 100037）
策划编辑：尹法欣　蔡开颖　　责任编辑：尹法欣
责任校对：郑　婕　何　洋　　封面设计：张　静
责任印制：邓　博
北京盛通商印快线网络科技有限公司印刷
2023 年 6 月第 1 版第 1 次印刷
184mm×260mm · 13.5 印张 · 331 千字
标准书号：ISBN 978-7-111-72783-5
定价：39.80 元

电话服务	网络服务
客服电话：010-88361066	机　工　官　网：www.cmpbook.com
010-88379833	机　工　官　博：weibo.com/cmp1952
010-68326294	金　　书　　网：www.golden-book.com
封底无防伪标均为盗版	机工教育服务网：www.cmpedu.com

前　言

本书是面向能源动力类相关专业及机械、建环、核电、自动化等专业本科生“热工基础”“工程热力学”和“传热学”课程的实验指导教材。

全书包括四章，即热工基础创新实验绪论、热工实验测量仪表及原理、工程热力学创新实验、传热学创新实验。创新实验体现在三个方面：一是实验内容创新，在“工程热力学”和“传热学”基础实验的基础上，增加了多个探究性实验，如饱和蒸气 p-t 关系测定及超临界相态实验、活塞式压气机性能测定实验、朗肯循环（含发电机）综合实验、导热系数及热扩散率实验、沸腾换热模块实验、辐射换热模块实验等；二是实验体系创新，对所有实验进行精心设计和编写，形成完整的创新实验内容体系，每个实验包括基础理论部分、创新实验设计、自主实验操作、实验拓展部分、知识拓展部分等内容；三是实验模式创新，将实验的各个环节分为课前、课中、课后三个阶段，每个阶段有不同的目标和任务，通过课前“兴趣引导、知识巩固、原理掌握”，课中“实验设计、分组研讨、自主实验”，课后“实验拓展、知识拓展”的实验教学模式，实现学生“理论—实践—创新”的认知锻炼。

本书可满足能源动力类相关专业本科生“热工基础”“工程热力学”和“传热学”课程的基础实验教学需求，开展实验教师指导下的验证性实验；还可满足更高层次的创新实验教学需求，开展以学生为中心的探究性实验。期望通过在创新实验教学方面积极的探索和尝试，锻炼学生的自主设计和独立实验能力，为提高学生的创新思维和科学实验素质，铺垫科学研究之路奠定坚实的基础。

本书由李季编写第 1 章至第 3 章，胡刚刚编写第 4 章（传热学实验部分），其他部分内容及全书统稿工作由李季负责。本书的出版得到“北京市高等教育本科教学改革创新项目”和“华北电力大学本科教材建设项目”的支持，在此表示衷心感谢。同时感谢王储、胡自坤、赵仁杰同学参与的校稿和绘图等工作。

本书在编写过程中参考了部分文献资料，在此对其作者一并表示感谢。

由于编者水平有限，书中难免有错误和不足之处，敬请广大读者批评指正。

编　者

符号表

符号	物理量名称	单位	符号	物理量名称	单位
A	面积	m^2	L_λ	光谱辐射强度	$W/(m^3 \cdot sr)$
a	声速	m/s	l	长度	m
a	热扩散率	m^2/s	M	力矩	N·m
B	磁感应强度	T	Ma	马赫数	无量纲
Bi	毕奥数	无量纲	m	质量	kg
b_0	标准煤耗率	g/(kW·h)	Nu	努赛特数	无量纲
C	电容	F	n	转速	r/min
c	质量比热容	J/(kg·K)	n	摩尔数	mol
c_p	定压比热容	J/(kg·K)	n	多变指数	无量纲
c_V	定容比热容	J/(kg·K)	P	功率	W
d	直径	m	Pr	普朗特数	无量纲
d	含湿量	g/kg	p	压力	Pa
d_0	汽耗率	kg/(kW·h)	p_0	滞止压力	Pa
E	热电动势	mV	p_a	大气压力	Pa
E	辐射力	W/m^2	p_b	环境压力	Pa
E_b	黑体辐射力	W/m^2	p_g	表压力	Pa
E_λ	光谱辐射力	W/m^3	p_v	真空度	Pa
F	力	N	p_{cr}	临界压力	Pa
Fo	傅里叶数	无量纲	Q	热量	J
G	重量	N	q	单位热量	J/kg
H	焓	J	q	热流密度	W/m^2
h	比焓	J/kg	q_0	热耗率	kJ/(kW·h)
h	高度	m	q_m	质量流量	kg/s
h	表面传热系数	$W/(m^2 \cdot K)$	q_V	体积流量	m^3/s
I	电流	A	R	电阻	Ω
J	惯性矩	$kg \cdot m^2$	Re	雷诺数	无量纲
K	质面比	kg/m^2	R_g	气体常数	J/(kg·K)
k	传热系数	$W/(m^2 \cdot K)$	R_H	霍尔系数	无量纲
L	辐射强度	$W/(m^2 \cdot sr)$	r	半径	m

（续）

符号	物理量名称	单位	符号	物理量名称	单位
S	照度	lx	ε	发射率	无量纲
S	熵	J/K	ε	介电常数	无量纲
s	比熵	J/(kg·K)	η_t	热效率	%
T	热力学温度	K	η_V	容积效率	%
t	摄氏温度	℃	θ	平面角	rad
U	电压	V	θ	过余温度	℃
u	速度	m/s	κ	定熵指数	无量纲
V	体积	m^3	λ	波长	μm
v	比体积	m^3/kg	λ	导热系数	W/(m·K)
W	功	J	μ	泊松比	无量纲
w	宽度	m	μ	动力黏度	Pa·s
X	角系数	无量纲	μ_J	焦耳-汤姆孙系数	K/Pa
x	长度坐标	m	ρ	密度	kg/m^3
x	干度	无量纲	ρ	电阻率	Ω·m
x	摩尔分数	无量纲	τ	时间	s
y	体积分数	无量纲	τ_c	时间常数	s
α	电阻温度系数	无量纲	Φ	热流量	W
α_f	角减速度	rad/s^2	φ	相对湿度	%
α_t	线膨胀系数	$℃^{-1}$	Ω	立体角	sr
γ	比热容比	无量纲	ω	角速度	rad/s
δ	厚度	m	ω	电热比	无量纲

目 录

前言
符号表

第 1 章 热工基础创新实验绪论 …… 1

1.1 创新实验背景 …… 1
1.2 创新实验体系 …… 2
1.3 创新实验环节 …… 4
1.4 创新实验要求 …… 6
1.5 创新实验内容 …… 6
1.6 创新实验安排 …… 13

第 2 章 热工实验测量仪表及原理 …… 15

2.1 热工实验测量概述 …… 15
2.2 温度测量仪表及原理 …… 16
2.3 压力测量仪表及原理 …… 32
2.4 流量测量仪表及原理 …… 48
2.5 实验中使用的测量仪表 …… 64

第 3 章 工程热力学创新实验 …… 67

3.1 空气定压比热容测定实验 …… 67
3.2 空气定熵指数测定实验 …… 73
3.3 二氧化碳 p-v-T 关系测定实验 …… 81
3.4 喷管流动特性测定实验 …… 88
3.5 饱和蒸汽压力和温度关系实验 …… 97
3.6 饱和蒸气 p-t 关系测定及超临界相态实验 …… 102
3.7 空气绝热节流效应测定实验 …… 109
3.8 活塞式压气机性能测定实验 …… 117
3.9 凝汽器的综合性能测定实验 …… 126
3.10 朗肯循环（含发电机）综合实验 …… 134

第 4 章　传热学创新实验 …… 157

4.1　线性导热实验 …… 157
4.2　径向导热实验 …… 162
4.3　非稳态导热实验 …… 166
4.4　导热系数及热扩散率实验 …… 172
4.5　自然和强制对流换热实验 …… 175
4.6　沸腾换热模块实验 …… 180
4.7　辐射换热模块实验 …… 185
4.8　扩展表面传热实验 …… 193
4.9　对流和辐射综合传热实验 …… 198

附录　热工测量仪表性能及热工实验相关参数表 …… 204

参考文献 …… 205

第1章 热工基础创新实验绪论

本章内容主要介绍“热工基础创新实验”提出的背景、创新实验的内容体系、创新实验的教学环节、实验对教师和学生的要求、创新实验教学内容以及创新实验学时安排。

1.1 创新实验背景

“热工基础”作为研究能量转换及热量传递基本规律的专业基础课程，在能动、机械、核电、建环、化工、汽车、航空、航天等学科有着非常广泛和重要的应用。“热工基础”课程包括“工程热力学”和“传热学”两个部分，前者研究能量转换（主要是热能和机械能之间的转换）的基本规律，后者研究热量传递的基本规律。

“热工基础”所包含的“工程热力学”和“传热学”两门课程是能源动力类相关专业的核心课程，同时也是传统能源动力学科与新兴学科（如新能源学科、储能学科、氢能学科）交叉融合的根源。“热工基础实验”（包括“工程热力学实验”和“传热学实验”）作为“热工基础”课程重要的实践环节，能够帮助学生更好地理解课程的基本概念，并进一步巩固课程的基础理论部分；促进对课程理论知识的实际应用，培养学生分析解决问题和综合应用的能力；掌握热工实验仪器和实验设备的使用方法、热工实验参数的测量方法，提高学生实验操作能力和综合实验技能。

“热工基础创新实验”提出的背景主要基于以下两个方面：

1. 学生需要掌握学科前沿知识和行业热点问题

近年来，随着能源动力学科的迅速发展，能源动力领域的学科前沿知识日新月异，学生迫切需要掌握本学科的前沿知识，以及时了解和掌握能源利用领域的先进技术和发展趋势。如目前我国火力发电行业新兴的水蒸气超临界发电技术、二氧化碳超临界循环发电技术、二氧化碳超临界循环制冷技术、有机工质朗肯循环㊀发电技术、火电机组启停和变负荷关键技术等，以及行业热点问题，如冬奥会“冰丝带”国家速滑馆、城市“超低能耗”建筑、太阳能“集热发电”技术、我国自主研制的“华龙一号”核电技术等。这些学科前沿知识和行业热点问题涉及“热工基础”课程的多个知识点：①工质性质，包括跨临界区工质的性质、新型制冷剂工质的物性；②热力过程，包括新型节流器工作过程、航天器缩放喷管工作过程；③热力循环，包括超临界蒸汽动力循环、有机工质朗肯循环；④热量传递，包括对流换热过程、辐射换热过程；⑤传热过程，包括新型换热器的设计及优化。

㊀ 朗肯循环也称作兰金循环。

通过开展与学科前沿和热点问题相关的实验，并进行深入的实验拓展，有助于在实践中提高学生对于“热工基础”核心知识点的直观认识，加深学生对于前沿知识的理解和热点问题的兴趣，使“热工基础”课程实验教学环节更紧密地与能源动力领域的学科前沿、行业热点、技术发展相结合，增强学生对能源动力专业的认同感。

2. 传统实验教学模式需要进行改革和创新

“热工基础”传统实验教学模式需要进行一定的试点改革和创新。传统实验教学多数是验证性实验，以实验指导教师进行实验演示、学生做验证实验为主，存在实验工况简单、实验手段单一等问题；学生的实验方案和实验操作都是按照实验教师的要求进行，实验课独立思考空间有限，缺乏自主意识和创新意识；同时，实验课程与理论课程结合还不够紧密，实验和理论知识的结合度需要进一步提高。

为提高学生参与实验的主动性和热情，打破实验课沉默状态，同时也为了提高学生的创新思维、设计能力和动手能力，对传统“工程热力学实验”和“传热学实验”课程进行了改革，开设“热工基础创新实验”课程，含“工程热力学创新实验”和“传热学创新实验”两个部分。期望通过创新实验课程，将基础理论和创新实验有机融合，锻炼学生的自主设计和独立实验能力，拓展学生学科前沿知识，开阔实验视野。通过“兴趣引导—理论学习—实验讲解—自主设计—课堂研讨—独立实验—实验拓展—知识拓展”的教学模式，倡导学生自主学习、合作学习和探究学习，实现对学生“理论—实践—创新”的认知训练，提高学生的创新意识和创新思维，为将来的科学实验研究之路打下牢固的基础。

1.2 创新实验体系

创新实验教学主要包括基础理论部分、创新实验部分、实验拓展部分，分别通过课前、课中、课后三个阶段完成。

1.2.1 基础理论部分

基础理论部分通过课前阶段完成，主要内容包括了解实验目的、掌握实验中涉及的知识点、熟悉实验基本原理，并进行实验前测试。

1. 实验目的

实验目的是本实验需要达到的目标，包括理论上需要掌握的内容和实验中需要掌握的测试手段、操作技能和实验能力。本部分内容主要目的是使学生认识实验需要达成的目标，明晰实验需要完成的任务和要求。

2. 涉及知识点

涉及知识点主要是本实验与“热工基础”课程相关的基础理论知识，以简明扼要的形式给出实验中涉及的重要知识点，同时包括知识点相关的工程案例及学科前沿知识。本部分内容主要目的是使学生巩固与实验相关的重要知识点，为后续的实验环节做好充分的理论知识准备。

3. 实验原理

实验原理主要讲解实验的基本原理，以及与“热工基础”课程理论的关联情况。本部分内容主要目的是使学生熟悉实验基本原理，掌握实验原理与课程知识点的关联情况，了解实验测试方法和思路，并且能够将理论与实验结合，做到将课程基础理论应用于实验中。

4. 实验前测试

实验前测试内容包括客观测试题（判断题、选择题、填空题）和主观思考题，都是与实验密切相关的题目。本部分内容主要目的是通过实验前测试，了解学生对实验重要知识点的掌握情况以及对实验基本原理的理解情况。尤其是主观思考题部分使学生带着对问题的思考进入下一步创新实验环节。

1.2.2　创新实验部分

1. 实验装置

实验装置部分主要介绍各设备的名称、主要特点及能够进行的基本实验，同时给出带有设备标号的实验装置图，包括实验主体设备、实验辅助设备、实验测量仪表等。本部分内容主要目的是使学生熟悉主要实验设备和测量仪表，了解设备的主要功能和可开展的基本实验，同时了解实验中需要测量的热工参数。

2. 实验操作

实验操作主要介绍实验装置的基本操作步骤，并给出详细的实验操作流程。实验操作可通过多种形式进行，如教师现场进行实验操作步骤的讲解和演示，或通过线上视频的方式进行讲解和演示。本部分内容主要目的是使学生了解实验主要操作和实验基本工况，掌握热工参数的测量方法和热工仪表的测量原理。

3. 注意事项

注意事项是实验过程中需要学生重点关注的事项，包括设备安全注意事项、设备操作注意事项、仪表测量注意事项等，尤其需要对安全事项进行重点提醒。本部分内容主要目的是使学生建立起实验安全意识，了解对实验过程有重要影响的安全操作和测量因素。

4. 实验工况

实验工况列出了实验装置可进行的主要实验工况及相应的测量参数，教材中每个实验都可进行多实验工况下的设计。实际教学过程中可结合具体情况，在做验证性实验时向学生详细讲解实验工况，在做探究性实验时由学生自主设计和选择实验工况。本部分内容主要目的是使学生能够按照实验目的和实验原理，设计实验工况并正确开展实验，提高学生自主实验的能力。

5. 分组研讨

分组研讨是创新实验的重要环节，主要是通过自由分组的形式，让学生对实验设计或实验工况进行讨论。可采用多种研讨形式，如学生分组讨论后结果提交实验指导教师审阅，或在教师指导下在课堂中进行分组汇报和讨论。本部分内容主要目的是使学生对设计的实验工况进行反复论证，发现实验设计的不足，并进行相应的改进，提高学生分析和研究实际问题的能力。

6. 实验数据

实验数据是在实验工况设计和自主实验的基础上，对实验过程中数据进行采集、记录和处理，并根据实验现象和数据获得相应的实验结论。此阶段同样可根据具体情况进行，验证性实验向学生公开实验工况数据表格；探究性实验不公开实验工况表格，由学生自主设计实验表格并记录不同实验工况下的实验数据。本部分内容主要目的是要求学生能够正确读取和采集实验数据，并对实验数据进行科学的处理和合理的分析，最终获得正确的实验结论。

1.2.3 实验拓展部分

1. 思考问题

思考问题主要包括与实验原理、实验设备、实验操作、实验工况、实验结果等相关的有一定难度的思考题。本部分内容主要目的是要求学生能够对实验过程和实验结果进行深度的思考，能够对实验问题进行分析和解决，提高学生分析和解决问题的能力。

2. 实验拓展

实验拓展是创新实验的精华部分，包括提出实验装置的可能改进措施、实验工况的可能扩展情况及实验理论的相关拓展内容；同时引导学生查阅文献，了解与本实验相关度较高的教学实验和科研实验，了解其实验装置、实验原理、实验设计等，总结其与本实验装置相比的主要改进，以及其具有哪些新的实验思路。本部分内容主要目的是使学生思考利用现有实验装置还可以做哪些相关实验，并充分调研相关实验设备及实验方法，开阔视野，培养创新意识，提高科学实验基本素质。

3. 知识拓展

知识拓展主要是学科前沿知识的拓展，给出实验相关的知识主题，引导学生对其科学研究、发展现状、工程应用等方面进行文献调研，比较重要的前沿知识可以要求学生以论文的形式撰写并提交。本部分内容主要目的是通过创新实验教学与学科前沿知识的结合，使学生了解学科发展现状和前沿知识，增强对所学专业的认同感，同时培养学生的创新意识和创新思维，为学生将来的科学研究之路做铺垫。

1.3 创新实验环节

创新实验教学的设计思路是通过课前“兴趣引导、知识巩固、原理掌握”，课中“实验设计、分组研讨、自主实验”，课后“实验拓展、知识拓展”的教学模式，实现学生“理论—实践—创新”的认知锻炼，鼓励学生进行“自主式实验、合作式研讨、探究式学习”。图 1.3.1 所示为“热工基础创新实验”教学模式。

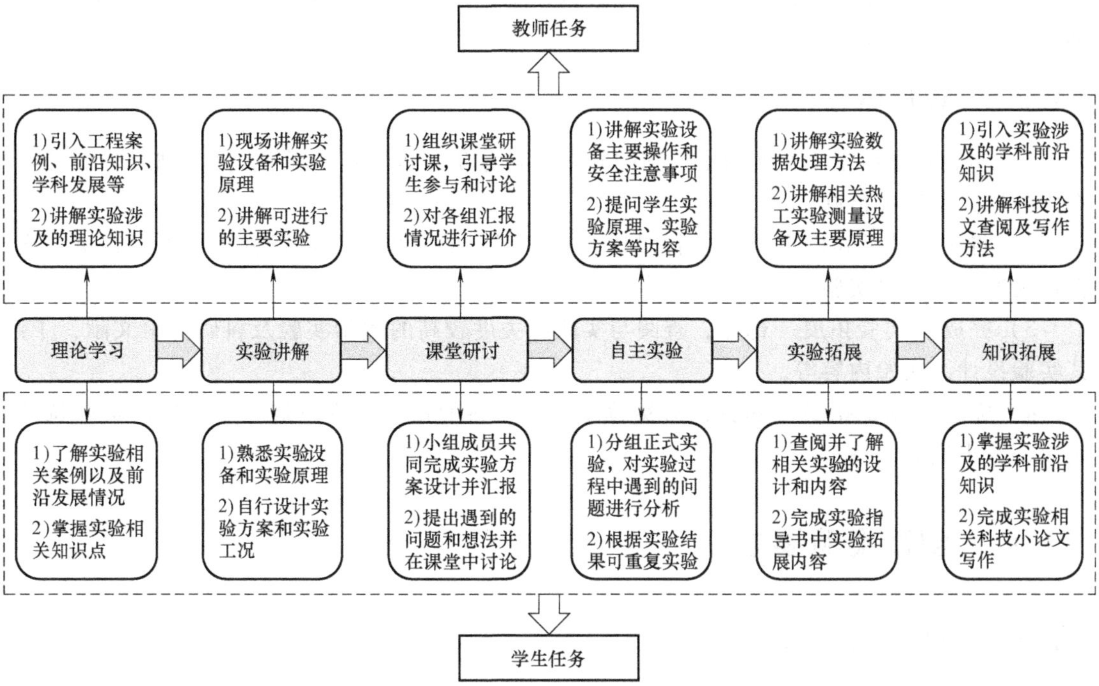

图 1.3.1　“热工基础创新实验”教学模式

1.3.1　课前环节

1）首先提出实验涉及的知识点，结合实际案例、工程应用或学科前沿知识等以提高学生兴趣。

2）学生复习实验涉及的知识点，巩固实验相关理论知识，为后续实验环节做好理论知识准备。

3）学生学习实验原理，将理论与实验相结合，掌握理论在实验中的应用及实验对理论的验证情况。

1.3.2　课中环节

1）实验指导教师在实验室现场讲解实验设备和实验原理，提示实验设备可进行的主要实验。

2）根据实验指导教师讲解，学生熟悉实验设备和实验原理，并分组进行实验方案设计和实验工况设定。

3）实验指导教师召开实验研讨课，让学生分组汇报实验方案和实验设计，对学生遇到的问题进行讨论和指导。

4）实验指导教师现场讲解实验设备主要操作流程和基本注意事项，重点是人身安全和设备安全的注意事项。

5）指导教师在学生正式实验前随机提问小组成员实验原理、实验方案、实验操作等内容，可作为分组成绩的一部分。

6）学生分组正式实验，以学生独立实验为主，实验指导教师辅助，学生实验操作不正确时给出必要的提示。

1.3.3 课后环节

1）实验结束后学生对实验中遇到的问题进行分析，以小组为单位讨论实验结果和问题产生的原因及解决措施。

2）将实验结果和已有结果进行对比，对不理想的实验结果进行分析，提出解决方案，根据情况可做重复实验。

3）完成“实验拓展”部分，查阅与实验相关度较高的教学实验及科研实验文献，了解其实验设计、实验内容等。

4）完成“知识拓展”部分，对实验涉及的学科前沿、技术发展、工程应用进行调研，完成部分小论文的撰写。

1.4 创新实验要求

1.4.1 对教师的要求

1）进行创新实验课程的总体教学设计，完善实验教学体系，规范实验教学流程，实施好每一个实验教学环节。

2）通过兴趣引导和知识巩固环节，将课程理论部分与实验部分紧密结合，使学生能够做到将课程知识点应用于实验中。

3）培养学生从实际问题抽象出理论知识，并运用课程中所学的基本理论，分析和解决实际问题尤其是工程问题的能力。

4）通过创新实验环节，引导学生自主进行实验设计、独立进行实验操作，强化学生科研实验思维，提高学生的实践能力。

5）通过实验拓展环节，引导学生科研实验思维，拓展学科前沿知识，培养学生的创新思维和科研实验的基本素质。

1.4.2 对学生的要求

1）熟练掌握实验关联的知识点，同时能够将理论知识应用于实验中。

2）自主进行实验设计，分组独立进行实验操作并对实验结果分析讨论。

3）做到实验目标明确，实验方案可行，实验设计合理，实验方法正确。

4）分组参加实验研讨，通过实验工况的讨论和论证，优化实验方案。

5）能够正确分析和处理实验数据，根据实验数据获取有效实验结论。

6）查阅文献，对相关实验进行比较分析，同时完成相关小论文写作。

1.5 创新实验内容

“热工基础创新实验”包括“工程热力学创新实验”和“传热学创新实验”两个部分，

各实验的基础实验内容及创新实验内容（含实验拓展和知识拓展）如下。

1.5.1　工程热力学创新实验

1. 空气定压比热容测定实验

实验内容：

1）掌握温度、压力、流量、热量的测定方法。

2）进行空气定压比热容[⊖]的实验测定和计算。

3）分析空气中水蒸气对实验结果的影响。

实验拓展：

尽管在实验装置采用了良好的绝热措施，但杜瓦瓶对环境的辐射散热是不可避免的，实验中应如何减小散热给实验带来的误差？如果实验测定的是气体的定容比热容，如何进行实验装置的设计？

知识拓展：

物质在临界状态和超临界状态呈现特殊的物理性质，如水在临界状态点附近呈现大比热容特性、CO_2 在超临界区和亚临界区比热容的变化等。查阅资料了解临界状态附近比热容等物性参数的热力学性质。

2. 空气定熵指数测定实验

实验内容：

1）测定不同实验工况下的空气定熵指数。

2）掌握 p-V 图中热力过程与定熵指数的关系。

实验拓展：

本实验所选定的热力系统为控制质量，如果以刚性容器作为热力系统，即控制体积，定熵指数的计算公式如何推导？实验操作有什么变化？

知识拓展：

查阅文献，了解热力学历史、热力学重要定律及相关科学家所做贡献，谈谈阅读后的感悟，写一篇小论文。

3. 二氧化碳 p-v-T 关系测定实验

实验内容：

1）测定高于、等于、低于临界温度下，二氧化碳气体的 p-v-T 关系。

2）观测二氧化碳气体在临界状态的现象。

3）绘制实验结果曲线并与标准曲线对比。

实验拓展：

通过查阅资料了解临界状态下流体具有哪些特殊性质。通过实验可观测到哪些性质？分析实验过程中 CO_2 临界状态不容易观测到的原因。

⊖ 比热容也称作比热。

知识拓展：

在19世纪中叶，包括法拉第在内的许多科学家通过压缩气体的方法，将二氧化碳、氯化氢等气体相继在实验室压缩成为液体。但是氧气、氮气、氢气却一直无法液化，当时的科学家把这些“顽固派”气体称为“永久气体”，即不存在液态。试结合本实验的结论对以上这段话进行点评。

4. 喷管流动特性测定实验

实验内容：

1）测定渐缩喷管中气体的流速和流量的变化规律。

2）测定缩放喷管中气体的流速和流量的变化规律。

3）分析如何通过理论和实验方法获得喷管的临界压力。

实验拓展：

对于缩放喷管，如果出口背压大于设计压力时，喷管的渐扩段可能产生正冲击波，查阅文献了解相关情况。设计缩放喷管内产生冲击波的实验工况，了解此时喷管压力分布情况和喷管流量情况。

知识拓展：

一般情况下，飞机较难突破声速，主要是声障的缘故，查阅资料对该现象进行了解。通过查阅文献了解喷管在不同领域的应用情况，对喷管的发展及最新技术进行调研。

5. 饱和蒸汽压力和温度关系实验

实验内容：

1）测定水蒸气饱和压力和饱和温度变化关系。

2）观察小容积容器中水的核态沸腾现象。

3）绘制实验结果曲线并与标准曲线对比。

实验拓展：

查阅文献分析不凝结气体对饱和状态的影响，分析实际加热过程特点并在 p-V、T-s 图上表示，分析实验数据和水蒸气表理想数据存在误差的主要原因。

知识拓展：

实验中密闭容器中的沸腾现象属于小容积核态沸腾，通过“传热学”课程中沸腾换热的相关内容，分析实验中沸腾过程的主要特点。

6. 饱和蒸气 p-t 关系测定及超临界相态实验

实验内容：

1）对多种工质（R134a、R410a、R600a、CO_2 等）p-t 关系进行测定。

2）对多种工质在亚临界、临界、超临界状态范围进行可视化观测。

3）绘制多种工质的饱和压力与饱和温度 p-t 关系曲线。

实验拓展：

通过对临界乳光现象、超临界流动现象的观测，查阅相关文献，对现象进行分析和解释，并了解其在工程中的应用情况。

知识拓展：

通过“工程热力学”实验已经初步了解超临界工质的一些性质。查阅相关文献，对有关跨临界工质性质研究的学科前沿课题进行深入调研，写一篇小论文。

7. 空气绝热节流效应测定实验

实验内容：

1）测定不同实验工况下的节流微分效应。

2）测定不同实验工况下的节流积分效应。

3）绘制绝热节流过程的 T-p 图的回转曲线。

实验拓展：

查阅资料，分析空气绝热节流的热效应、冷效应和零效应的发生条件。可对实验工况进行扩展，如改变实验工质测定 CO_2 气体的节流效应，需要对实验装置做哪些改造？

知识拓展：

绝热节流效应在工程上有很多应用，如节流在热网运行、气体输运、军事探测等方面的应用，利用节流的冷效应是低温制冷、气体液化的常用方法。通过查阅文献，对绝热节流的理论研究和工程应用进行深入调研，写一篇小论文。

8. 活塞式压气机性能测定实验

实验内容：

1）利用传统测量技术获得压气机性能参数。

2）利用现代测量技术获得压气机性能参数。

3）掌握压气机实际耗功、绝热效率、容积效率、压缩指数等性能参数。

实验拓展：

除实验采用的装置外，查阅资料，了解其他活塞式压气机性能测定的实验装置与本实验装置相比有哪些特点。

知识拓展：

压缩空气的用途非常广泛，是仅次于电力的第二大动力能源，因此空气压缩机作为通用设备，在各个行业领域得到广泛的应用。查阅资料，了解活塞式压气机在动力、制冷、冶金、采矿、石化、纺织、制药等领域的应用情况及最新发展趋势。

9. 凝汽器的综合性能测定实验

实验内容：

1）通过实验了解凝汽器真空形成的原理和形成的过程。

2）通过凝汽器实验，测定凝汽器水汽侧的热平衡状况。

3）通过凝汽器实验，测定凝汽器换热器的传热系数。

实验拓展：

实验中如何设定凝汽器的真空度？如何调整真空度的大小？实验中凝汽器的流动阻力对实验结果有何影响？如何测量汽侧和水侧的流动阻力？需要增加哪些测点？

知识拓展：

请提出关于实验课程教学模式和教学方法的建议，可借鉴其他大学实验或中学实验。你希望通过实验获得哪些能力？你觉得如何才能提高实验能力？写一篇心得报告。

10. 朗肯循环（含发电机）综合实验

实验内容：

1）通过实验室装置对经典朗肯循环进行演示。

2）测定水蒸气饱和压力与饱和温度关系。

3）测定水蒸气的绝热节流微分效应。

4）测定不同排汽压力系统摩擦损失。

5）测定不同排汽压力下湿蒸汽干度。

6）测定不同排汽压力下循环电热比。

7）测定不同工况下汽轮机相对内效率。

8）不同实验方法测定朗肯循环热效率。

实验拓展：

实验室朗肯循环装置还可以开展哪些实验？对实验方案和实验工况进行设计和讨论。访问朗肯循环虚拟仿真实验平台，对虚拟仿真实验进行了解和探究[⊖]。

知识拓展：

英国科学家朗肯（W. J. M. Rankine）于1859年出版《蒸汽机和其他动力机手册》，这是第一本系统阐述蒸汽机理论的经典著作。查阅相关文献，了解朗肯循环的提出背景和发展历史。

1.5.2 传热学创新实验

1. 线性导热实验

实验内容：

1）测量在稳态传热时单一固体材料和复合固体材料温度分布的差异。

2）测量和比较不同固体材料的导热系数。

3）测量复合平板材料在相邻接触面上的温降。

实验拓展：

本实验通过不同金属材料、不同面积的线性导热实验测定材料的导热系数，而热扩散率也是一种非常重要的热物性参数，分析能否通过本实验装置测定材料的热扩散率。

知识拓展：

大型汽轮机汽缸及转子的导热性能影响汽轮机的安全可靠性，查阅文献资料，从导热的角度了解大型汽轮机设计制造过程需要关注的问题。

2. 径向导热实验

实验内容：

⊖ 基于作者教学环境，后同。

1）测量圆筒壁稳态导热时的温度分布规律。

2）利用傅里叶定律测量圆盘材料的导热系数。

3）了解非稳态导热的实验方法，观察非稳态导热的温度变化规律。

实验拓展：

本实验以圆盘为实验元件开展圆柱形物体的导热性能实验，测定其温度分布、热流量及材料导热系数，分析在此基础上能否开展圆柱形物体一维非稳态性能实验。

知识拓展：

实际生产过程中圆筒壁导热应用范围很广，如火电厂各种蒸汽管道加装保温材料，都属于圆筒壁的导热问题，查阅资料了解圆筒壁导热问题的应用情况。

3. 非稳态导热实验

实验内容：

1）掌握非稳态实验的实验设备和实验方法。

2）测量非稳态导热时不同形状试件中心温度随时间的变化。

3）测量非稳态导热时不同材料试件中心温度随时间的变化。

实验拓展：

非稳态导热过程既包括加热过程，又包括冷却过程，分析本实验能否开展这两个过程的非稳态过程导热实验。能否利用强制对流换热实验通道，进行强制循环冷却，并测定其非稳态放热特性。

知识拓展：

非稳态导热过程在生产实际中的应用很多，火电机组启动、停机过程和变负荷过程都属于该过程。目前灵活性成为火电机组应对高比例新能源电力系统的迫切任务，查阅文献，调研火电机组在提高灵活性方面所采取的措施。

4. 导热系数及热扩散率实验

实验内容：

1）通过非稳态导热过程的温度变化掌握获得非稳态温度场的方法。

2）掌握常功率平面热源法同时测定绝热材料导热系数和热扩散率的实验方法。

3）深入理解导热系数和热扩散率对温度场的影响。

实验拓展：

本实验与传热学创新实验 3 都是非稳态导热实验，二者有何异同？测试同种金属材料的导热系数一样吗？

知识拓展：

汽轮机启动、停机过程是非稳态过程，查阅文献，了解汽缸加热与冷却过程的导热问题应如何进行分析和求解。

5. 自然和强制对流换热实验

实验内容：

1）掌握自然对流和强制对流的实验方法。

2）测试表面气流速度对物体表面换热的影响。

3）测试不同换热表面对自然和强制对流换热的影响。

实验拓展：

通过本实验装置能否测试带圆肋平板或直肋平板的换热器的表面传热系数⊖大小。查阅文献，调研其他对流换热实验装置，并比较本实验与其相比的优缺点。

知识拓展：

CFD（计算流体力学）模拟是用于分析复杂对流换热的有效工具，查阅资料，调研 CFD 模拟计算与实验测试结果用于指导生产实际的案例。

6. 沸腾换热模块实验

实验内容：

1）观察对流沸腾、泡状沸腾和膜状沸腾现象。

2）测量热流密度和恒压下的表面传热系数。

3）测定饱和压力对临界热流密度的影响。

4）观察膜状凝结现象并计算传热系数。

实验拓展：

本实验台除观测凝结现象外，还能开展哪些实验？需要增加哪些测试手段？调研其他沸腾实验装置是否能完整做出大容器沸腾曲线。

知识拓展：

塔式太阳能热发电需要太阳能集热器，在集热器内发生沸腾换热过程。查阅资料，了解太阳能集热器在沸腾换热方面存在的技术难题。

7. 辐射换热模块实验

实验内容：

1）掌握辐射换热实验装置的使用方法。

2）验证辐射换热相关定律。

3）熟悉传热学实验中变量控制的方法。

实验拓展：

辐射换热实验装置包括的实验组件较多，可进行多种辐射换热实验，结合所学传热学知识，分析利用现有实验装置还能开展哪些辐射实验。

知识拓展：

燃煤电站锅炉炉膛主要通过热辐射方式进行热量传递，调研分析从炉膛设计的角度如何考虑热辐射的影响。

8. 扩展表面传热实验

实验内容：

1）测量复合换热条件下扩展表面温度分布规律。

2）实验结果与理论分析结果的比较和分析。

⊖ 表面传热系数也称作对流换热系数。

3）掌握等截面直肋的导热计算及分析。

实验拓展：

为确保实验精度，对于长度的修正是必要的，本实验是否有必要对肋端长度进行修正？需考虑哪些因素？

知识拓展：

扩展表面的散热性能很强，可以极大地增强换热强度。在扩展表面的尾端，如果扩展表面越长，尾端的温压越小，对散热起到的作用越小，可通过计算得出最佳长度以及最佳形状，平衡材料成本和散热性能之间的矛盾。

9. 对流和辐射综合传热实验

实验内容：

1）测定在自然对流条件下，圆柱体在不同功率输入和表面温度下的综合传热量。

2）测量低温表面的表面传热系数和高温表面的辐射换热系数。

3）测定强制对流条件下不同气流速度对圆柱体综合传热效果的影响。

实验拓展：

本实验台在风道出口处加装加热棒以产生热辐射，分析加热棒安装位置对实验结果的影响。传热学创新实验 5 的对流换热实验台，同样会产生热辐射，能否开展对流辐射综合实验？

知识拓展：

燃煤电站锅炉烟道、燃气蒸汽联合循环的余热锅炉中发生的传热过程都是对流与辐射的复合传热过程，调研分析上述设备在设计过程中如何考虑对流与辐射综合影响。

1.6 创新实验安排

表 1.6.1 和表 1.6.2 为创新实验的学时安排，包括课前理论讲解、课中创新实验、课后实验拓展部分的建议学时。在实验教学计划具体实施时，可根据实验目标、实验要求和实验设备等合理安排各实验学时及实验内容。

表 1.6.1 “工程热力学创新实验”学时安排

实验内容	教学环节			
	理论讲解（课前）	创新实验（课中）	实验拓展（课后）	学时合计
1. 空气定压比热容测定实验	2	2	2	6
2. 空气定熵指数测定实验	2	2	2	6
3. 二氧化碳 p-v-T 关系测定实验	2	2	2	6
4. 喷管流动特性测定实验	2	2	2	6
5. 饱和蒸汽压力和温度关系实验	2	2	2	6
6. 饱和蒸气 p-t 关系测定及超临界相态实验	2	2	2	6
7. 空气绝热节流效应测定实验	2	4	4	10
8. 活塞式压气机性能测定实验	2	4	4	10
9. 凝汽器的综合性能测定实验	2	4	4	10
10. 朗肯循环（含发电机）综合实验	2	8	8	18

表 1.6.2 “传热学创新实验”学时安排

实验内容	教学环节			
	理论讲解（课前）	创新实验（课中）	实验拓展（课后）	学时合计
1. 线性导热实验	2	2	2	6
2. 径向导热实验	2	2	2	6
3. 非稳态导热实验	2	2	2	6
4. 导热系数及热扩散率实验	2	2	2	6
5. 自然和强制对流换热实验	2	4	4	10
6. 沸腾换热模块实验	2	4	4	10
7. 辐射换热模块实验	2	8	8	18
8. 扩展表面传热实验	2	2	2	6
9. 对流和辐射综合传热实验	2	2	2	6

第 2 章　热工实验测量仪表及原理

本章内容主要介绍热工实验所涉及的各类测量仪表，包括温度、压力、流量和流速测量仪表，介绍各仪表的主要结构、工作原理和主要特点等内容。在本章最后一节详细列出第 3 章“工程热力学创新实验”和第 4 章“传热学创新实验”中涉及的各类测量仪表。

2.1　热工实验测量概述

“热工基础”实验（包括“工程热力学”和“传热学”实验）所使用的测量仪表主要为热工测量仪表，包括温度、压力、流量和流速测量仪表。本章将详细介绍以上几种测量仪表及其工作原理。

测量仪表的定义为：可用于定量测量某物理量的仪表，由敏感元件、传送元件、转换元件和显示元件四个部分组成。图 2.2.1 所示为测量仪表工作原理系统图。

1）敏感元件：敏感元件是传感器的重要组成部分，是直接与被测对象发生联系的元件，其接收来自被测对象的信息，并产生与被测量有关的输出信号。

2）传送元件：用于传送信号，将信号从一个环节传送到另一个环节，与转换元件不同，它不进行信号变换，传送的信号也不局限于电信号。

3）转换元件：将敏感元件输出的各类信号转换为显示元件易于识别接收的信号。

4）显示元件：直接与测量人员发生联系，以能够识别的方式反映被测量元件的信息。

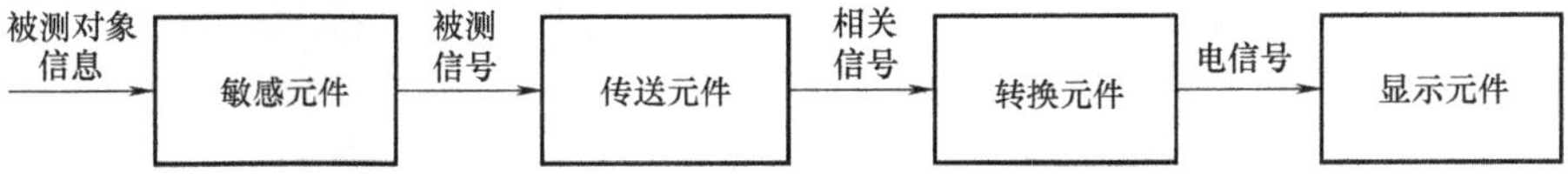

图 2.1.1　测量仪表工作原理系统图

测量仪表可归类于测量系统之中，测量系统可分为广义和狭义两种。其中，广义测量系统指的是对某物理量测量过程中涉及的所有因素的集合，包括测量仪表、测量人员、被测对象、程序方法等；狭义测量系统仅指测量仪表，为对某物理量进行测量的仪器或设备。

知识拓展：

引入广义测量系统的原因：有时需要视仪器的自动化程度和测量目的决定是否将测量人员也划入系统，如生活中常见的玻璃液体温度计，需要使用者自行比较液面与刻度的关系才能获得具体的温度数据，仅靠仪表本身无法完成全部测量流程。

即使是数字化和自动化程度较高的测量仪表也不能完全将测量人员排除出测量系统，如火电厂的汽包水位测量仪表虽然能够实现数据自动化采集以及数据远传，但是机组工况改变时，需要参考不同的仪表以确定正确水位，还需要对仪表示数进行修正，此时同样需要测量人员的参与。

本书主要以狭义测量系统即以测量仪表为对象进行研究。对常用的热工测量仪表进行分类，并对其测量原理进行详细介绍。

2.2 温度测量仪表及原理

2.2.1 温度测量概述

1. 温度定义

温度是国际单位制中的基本物理量之一，也是生产生活中常见的物理量。温度测量在生产和生活中最为常见，如生产中使用温度传感器等测量物质的温度，生活中使用温度计测量空气的温度、使用体温计测量人体的温度等。图 2.2.1 所示为生活中常见的温度计，包括玻璃液体式温度计、指针式温度计等。

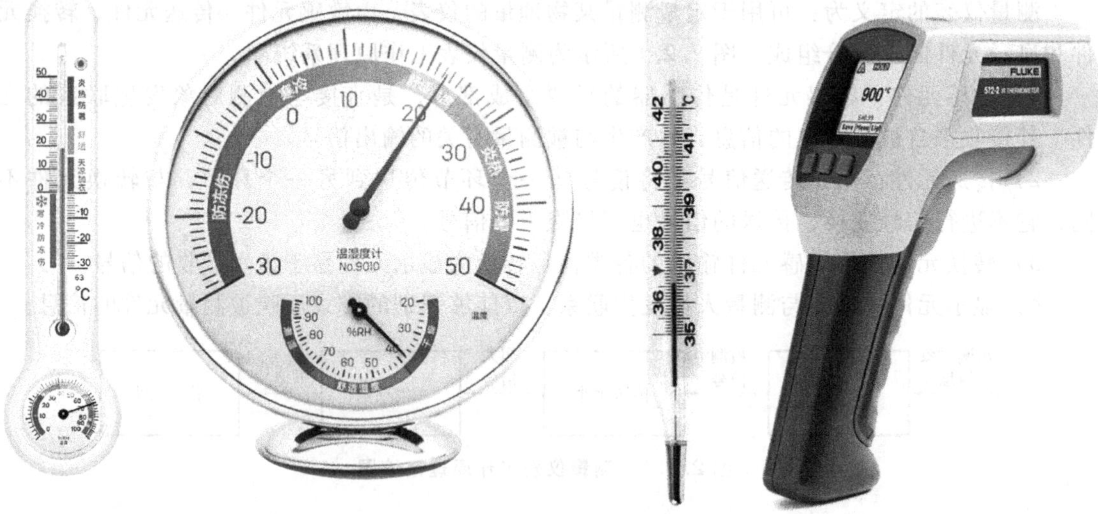

图 2.2.1　生活中常见的温度计

目前关于温度的定义已经有相对完整的理论，并能够选择相应的测量仪表来获得温度的准确数值。实际上，人类对温度的认知是一个长期的过程，对温度的研究和应用经历了不同的阶段。

知识拓展：

远古时期，人类就发现某些物质在经过火的烘烤后会发生变化，如用火烘烤过的肉比生肉更适合食用，高温能够使黏土转化为陶器供生活使用。火的利用为以后人类的发展做出了巨大贡献，但此时的人类对温度尚无明确定义和认识。

在古代，人类对“冷热”有了初步的认识：我国古诗中就有温度相关的描述，如唐代白居易的诗句“足蒸暑土气，背灼炎天光”描述了夏季的炎热；成语“炉火纯青”的来源说明中国古代的劳动者可以通过冶炼金属时的火焰颜色来判断温度的高低。当时人们虽然有了明确的温度评价手段，但大多数是定性的描述，主要是以自然现象作为参考，各行业缺乏统一的标准。

1593 年，意大利科学家伽利略（Galileo Galilei）制成了人类历史上首个温度计，这是一种膨胀式温度计，利用空气的热胀冷缩来反映温度的不同。但是此时尚没有温度的单位，因此只能粗略反映温度，同时由于该温度计是开口式的，大气压会对测量产生影响。

17 世纪，一种封口式玻璃酒精温度计被发明，这是人类首次发明的不受外界气压影响的温度计（具体的发明者没有统一的说法）。

1709 年，德国物理学家华伦海特（Garbriel Daniel Fahrenheit）改进了玻璃酒精温度计，增强了其可靠性和实用性。

1714 年，华伦海特首次发明了性能可靠的水银温度计。

1724 年，华伦海特提出华氏温标，将标准大气压下纯水的冰点定为 32℉，沸点定为 212℉。

1731 年，法国科学家列奥米尔（Rene Antoine Reaumur）提出了列氏温标。

1742 年，瑞典物理学家摄尔修斯（Anders Celsius）提出了摄氏温标。

1824 年，法国科学家卡诺（Nicolas Sadi Carnot）提出了卡诺循环和卡诺定理，揭示了热源的温度是影响热机理论效率的唯一因素。

1848 年，英国物理学家威廉·汤姆逊（William Thomson，即开尔文勋爵）根据热力学第二定律以及卡诺定律提出了开氏温标（热力学温标），该温标与测温物质的性质无关。

1876 年，德国物理学家西门子（Ernst Von Siemens）制造出第一支铂热电阻温度计。

1887 年，国际计量委员会（International Committee of Weights and Measures，CIPM）以氢温度计标定的摄氏温标作为标准温标，这是最早的国际统一温标。

1954 年，第十次国际计量大会（General Conference of Weights & Measures，CGPM）确定了水的三相点为热力学温标的唯一固定点。

1989 年，国际温度咨询委员会（Consultative Committee on Thermometry，CCT）通过了“1990 年国际温标（ITS-90）”，这也是我国的现行温标。

随着对温度研究的逐步深入，对温度也有了合理的定义。温度的热力学定义为：处于同一热平衡状态的各个热力系，必定有某一宏观特征彼此相同，用于描述此宏观特征的物理量为温度。温度的物理意义为：宏观上，温度是表征物体冷热程度的物理量；微观上，温度是描述微观粒子平均动能的物理量。

对于一个物理量而言，除定义外还要有对应的单位和测量方法，以下将详细介绍温度单位和温度测量。

2. 温度单位

温度的单位为温标，定义为温度的数值表示方法，温标的建立为温度测量提供标准而统一的尺度。

温度的微观定义表示微观粒子的平均动能的大小，但是无法直接根据此定义测量温度，因为测量大量微观粒子运动状态的方法是很难实现的。因此需要采用其他方法来标定温度单位。温标的建立需要满足以下三个条件：

1）温度基准点：用于确定温度的基准温度点，其具有确定的温度值，通常利用物质的相平衡点来确定。例如，标准大气压下，纯水的冰点和沸点是确定的，与当地环境、测温仪器、测量人员和温度单位均无关，即可作为温度基准点。热力学温标就是以水的三相点温度作为基准点。

2）测温仪器：由于温度只能间接测量，测温仪器本质上是利用测温物质及受温度影响的物理量来反映温度的数值。

3）温标方程：用以确定各固定温度点之间任意温度值的数学关系式。

常见的温标有经验温标、热力学温标和国际温标三大类。其中经验温标是借助某种物质的物理量与温度变化的关系，用实验方法或经验公式确定温标，其特点是应用方便且直观，但精度易受测温物质的纯度及环境条件的影响；热力学温标建立在热力学第二定律的基础上，与测温物质的性质无关，其特点是能够更科学地反映温度的本质，但应用不便；国际温标是经过世界多数国家承认并有专门测温仪器和统一温标方程进行规范的经验温标，其特点是定义明确，使用方便，复现性强。三类温标的固定温度点、测温仪器和温标方程等信息见表 2.2.1。

表 2.2.1　表示温度的三类基本温标

<table>
<tr><th colspan="2">温标名称</th><th>单位</th><th>提出者</th><th>提出时间</th><th>固定温度点</th><th>测温仪器</th><th>温标方程</th></tr>
<tr><td rowspan="3">经验温标</td><td>华氏温标</td><td>℉</td><td>［德国］华伦海特</td><td>1724 年</td><td>标准大气压下，氯化铵和冰水混合物温度为 32℉，人体温度 100℉</td><td rowspan="3">水银温度计</td><td>假设水银随温度上升均匀膨胀，将水的冰点和沸点之间均匀分为 180 份</td></tr>
<tr><td>列氏温标</td><td>°Re</td><td>［法国］列奥米尔</td><td>1731 年</td><td>标准大气压下，纯水的冰点为 0° Re，沸点为 80°Re</td><td>假设水银随温度上升均匀膨胀，将水的冰点和沸点之间均匀分为 80 份</td></tr>
<tr><td>摄氏温标</td><td>℃</td><td>［瑞典］摄尔修斯</td><td>1742 年</td><td>标准大气压下，纯水的冰点为 0℃，沸点为 100℃</td><td>假设水银随温度上升均匀膨胀，将水的冰点和沸点之间均匀分为 100 份</td></tr>
<tr><td colspan="2">热力学温标</td><td>K</td><td>［英国］开尔文</td><td>1848 年</td><td>水的三相点为 273.16K</td><td>一端热源温度为 273.16K 的可逆热机</td><td>$T=\frac{Q}{Q_0}\times 273.16\text{K}$
式中，Q 为热机与未知温度热源交换的热量；Q_0 为热机与温度为 273.16K 的热源交换的热量</td></tr>
<tr><td colspan="2">国际温标</td><td>K、℃</td><td>国际计量委员会、国际计量大会等</td><td>1887—1990 年</td><td>包括水的三相点 273.16K 等 17 个固定温度点</td><td>铂电阻温度计、光学高温计等 4 种</td><td>不同温度区间利用不同固定温度点进行分度，具体见 ITS-90</td></tr>
</table>

国际温标经过多次修订，已经很接近热力学温标，目前使用的是 1990 年国际温标，缩写为 ITS-90。国际温标同时定义了国际热力学温度（开氏度）和国际摄氏温度（摄氏度），除此之外也建立了与其他传统经验温标的关系，如普遍使用的摄氏温标和华氏温标等都已经进行了国际温标的规范和标定，不再依靠传统的经验标定。

表 2.2.2 给出了常用温标之间的换算关系。

表 2.2.2　常用温标之间的换算关系

温标换算	换算关系	温标换算	换算关系
℃→℉	(℉)=32+1.8×(℃)	℉→℃	(℃)=[(℉)-32]/1.8
℃→K	(K)=(℃)+273.15	K→℃	(℃)=(K)-273.15
℉→K	(K)=[(℉)+459.67]/1.8	K→℉	(℉)=1.8(K)-459.67

知识拓展：

除三类基本温标（经验温标、热力学温标、国际温标）外，还有一种温标称为理想气体温标。与热力学温标类似，其建立的初衷是避免测温物质自身特性对测量结果造成影响，因此采用理想气体的特性来反映温度大小。但由于所测量的实际气体均与理想气体的特性有一定差异，因此应用时测量结果不可避免地受到影响，因而理想气体温标的实际应用比较少。

3. 温度测量

温度是一种重要的物理量，精准的温度测量对生产和生活具有非常重要的意义。温度测量的仪表称为温度计，其定义为能够准确测量温度的仪器。可按照以下几种方式进行分类：

1）按测量方式，可分为接触式和非接触式温度计。前者的感温元件需要直接与被测物体接触，后者不需要接触即可进行温度测量。

2）按测温范围，可分为高温计和温度计。高温计测量的最高温度可达 600℃ 以上，温度计测量的温度一般在 600℃ 以下。

知识拓展：

“按测温范围”分类主要是建立在经验上，并不具备严谨的科学依据。首先，“温度计”的定义为“能够准确测量温度的仪器”，高温计同样能达到较高的精度（国际温标在高温区的标准测温仪器就是一种高温计）；其次，通常被划分为“温度计”的热电偶温度计也经常用来测量高温；除此之外，部分类型的温度计的测温范围很广，如红外温度计的测温范围为-250~3000℃。

3）按数据传输方式，可分为数字式和非数字式温度计。前者利用感温元件将温度数据转化为电信号并用数字仪表将温度以数字形式直接显示，如热电偶温度计、红外温度计等；后者则只有测温功能，无法以数字形式直接显示，如水银温度计、酒精温度计等。

从热工实验测量的角度，温度计主要是按测量方式进行分类。因此本书将重点介绍接触式温度计和非接触式温度计及其工作原理。

2.2.2　接触式温度计

接触式温度计将感温元件（属于测量仪表的敏感元件）直接与被测物体接触，测温的基本原理是根据1930年英国科学家福勒（Ralph Howard Fowler）提出的热力学第零定律：如果两个热力系统中的每一个都与第三个热力系统处于热平衡，则这两个热力系统彼此也必定处于热平衡。热平衡是温度相等的必要条件，对于接触式温度计而言，由于感温元件直接与被测物体接触，当两者达到热平衡时温度相等。在此基础上，通过测量感温元件的性质变化来间接获得待测物体的温度数值。

知识拓展：

由于接触式温度计与被测物体间的热量传递以导热为主，而导热过程速度较慢，因此接触式温度计测量时需要与被测物体有充分的接触时间以达到热平衡。

接触式温度计主要包括玻璃液体温度计、热电偶温度计、热电阻温度计、双金属温度计、压力式温度计等。

1. 玻璃液体温度计

玻璃液体温度计，又称为液体膨胀式温度计，是生活中最常见的温度计，经常用来测量室温和体温等；工业上，经过特殊工艺制造的玻璃液体温度计测温上限最高可达600℃。

玻璃液体温度计按工作液体可分为水银温度计、酒精温度计和甲苯温度计等；按用途不同可分为标准温度计（用于作为标准温度参考的温度计）、实验室用温度计和工业用温度计；按使用时温度计是否需要完全浸入被测液体中可分为全浸式温度计和局浸式温度计。

（1）基本结构 玻璃液体温度计的基本结构见图2.2.2，包括感温泡、工作液体、刻度标尺、毛细管、膨胀室五部分。

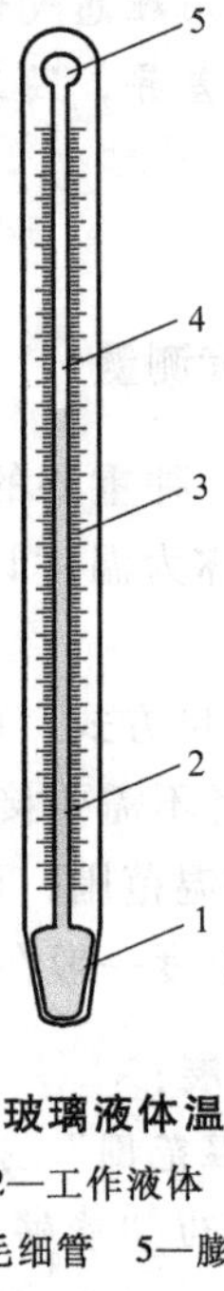

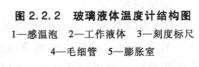

图2.2.2 玻璃液体温度计结构图

1—感温泡 2—工作液体 3—刻度标尺 4—毛细管 5—膨胀室

1）感温泡：又称为玻璃温包，属感温元件，内盛工作液体，与被测物体接触以测量温度变化。

2）工作液体：以体积的变化反映被测温度变化，最常见的工作液体为水银和酒精。

3）刻度标尺：标有温度刻度，用于读取温度数值。

4）毛细管：用作工作液体膨胀时的流动通道。

5）膨胀室：设置在毛细管末端，防止温度过高时液体膨胀过度而造成温度计损坏。

知识拓展：

测体温常用的玻璃体温计是一种特殊用途的玻璃液体温度计，使用时需显示所测的人体最高温度。因此，在毛细管靠近感温泡的位置设置了"缩口"，读数时由于感温泡不再与人体接触，温度降低，感温泡中水银收缩，在缩口处断开，使一部分水银存留在毛细管中，因此可方便地读出体温。再次使用时，需要将存留在玻璃管内的水银甩回感温泡中。除此之外，玻璃体温计的外形常呈现出三棱柱状，在特定的观察角度下，由于折射现象，水银液柱会显得更宽，便于读取温度数值。

（2）工作原理　玻璃液体温度计基于液体热胀冷缩的特性，感温泡内盛有工作液体，当被测温度变化时，液体体积随之变化，毛细管内的液面相应移动，通过读取此时的液面对应的刻度即可获得温度数据。

在使用玻璃液体温度计测温时，需要注意以下几点：

1）读数时使视线与液面尖端（凹液面底端或凸液面顶端）平行。

2）根据使用场合或条件，选择温度计是否需要全浸。

3）玻璃具有一定的热滞后效应，需要与被测物体有一定时间的接触，使感温泡达到热平衡状态，否则会造成温度计的滞差。

4）玻璃液体温度计经长期使用或经过温度剧烈变化后感温泡会有一定的体积变化，对测量精度产生影响，需要定期校正。

5）注意特殊型号温度计的使用方法，如体温计需要将工作液体甩回感温泡后才能正常使用。

知识拓展：

局浸测量时，温度计毛细管上部由于未接触被测物体，此部分的工作液体温度必然会与目标温度有差异，从而产生误差。一般而言，局浸或全浸二者的读数相差并不大，对于一般的工业或生活中的测温需求，采取较简单的局浸即可，但在部分对精度要求较高的科研测量中，依旧需要采用全浸来保证精度。

（3）仪器特点

优点：不需要外供电源，价格便宜；结构简单，性能可靠；线性度与精度均较高。

缺点：量程范围较窄，响应速度慢；温度数据无法远传，使用者需要现场读数；无法用于恶劣环境，不耐冲击和振动。

附表 1 列出了不同类型温度计的性能，根据此表可了解不同温度测量仪表的特点。

2. 热电偶温度计

热电偶温度计采用了特殊敏感元件，将温度数据转化为热电动势。热电动势作为一种电信号，便于远距离传递以及仪表的数字化，测温范围较玻璃液体温度计也更广。因此热电偶温度计的应用范围更广，尤其在工业生产和科学研究中得到了广泛的应用。

热电偶温度计按照有无保护套管可分为铠装型热电偶和普通型热电偶，按照是否符合国际或国家标准可分为标准型热电偶和非标准型热电偶，其中标准型热电偶依据制作材料可进一步细分为多种不同型号。

（1）基本结构　图 2.2.3 所示为热电偶温度计示意图，其主要结构包括热电偶、连接导线和显示仪表。

1）热电偶：是温度计的测温元件，其一端与被测物体直接接触，另一端处于室温环境或恒温槽中，将被测温度转化为电信号。

2）连接导线：连接热电偶和显示仪表，用于传导电信号。

3）显示仪表：将电信号按一定的函数关系转换为具体的温度值并显示。

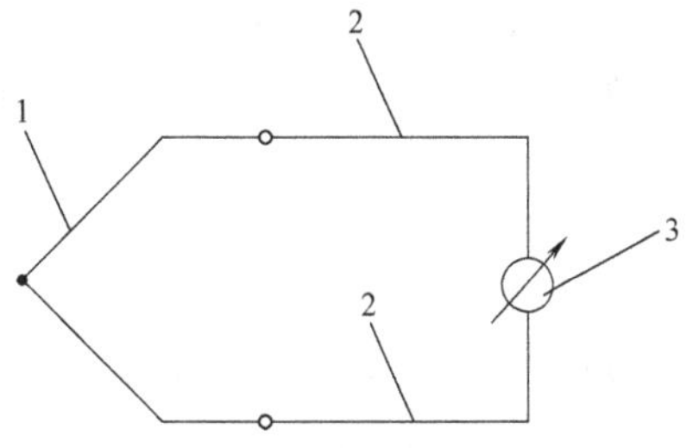

图 2.2.3　热电偶温度计示意图

1—热电偶　2—连接导线　3—显示仪表

知识拓展：

热电偶最初指使用不同材料焊接而成的闭合回路（详见下文工作原理），热电偶仅作为测温元件或敏感元件，没有转换功能。后来随着技术发展，热电偶的相关技术逐渐成熟，部分型号热电偶配有转换元件，从而成为更实用的热电偶温度传感器，在此基础上配备显示仪表后即构成热电偶温度计。

（2）工作原理 热电偶的基本工作原理是将温差转化为毫伏级热电动势信号输出。组成热电偶的两根导体或半导体称为热电极，焊接的一端称为热端（或称为测量端/工作端），与导线相接的一端称为冷端（或称为参考端/自由端），热端和冷端统称为接点。热电偶工作原理图见图 2.2.4。

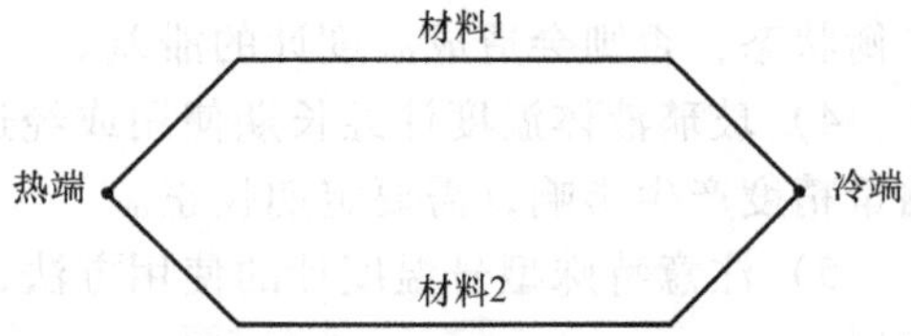

图 2.2.4 热电偶工作原理图

在测量时，将热端与待测物接触或插入被测对象，冷端置于常温环境或恒温槽中。热电偶输出的热电动势是将温差转化为电动势信号的关键因素，涉及以下基本定律。

塞贝克效应（热电效应）：将两种不同的导体或半导体两端相接组成闭合回路，并将两接点分别置于两种不同的温度时，回路中将会产生电动势，此电动势称为热电动势，此现象称为热电效应。将热端温度记为 T_h，冷端温度记为 T_c，则热电动势记为 $E\ (T_h,\ T_c)$。

知识拓展：

回路产生热电动势必须同时满足以下条件：①闭合回路；②冷热端温度不同；③回路至少包含两种材料。热电动势由接触电动势和温差电动势两部分组成。

接触电动势：由于不同导体的材料不同，电子的密度也不同，会产生接触电动势。

温差电动势：当同一根导体两端处于不同的温度，会产生温差电动势。

中间导体定律：不同导体组成的闭合回路，当冷热端温度相同时，回路均不产生热电动势。此定律对应热电动势产生的第二个条件，即冷热端温度不同。

均质导体定律：由一种均质材料组成闭合回路，不论材料上温度如何分布以及材料的粗细长短如何，回路均不产生热电动势。此定律对应热电动势产生的第三个条件，即回路至少包含两种材料。

中间温度定律：接点温度为 T_1、T_3 的热电偶产生的热电动势 E 等于接点温度分别为 T_1、T_2 和 T_2、T_3 的两支同性质热电偶的热电动势的代数和，T_2 称为中间温度。即

$$E(T_1,T_3)=E(T_1,T_2)+E(T_2,T_3) \tag{2.1}$$

式中，E 是热电动势，单位为 mV。

热电偶分度表是在冷端温度为 0℃ 条件下制成的，使用时要求其冷端温度为 0℃。如果实际冷端温度 T_c 不为 0℃，需要将冷端温度修正到 0℃。根据中间温度定律，可视实际冷端温度 T_c 为中间温度，根据式（2.1）可得

$$E(T_h,T_c)=E(T_h,T_{c,0})-E(T_c,T_{c,0}) \tag{2.2}$$

根据式（2.2）可获得冷端温度不为 0℃ 时热电动势的计算方法。

（3）仪器特点

优点：性能稳定，结构简单，使用方便；响应速度快，量程范围较宽，可测高温；可进行数据远传、报警与控温；标准化程度高，可根据需求选用不同型号。

缺点：在测量低温时误差较大，冷端温度不为 0℃ 时需要进行冷端补偿。

（4）标准型热电偶　标准型热电偶即具有统一分度表并已列入国际或国家标准的热电偶。标准型热电偶生产工艺成熟，性能稳定，应用广泛，便于不同类型热电偶与仪表的适配。若出现热电偶选型错误或者损坏的情况时也便于更换，保证了测量数据的准确度与再现性。

附表 2 列出了 8 种常见标准型热电偶的性能比较。

（5）冷端补偿　冷端补偿也称为冷端温度补偿。其基本原理为：热电偶的冷热端温度均能对热电动势产生影响，而对于大多数显示仪表默认选取的冷端温度为 0℃，而实际的冷端温度多数情况下为室温，为保证热电偶测量精度，采取了针对冷端温度的补偿措施称为冷端补偿。常见的冷端补偿方式有以下几种。

1）计算法。原有测温仪表不作改变，根据实际冷端温度 T_c（一般为室温），查阅对应的分度表，可获得以 0℃ 为冷端温度的热电动势 E（T_c，0）；同时根据仪表测出的热端温度 T_h，查出其热电动势为 E（T_h，0）。根据中间温度定律，可计算得到热电偶实际电动势值 E（T_h，T_c），其数值等于以实际温度 T_a 为热端温度，0℃ 为冷端温度时对应的热电动势 E（T_a，0），将此热电动势代入分度表通过插值计算即可得到实际温度 T_a。

$$E(T_a,0)=E(T_h,T_c)=E(T_h,0)-E(T_c,0) \tag{2.3}$$

计算法的特点是精确度高，但需要手动查表和计算，相对其他方法较为复杂，一般适用于测温数据较少或需要修正的温度数据较少的场合。

2）冰点槽法。由于热电偶默认选取的冷端温度为 0℃，而标准大气压下冰水混合物的温度也是 0℃，因此可将冰水混合物的温度作为冷端温度。将热电偶的冷端浸入冰水混合物中，可获得冷端温度为 0℃ 时的热电动势，通过查分度表或显示仪表获得实际温度的数值。目前实验室常用的冰水混合物为电子式冰点恒温装置，具有体积小、控温精准、操作简单的特点。冰点槽法多用于实验室热电偶测温时的冷端补偿。

3）补偿导线法。热电偶采用特制的材料制作，部分型号还使用了铂、铑等贵金属。由于热电偶长度有限，材料价格也较高，若要进行较长距离测温，必须配置额外的补偿导线。要求所配的补偿导线型号与热电偶种类对应，在 0~100℃ 范围内与原热电偶具有相近的热电性质且价格较为低廉。补偿导线的使用提高了热电偶温度计测量的灵活性，降低了热电偶长距离和高价格的限制，目前多数热电偶测温系统都使用了补偿导线。但需要说明的是补偿导线本身并不能实现温度数据修正，还需要选用其他的冷端补偿方法进行数据修正。

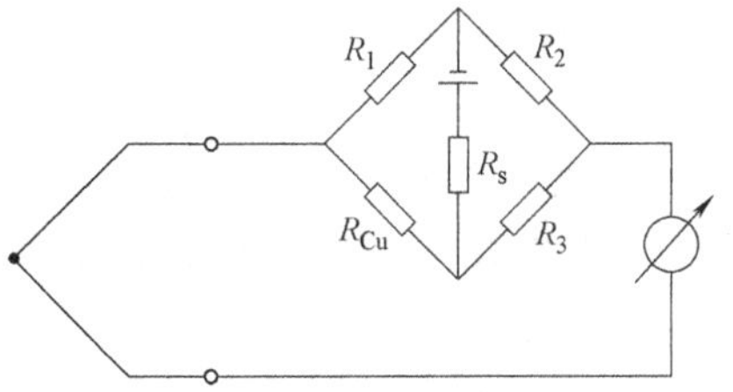

图 2.2.5　冷端温度补偿器示意图

4）冷端温度补偿器法。冷端温度补偿器本质上是一个非平衡的直流电桥，连接方式见图 2.2.5。补偿器的四个桥臂中有一个是铜电阻，阻值随着冷端温度的变化而变化。冷端温度补偿器一般将冷端温度稳定为20℃，当冷端温度高于或低于20℃时，电桥会对电路施加一个与热电动势方向相反的电动势，使冷端温度保持为20℃不变。此种补偿方法可避免冷端温度变化对测量的影响，但由于冷端温度补偿器并不能将冷端温度补偿到0℃，因此测得的温度仍需采用其他补偿方式进一步修正。

5）零点调节法。早期的热电偶显示仪表为指针式电位差计，可进行机械零点调节。若热电偶冷端温度恒定，可使用此方法进行温度补偿，即将电位差计的机械零点调整至当前实际冷端温度所在位置。此种补偿方法适用于冷端温度恒定且对测温精度要求不高的场合，经常与冷端温度补偿器法或补偿导线法搭配使用。

总体而言，除了计算法和冰点槽法可实现完全的冷端补偿外，其他方法都无法做到完全补偿，需要与各种方法配合使用，以实现完全的冷端补偿。

3. 热电阻温度计

热电阻温度计是基于导体或半导体的电阻值随温度的变化而变化这一特性来测量温度。与热电偶温度计相似，热电阻温度计同样能将温度信号向外传输，但区别是热电偶温度计传递的是电压或电流信号，而热电阻温度计传递的是电阻信号。热电阻温度计的最主要特点是测量精度高且性能稳定，但不适合于测量高温。

热电阻可按不同的方法进行分类，根据有无保护套管可分为铠装型热电阻和普通型热电阻，根据是否符合国际或国家标准可分为标准型热电阻和非标准型热电阻，根据材料不同可分为金属热电阻和半导体热电阻。

（1）基本结构 热电阻温度计的示意图见图2.2.6，其主要结构包括热电阻、连接导线和显示仪表。

图2.2.6 热电阻温度计示意图

1—热电阻 2—连接导线 3—显示仪表

1）热电阻：将温度信号转化为电信号（电阻信号）。

2）连接导线：连接热电阻和显示仪表，用于传导电信号。

3）显示仪表：将电信号按一定的函数关系转换为具体的温度值并显示。

热电阻自身包含热电阻体、引出线、接线盒、绝缘材料和保护套管等多个内部结构，见图2.2.7。

1）热电阻体：又称热敏电阻，用金属导体或半导体制成，其阻值随温度变化。

2）引出线：使连接导线与热电阻体相连，传导电信号。

3）接线盒：用于连接引出线与连接导线。

4）绝缘材料：用于填充保护套管与热电阻体及引出线之间的空隙，保证套管与热电阻体之间的绝缘。

5）保护套管：处在热电阻体与引出线的外围，起到保护测温元件的作用。

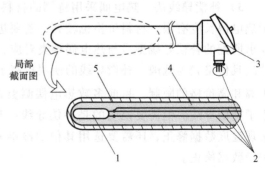

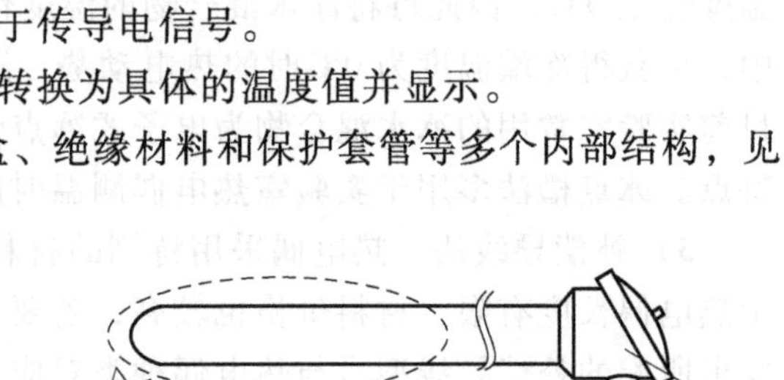

图2.2.7 热电阻结构图

1—热电阻体 2—引出线 3—接线盒

4—绝缘材料 5—保护套管

知识拓展：

普通型热电阻是将热电阻体与引出线相连后，组装在一端封闭的金属或陶瓷保护套管内，在套管开口端固定上接线盒。铠装型热电阻是将热电阻体、引出线装入不锈钢管中，然后用绝缘粉末填充，经模具拉伸后构成一个整体。

一般而言，普通型热电阻相比铠装型热电阻拆解和组装更为方便，若保护套管内的结构发生故障方便进行维修或更换。但铠装型热电阻相比于普通型热电阻强度更高，线径更小，抗振动与冲击的性能更好。

（2）工作原理　热电阻温度计是依据金属导体或半导体的电阻随温度变化而变化这一特性工作的，完成温度信号向电信号转换的元件是热电阻。

为描述电阻随温度的变化关系，引入电阻温度系数 α，表示温度每上升 1℃时电阻的相对变化值，单位为℃$^{-1}$：

$$\alpha=\frac{\mathrm{d}R}{R}\times\frac{1}{\mathrm{d}t}\approx\frac{R_{100}-R_0}{100R_0} \tag{2.4}$$

式中，R_{100} 是 100℃下热电阻的阻值，单位为 Ω；R_0 是 0℃下热电阻的阻值，单位为 Ω。

对于大多数的金属导体，α 为正值，而对于大多数半导体，α 为负值。α 的绝对值越大，代表电阻值随温度变化越明显，仪表的灵敏度也越高。

知识拓展：

电阻温度系数 α 的定义式中之所以使用了约等号，是因为 α 的数值随温度变化时，二者并不是完全线性关系。金属热电阻的阻值对温度的线性度较好，用估算式计算的结果精度较高；半导体热电阻的线性度普遍较差，计算的精度也较低。

金属热电阻与半导体热电阻的阻值-温度关系可通过查热电阻分度表获得。

制作热电阻的材料要求具有较高的温度系数，且要求温度系数尽量不随温度变化，以保证良好的线性度；其次要求热电阻材料稳定性好，保证有足够长的寿命，且价格相对低廉。

目前，铂和铜这两种金属热电阻已有国际或国家标准，可用于制作标准型热电阻，此外铁和镍也是工业上常用的金属热电阻材料。与金属热电阻相比，国内对半导体热电阻尚无统一的国家或行业标准，但由于半导体阻值随温度变化更为明显、温度系数更大、测温范围更广，所以半导体热电阻被广泛运用于汽车、制冷等领域。

（3）仪器特点

优点：性能稳定，结构简单，使用方便；中低温测温精度高，无需冷端补偿；可进行数据远传、报警与控温；标准化程度高，可根据需求选用不同型号。

缺点：热惯性大，响应速度慢，不适合测量高温，连接导线易产生额外的测量误差。

（4）连接方式　引出线和连接导线是热电阻温度计必不可少的结构，负责电信号的传输，但由于导线自身也具有电阻值和电阻温度系数，会对测量精度造成一定的影响，因此除要求导线电阻以及电阻温度系数尽可能小之外，还需要采用特殊的连接方式。

常见的连接方式有两线制、三线制和四线制，其中最常见的是两线制（图 2.2.8）和三线制（图 2.2.9）连接方式。

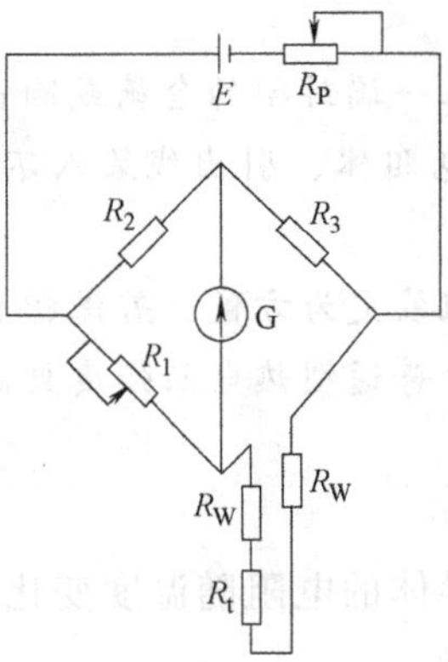

图 2.2.8　两线制连接方式

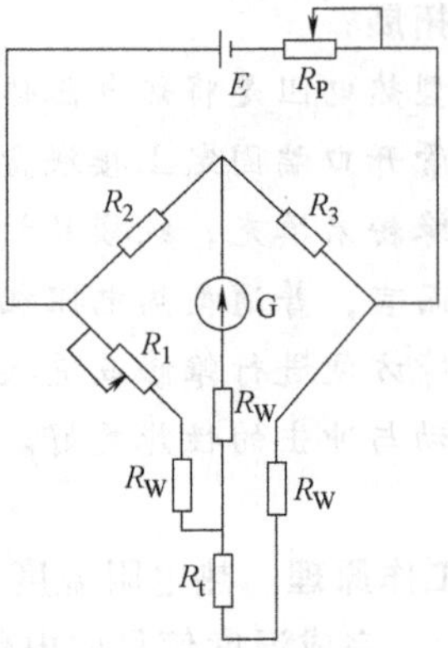

图 2.2.9　三线制连接方式

图 2.2.8 和图 2.2.9 中，R_t 表示热电阻体，R_W 表示引出线和连接导线自身的电阻，R_2 与 R_3 表示普通的定值电阻，R_1 为滑动变阻器。

热电阻温度计是通过电桥电路测量热电阻体阻值变化，热电阻体占据了四个桥臂中的一个。采用两线制连接时，两根线对应的电阻可以视为与热电阻体本身串联，使实际测得的阻值偏大；采用三线制时，一根线上的电阻与检流计串联，另两根线上对应的电阻分配到了两个桥臂上，当测量时，调节 R_1 的阻值，使检流计示数归零，电桥平衡，R_1 和 R_t 所在的桥臂电阻相等，且检流计中没有电流，此时各处的 R_W 互相抵消，避免了系统误差。

4. 其他接触式测温仪表

（1）双金属温度计　与玻璃液体温度计相似，双金属温度计也属于膨胀式温度计，其工作原理也是热胀冷缩，区别在于玻璃液体温度计是利用液体的热胀冷缩，而双金属温度计是利用固体的热胀冷缩进行测温。

双金属温度计由外壳、双金属片、传动机构、刻度盘和指针构成。其中，双金属片是仪表的敏感元件，由两片线膨胀系数不同的金属片叠焊在一起制成，其中膨胀系数较大的称为主动层，膨胀系数较小的称为被动层，如图 2.2.10 所示。常温下，双金属片处于水平状态，当温度升高时，主动层的膨胀较被动层更明显，导致双金属片向被动层弯曲；而当温度降低时，被动层的膨胀较主动层更明显，导致双金属片向主动层弯曲。在仪表适用的温度范围

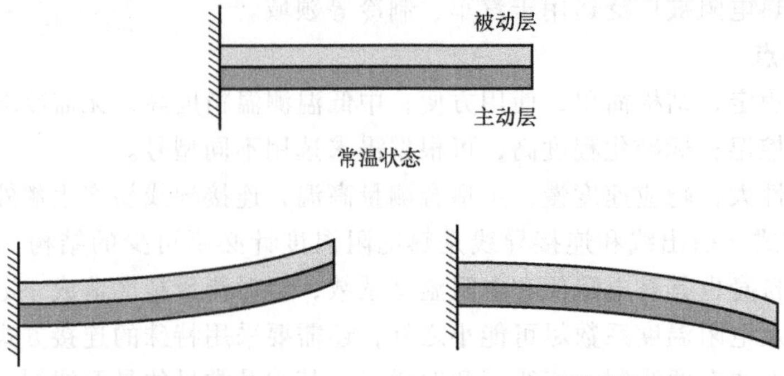

图 2.2.10　双金属片结构图

内，双金属片的偏转角与温度具有一定的函数关系。

知识拓展：

线膨胀系数（也称作线胀系数），指的是固态物质温度每改变 1℃时，长度的相对变化量，计为 α_t，单位为℃$^{-1}$。

$$\alpha_t=\frac{\mathrm{d}L}{L}\times\frac{1}{\mathrm{d}t}\approx\frac{L_t-L_0}{L_0}$$

式中，L_t 是在温度为 t 时固态物体的长度，单位为 m；L_0 是初始温度 t_0 下物体的长度，单位为 m。

对于大多数金属材料而言，可认为线膨胀系数是一个常数。

工业上常用的双金属温度计采用的是螺旋形的双金属片，一端固定，另一端连在刻度盘指针的芯轴上。当温度发生变化时，金属片活动端发生形变，带动指针转动，在刻度盘上显示出温度。

双金属温度计的特点是结构简单，价格便宜，耐振动与冲击。但适用温度范围不如热电偶温度计广，精度不够高，数据远传不如热电偶和热电阻温度计方便，而且金属型温度计不适用于氧化性环境的测温。

（2）压力式温度计　压力式温度计也属于膨胀式温度计，其工作原理也是热胀冷缩，但利用的是气体的热胀冷缩。

压力式温度计由外壳、温包、毛细管、压力弹性元件、工作介质、传动机构、刻度盘和指针构成。其中，温包、毛细管和压力弹性元件内腔相通，内装工作物质。当温包受热后，工作物质压力升高，压力弹性元件变形，通过传动机构带动指针转动，从而在刻度盘上指示出温度。

压力式温度计响应速度快，灵敏度高，读数直观；但测温精度受当地大气压的影响，数据远传不如热电偶和热电阻温度计方便。

2.2.3　非接触式温度计

接触式温度计的优势为结构简单，操作方便，在中低温范围内测温比较精确。但温度超过700℃后，对接触式温度传感器材料的耐温要求非常高，材料成本大幅增加，高成本制约了接触式温度计的应用。因此，不需与高温物体直接接触的各类非接触式温度计便得到迅速发展。

非接触式温度计的测温元件（相当于接触式温度计的感温元件）并不与被测对象接触，其测温的理论依据是斯特藩-玻尔兹曼定律，即物体温度不同，对外辐射力不同。

知识拓展：

斯特藩-玻尔兹曼定律又称为四次方定律，黑体的辐射力与温度的四次方成正比，用公式表示为

$$E_\mathrm{b}=\sigma T^4$$

式中，E_b 是黑体辐射力，为黑体单位时间单位表面积向半球空间所有方向辐射出去的全部波长范围内的辐射能量，单位为 $\mathrm{W/m^2}$；σ 是黑体辐射常数，等于 $5.67\times10^{-8}\mathrm{W/(m^2\cdot K^4)}$；$T$ 是黑体的表面温度，单位为 K。

非接触式温度计使用时，只需将温度计放置在与被测对象相隔一定距离的位置，并将温度计上的感温元件朝向待测位置，即可迅速获得温度数据。与接触式温度计相比，非接触式温度计的测温元件不需与待测物体接触，使得测温上限大大提升，而且几乎不会因测温元件的热阻和热容而影响待测物体的温度场。

但由于不同物体对辐射的发射率和反射率不同，即使是同一个物体，对不同波长辐射的发射率和反射率也不同，同时测温元件与被测物体之间的空间也会吸收少量的辐射，因此非接触式温度计的精度普遍低于接触式温度计，且大多数非接触式温度计在未经数据修正的情况下所测得的温度低于实际温度。

非接触式温度计主要包括光学高温计、光电高温计、红外测温仪、辐射高温计、比色高温计等。

1. 光学高温计

光学高温计是一种应用较广的非接触式测温仪表，主要应用于冶金、机械、化工等工业领域，精度高的光学高温计还可用于科研实验中的精密测量。

光学高温计按结构可分为隐丝式高温计和恒定亮度式高温计。

(1) 基本结构 隐丝式光学高温计较为常见，结构见图 2.2.11，主要包括光学系统和电测系统，前者包括物镜、目镜、灯泡、红色滤光片和灰色吸收玻璃；后者包括可变电阻、开关、定值电阻、磁电式直流电表、电源以及导线。以下为隐丝式光学高温计部分结构的功能。

1) 灯泡：预先标定好灯丝在不同亮度下的亮度温度，作为亮度参照物。

2) 红色滤光片：将被测物体发出的光调制成单色光。

3) 灰色吸收玻璃：当被测物体亮度过高时，灯丝难以达到与其相等的亮度温度，此时灰色吸收玻璃可以吸收部分辐射，扩展高温计量程。

4) 可变电阻：调整灯丝亮度，便于比色。

5) 定值电阻：用于控制电流，避免过载。

光学高温计在使用时，将红色滤光片插入灯泡与目镜之间，移动物镜使被测物体的像移

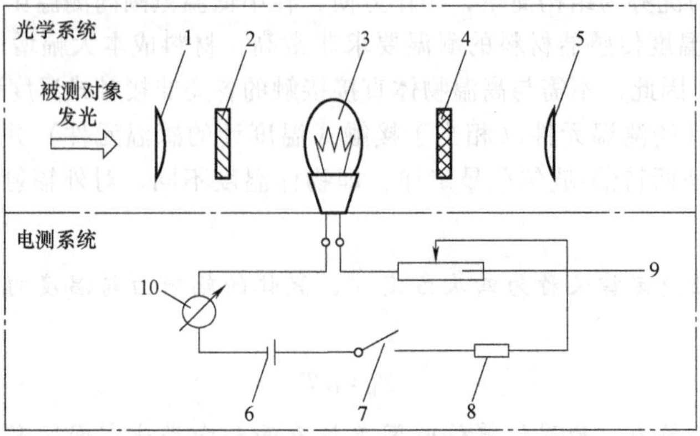

图 2.2.11 隐丝式光学高温计结构图

1—物镜 2—灰色吸收玻璃 3—灯泡 4—红色滤光片 5—目镜

6—电源 7—开关 8—定值电阻 9—可变电阻 10—磁电式直流电表

至灯丝所在平面，移动目镜使人眼同时看到物像和灯丝，通过可变电阻调节流经灯丝的电流，直至灯丝在物像背景中消失，此时二者亮度温度相等，即可从刻度盘上读得亮度温度（亮度温度概念见以下工作原理部分）。

（2）工作原理　光学高温计测温的理论依据是普朗克定律和维恩位移定律，前者描述了黑体的光谱辐射力与波长和温度的关系，后者描述了黑体的最大光谱辐射力所对应的波长与温度的关系。

知识拓展：

普朗克定律：黑体的光谱辐射力随波长和温度的变化符合以下公式：

$$E_{\lambda,b}=\frac{c_1\lambda^{-5}}{e^{\frac{c_2}{\lambda T}}-1}$$

式中，$E_{\lambda,b}$ 是黑体光谱辐射力，为黑体单位时间单位表面积向半球空间所有方向辐射出去的包含波长 λ 在内单位波长范围内的能量，单位为 W/m^3；λ 是波长，单位为 m；T 是黑体温度，单位为 K；c_1 是第一辐射常量，等于 $3.7419\times10^{-16}\ W\cdot m^2$；$c_2$ 是第二辐射常量，等于 $1.4388\times10^{-2}m\cdot K$。

维恩位移定律：按照普朗克定律，当温度一定时，黑体的光谱辐射力先随着波长增加而增加，当波长达到极大值 $\lambda_{m,b}$ 后下降，最大光谱辐射力对应波长 $\lambda_{m,b}$ 与温度 T 成反比，符合公式：

$$\lambda_{m,b}T=2.8976\times10^{-3}m\cdot K$$

式中，$\lambda_{m,b}$ 是最大光谱辐射力对应的波长，单位为 m。

在波长一定时，光谱辐射力是温度的单值函数。物体在高温状态下会发光，具有一定的亮度，物体的光谱辐射强度与同一波长下的光谱辐射力成正比，因此受热物体的光谱辐射强度可以反映物体温度。

知识拓展：

辐射强度：也称为辐射亮度，表示面辐射源在单位立体角、单位时间从单位面积上辐射出的能量，即辐射源在单位投影面积、单位立体角上的辐射能量，单位为 $W/(m^2\cdot sr)$，记为 L。

光谱辐射强度：表示一个面辐射源在包含波长 λ 在内单位波长范围内的辐射强度，单位为 $W/(m^3\cdot sr)$，记为 L_λ。

球面度 sr：是立体角的国际单位，立体角指的是在一个球面上的某区域面积与球面半径的平方之比，是一个无量纲数值，在立体角数值后面加上“sr”表示球面度。例如对于一个完整的球面，其立体角为 4sr。

不同物体有不同的光谱发射率，即使在某温度下的光谱辐射强度相同，实际温度也不一定相同，这就导致了按某一被测对象刻度的光学高温计在测量其他物体的温度时，并不能得到真实的温度，而是对应光谱辐射强度下黑体对应的温度，即亮度温度。由于实际物体的光谱发射率总低于 1，因此亮度温度总是低于实际物体的真实温度。

由于中间介质对辐射也有一定的吸收作用，因此测温时光学高温计不宜距被测对象过远。此外，光学高温计不宜测量反射光很强的物体温度，且主要辐射光波段应处于可见光区。

知识拓展：

亮度温度：同一波长下，如果实际物体与黑体的光谱辐射强度相等，此时黑体的温度称为实际物体在该波长下的亮度温度。

光谱发射率：实际物体与相同温度下黑体的光谱辐射力之比，数值在 0~1 之间。注意此定义中的“温度”是指实际温度而非亮度温度。

恒定亮度式光学高温计不改变灯泡本身的亮度，而是通过减光楔改变被测对象的亮度，与标准光源比较，根据减光楔旋转的角度获得亮度温度。与隐丝式相比，恒定亮度式结构复杂，使用烦琐，因此应用不如隐丝式光学高温计广泛。

(3) 仪器特点

优点：测温范围大，可在 800~3200℃之间，受环境温度影响小；仪器使用方便，可制成便携式仪表。

缺点：所测温度为亮度温度，结果需要进行修正；测量精度受物体的光学特性影响，距离被测物体不能过远；靠手动调节灯丝的亮度，由人眼观察灯丝的“隐灭”，测量误差较大，同时无法实现自动检测和记录。

2. 光电高温计

光电高温计是在光学高温计的基础上改进而成，采用了光电元件代替人眼观测，由光电元件接收并比较被测对象及灯丝的亮度，自动平衡二者的亮度。光电高温计避免了人工误差，灵敏度和准确度更高，可以实现数据自动记录和远传；量程范围更大，可以测量比光学高温计量程下限更低的温度。

3. 红外测温仪

红外测温仪亦称为红外辐射测温仪或红外温度计，是利用物体向外发射的红外线进行测温，是生活中常见的一种非接触式测温仪表，如手持式体温枪就属于红外测温仪。

(1) 基本结构 红外测温仪由光学系统、红外传感器、放大器、信号处理电路以及显示仪表组成。图 2.2.12 所示为红外测温仪系统图。

1) 光学系统：用于汇聚视场内的红外辐射能量。

2) 红外传感器：将接收到的红外信号转换成电信号。

3) 放大器和信号处理电路：将红外传感器提供的电信号转换为显示仪表可以识别的电信号。

4) 显示仪表：将电信号按一定的函数关系转换为具体的温度值并显示。

(2) 工作原理 红外测温仪测温的理论依据是普朗克定律，黑体发射的红外波段的辐射力是温度的单值函数。

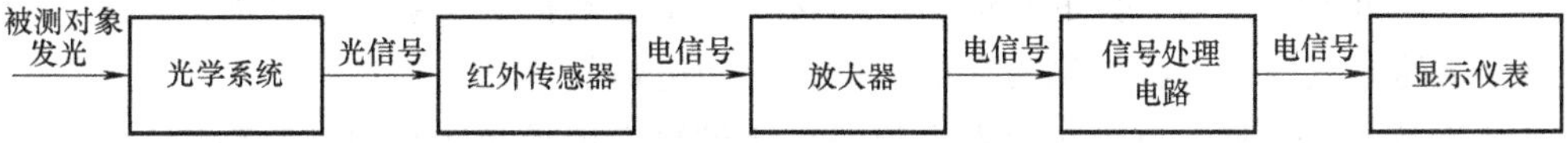

图 2.2.12　红外测温仪系统图

知识拓展：

红外线是一种肉眼不可见的辐射射线，波长在 0.76μm 以上，按照波长的长短还可进一步细分为近红外区（0.76~1.50μm）、中红外区（1.50~6.00μm）、远红外区（6~1000μm）。理论上，温度高于绝对零度（-273.15℃）的物体都会向外发射红外线，即任何实际物体都会进行红外辐射。红外线在传播时，会受到大气中的气体分子、水蒸气和尘埃等物质的影响，造成一定的衰减，相对而言，波长在 2~2.6μm、3~5μm 和 8~14μm 三个波段中的红外线受影响较小，即只有三个“窗口”可让红外线辐射通过，这三个波段统称为“大气窗口”。红外测温仪通常使用的就是这些“窗口”波段中的红外线。

在非接触式测温仪表中，红外测温仪的测温上限较低，常用的型号可测量 0~400℃之间的温度，经过特殊设计的型号可测量 3000℃左右的温度。

（3）仪器特点

优点：可制成便携式仪表，使用方便；型号多样，可按量程和精度需求选取；灵敏度较高，响应快，数据远传方便。

缺点：测量精度受环境和被测对象发射率影响较大，结果需要修正；距离被测物体不能过远，与其他类型的非接触式测温仪表相比量程范围较窄。

（4）误差分析　影响红外测温仪测量精度的主要有以下因素。

1）环境因素：环境造成的影响包括大气吸收、环境散射和环境温度三个方面。其中大气吸收是空气中的水蒸气、二氧化碳等气体对特定波长的红外线有较强的吸收作用；环境散射是空气中悬浮灰尘对红外线的散射作用；此外还受到环境温度的影响，由于所有的红外线都具有热效应，进入仪器视窗的红外线不仅源于待测物体，还有一部分来自环境，且环境温度越高，干扰越明显。对于前两项因素，可以选取大气窗口波段的红外线来应对，对于后一项因素需要尽量选取清晰度较高的环境，避免以温度较高或反射率较大的物体作为背景。

2）发射率：实际物体的辐射力和相同温度黑体的辐射力之比，称为实际物体的发射率。发射率影响物体的辐射特征，与物体本身的材料、温度、表面情况（结构、颜色、粗糙度）等有关。对于红外线测温仪是按黑体（发射率 $\varepsilon=1$）分度，而实际物质的发射率小于 1。发射率会影响物体与测温仪的热平衡，因此在测量物体的真实温度时，须设置物体的发射率值以减小测量误差。物体发射率可从相关资料（“辐射测温中有关材料发射率的部分数据”）中查得。

3）测量距离：不同的红外测温仪有不同的有效距离，使用时仪表与被测对象之间的距离不应超过此距离，否则受环境因素影响，测试结果的误差较大。

4. 其他非接触式测温仪表

（1）辐射高温计　辐射高温计也称为高温热辐射计，其测温的理论依据是斯特藩-玻尔兹曼定律，通过测量被测对象的辐射力而间接获得温度数据。辐射高温计的测温元件是固定在受热片上的热电堆，可将被测对象的温度转化为电信号。

辐射高温计工作时，被测对象发出的辐射通过聚光镜经光阑投射到受热片上，受热片上装有由多个热电偶串联而成的热电堆。热电偶的热端汇聚到一点，冷端分列于热电堆的四周，当冷端温度一定时，热电堆输出的热电动势即为热端温度的单值函数，而热端温度又与聚光镜所接受的辐射通量相关，且辐射通量满足斯特藩-玻尔兹曼定律。因此通过热电动势即可确定物体温度。

与光学高温计类似，辐射高温计同样无法直接测得实际温度，所测的温度称为辐射温度，其定义为当实际物体与黑体的辐射力相等时，此时黑体的温度称为实际物体的辐射温度。由于实际物体的发射率恒小于1，实际温度必然高于辐射温度，因此辐射高温计同样需要进行数据修正。

辐射高温计可自动测量温度，便于远传和自动控制。缺点是由于采用热电偶测温，因此需要增加冷端补偿部件，增加了测量系统的复杂性和随机误差；同时测量精度受物体的光学特性影响，结果需要修正；测温时环境温度不能过高，与其他非接触式测温仪表相比响应较慢。

（2）比色高温计 比色高温计测温的理论依据是斯特藩-玻尔兹曼定律和维恩位移定律，通过测量被测对象两个或两个以上波长对应的光谱辐射强度间接获得温度数据。比色高温计按结构可分为单通道和双通道两种，通道表示探测器的个数，单通道表示使用一只探测器接收两种波长光束的能量，双通道表示使用两只探测器分别接收两种波长光束的能量。根据选取的波长不同，比色高温计可以测量不同范围的温度。

比色高温计同样无法直接测得实际温度，得到的温度称为比色温度，其定义为当实际物体与黑体的辐射力在某两个或几个特定波长下对应的光谱辐射强度之比相等时，此时黑体的温度称为实际物体的比色温度。与亮度温度和辐射温度相比，比色温度受实际物体的发射率影响较小，沿途介质对被测对象辐射的吸收作用对各波长对应的光谱辐射强度之比影响较小。

比色高温计测量准确度高，响应快，便于远传，可以距离被测对象更远且可测量点温度；但是结构较复杂，与其他非接触式测温仪表相比价格较高。

2.3 压力测量仪表及原理

2.3.1 压力测量概述

1. 压力定义

压力同样也是生产生活中常见的物理量。压力的定义为作用于单位表面积上的垂直作用力，在物理学中称为“压强”，在热工测量领域一般称作“压力”，用符号 p 表示。

2. 压力单位

按照国际单位制，压力的标准单位为 Pa（帕斯卡，简称帕），$1Pa = 1N/m^2$。

知识拓展：

人类对压力这一物理量的认识同样是循序渐进的过程，历史上曾经出现过多种不同的压力单位，如以物质作为参照的毫米水柱（mmH_2O）、毫米汞柱（mmHg）等。当发现大气具有一定压力时，大气压力也成为一种压力单位，如标准大气压（atm）、工程大气压（at）等。除此之外，由于国际单位制 Pa 是一个很小的单位，因此扩展出千帕（kPa）、兆帕（MPa）、巴（bar）等较大的压力单位。

常用的压力单位和国际单位 Pa 之间的换算关系如下。

千帕：$1kPa=10^3Pa$。

兆帕：$1MPa=10^6Pa$。

巴：$1bar=10^5Pa$。

毫米水柱：$1mmH_2O=9.81Pa$。

毫米汞柱：$1mmHg=133.3Pa$。

标准大气压：$1atm=1.01325\times10^5Pa$。

工程大气压：$1at=9.81\times10^4Pa$。

3. 绝对压力和相对压力

绝对压力：是气体或液体产生的真实压力，是以绝对真空作为参考零点的压力，用符号 p 表示。

相对压力：是绝对压力 p 与环境压力 p_b 之差，是以环境压力作为参考零点的压力。工程上采用的压力测量仪表是在特定的环境（主要是大气环境）下进行压力测量，所测出的压力值受环境压力 p_b 影响，并不是容器内的绝对压力 p。因此，压力测量仪表所测出的压力通常为相对压力。

根据所测压力与环境压力的关系，可将相对压力划分为表压力和真空度两种形式。当所测容器内的绝对压力高于环境压力时（即 $p>p_b$），压力计指示的数值称为表压力，用 p_g 表示；当所测容器内的绝对压力低于环境压力时（即 $p<p_b$），压力计指示的数值称为真空度，用 p_v 表示。

表压力与绝对压力 p、环境压力 p_b 之间的关系为

$$p_g=p-p_b \tag{2.5}$$

真空度与绝对压力 p、环境压力 p_b 之间的关系为

$$p_v=p_b-p \tag{2.6}$$

从式（2.5）和式（2.6）可看出，相对压力是两个压力的差值，可称为差压（用 Δp 表示），绝大多数压力测量仪表所测量的压力值都是差压，即绝对压力与环境压力的差值。而测压仪表通常位于环境大气中，因此环境压力 p_b 即为当地大气压，此时的相对压力（差压）是以大气压力为参考零点的压力。

大气压力：简称为大气压，通常用 p_a 表示，指地球表面由于空气自重而产生的压力。大气压力与海拔、天气、气候等多种因素有关，不同位置的大气压力不同，可称为当地大气压。

标准大气压：标准大气条件下海平面的气压，记为1atm，其值等于1.01325×10^5Pa。当计算精度要求不高时，可将当地大气压视为标准大气压。

知识拓展：

工程中，当相对压力大于0时称为“正压”，当相对压力小于0时称为“负压”（或真空）。如燃煤电厂中，称锅炉汽包内为“正压”运行，锅炉炉膛内为“负压”运行，凝汽器内为“真空”状态。注意工程中提及的“正压”“负压”“真空”与物理学中的概念不同。

4. 压力测量仪表

压力是重要的状态参数，在工程中关系到设备的性能、安全性和经济性等。为了测量和监测压力的数值及变化，发明了众多不同种类、不同原理的压力测量仪表。

根据不同的分类标准，压力测量仪表有多种分类方式：

1）按测量原理，可分为液体式压力计、弹性式压力计、电气式压力计、活塞式压力计。

2）按适用环境，可分为普通型、耐热型、耐震型、耐酸型、禁油型、防爆型等。

3）按压力的参考零点，可分为正压压力计、负压压力计、绝对压力计。

从热工实验测量的角度，测压仪表主要是按测量原理进行分类。因此本书将重点介绍液体式压力计、弹性式压力计、电气式压力计、活塞式压力计及其工作原理。

2.3.2 液体式压力计

液体式压力计又称液柱式压力计。在所有种类的压力计中，液体式压力计结构最简单，使用方便，准确性较高，不需要外界电源即可工作，但缺点是量程有限、易损坏且数据不易远传。

1. U形管压力计

(1) 基本结构 U形管压力计包括U形管、封液、刻度尺和底板四部分，基本结构见图2.3.1。

U形管压力计装置的主体是一根透明的U形管，管内装有一定量的液体。测量时将U形管竖直放置，U形管一端接待测压力端，另一端接参比端（参比端的压力需保持稳定）；读数时，通过刻度尺分别读取两侧液面的高度，求得两侧高度差，通过计算即可得到待测压力端和参比端的差压。

在实际使用时，通常将U形管一端连接大气作为参比端，此时参比端的压力为大气压力。

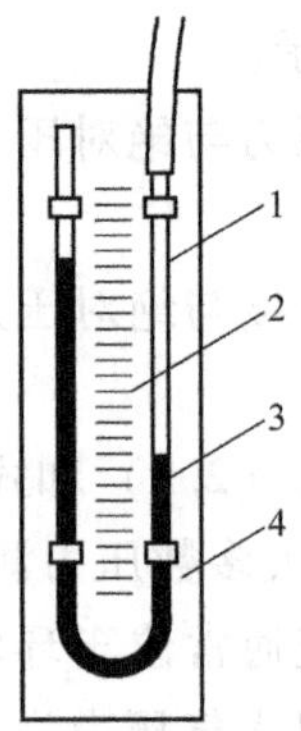

图2.3.1 U形管压力计结构图

1—U形管 2—刻度尺 3—封液 4—底板

(2) 工作原理 U形管压力计测量的理论依据为流体静力学原理，即流体产生的压力等于密度ρ、当地重力加速度g和高度h的乘积：

$$p=\rho gh \tag{2.7}$$

式中，ρ 是密度，单位为 kg/m^3；g 是重力加速度，等于 $9.81m/s^2$；h 是流体高度，单位为 m。

U 形管压力计的测压原理是利用液柱的高度差 Δh 计算差压 Δp：

$$\Delta p=\rho g\Delta h \tag{2.8}$$

式中，Δp 是差压，单位为 Pa；Δh 是高度差，单位为 m。

当 U 形管压力计所测压力较大时，可采用延长 U 形管直管段长度的方法来增加量程，也可采用密度较大的封液。多数情况下，受限于加工工艺和使用场地的限制，U 形管直管段长度一般不超过 3m，因此当待测压力过大时通常采用水银作为封液。

（3）仪器特点

优点：结构简单，测量准确，价格便宜，精度较高。

缺点：无法直接显示压力值；量程上限不高，适用于较低压力测量；需考虑管内液体物理化学性质的变化，无法用于恶劣环境下测量。

附表 3 列出了不同类型压力计的性能，根据此表可了解不同压力测量仪表的特点。

（4）误差分析　液体式压力计的测量准确度受到多方面影响，如液柱高度读数的准确性、环境温度、毛细现象和当地重力加速度等都会对测量准确性产生影响。

1）读数误差。当使用玻璃管盛装水时，由于浸润现象，形成液面周围高、中间低；当盛装水银时情况则相反。实际测量过程中情况往往更为复杂，如当压力波动时，同一个液面可能时而向上弯曲、时而向下弯曲，且液面曲率也会不断变化。因此，液体式压力计的读数需要待测液位尽量稳定后再读取压力数值。

知识拓展：

浸润现象，亦称为润湿现象，指当液体和固体接触时，液体的附着层沿固体表面延伸，当接触角（图 2.3.2）θ 为锐角时称为浸润（如水与固体表面的接触），θ 为钝角时称为不浸润（如水银与固体表面的接触）。浸润现象的发生与否及浸润程度与液体的性质、固体种类及表面性质有关。

液体式压力计在读数时需水平观测，若玻璃管内为水时视线要与凹面的底部相平，若玻璃管内为水银时视线要与凸面的上表面相平。

2）环境温度。和量筒类似，U 形管压力计刻度的标定是在特定温度下进行的，理论上只有在此温度下，数据测量才是绝对准确的。如果测量时温度有偏离，刻度尺的刻度将会产生变化，封液的密度也会产生变化，从而造成一定的误差。

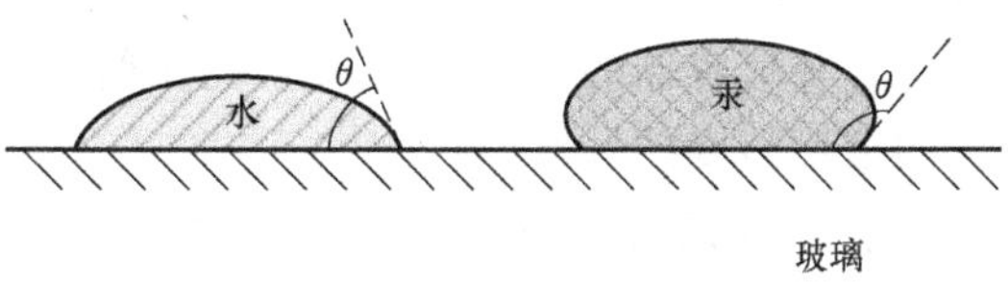

图 2.3.2　接触角示意图

知识拓展：

通常固体的线膨胀系数非常小，因此刻度尺的刻度变化可忽略不计，环境温度造成的误差主要是来源于封液密度的变化。

通常仅需对液位差进行修正，由于大多数的 U 形管压力计是在 20℃ 下标定的，假设此温度下封液密度为ρ_{20}，实际密度为ρ_t，液位差为Δh_t，则修正后的液位差Δh_{20}为

$$\Delta h_{20}=\frac{\rho_t}{\rho_{20}}\Delta h_t$$

3）毛细现象。将细管垂直插入液体中时，与管内壁接触的液体会因受到向上或向下的力，而使管内外液面存在高度差，这种现象称为毛细现象。当玻璃管内径越小时，管内外液面的高度差越大。毛细现象的本质是浸润现象的延伸。

由于仪表结构尺寸的要求，U形管的内径一般较小，因此毛细现象对读数的影响不能忽略，需要以弧形液面顶点所在高度为基础进行修正。

知识拓展：

假设U形管内径为d mm，材质是玻璃时，对水封液的数据修正值为$-30/d$ mm，对汞封液的数据修正值为$14/d$ mm。

4）重力加速度。压力计算公式［式（2.7）］中，重力加速度g会随纬度和海拔的不同而变化。纬度一定时，海拔越高g越小；海拔一定时，纬度越高g越大。通常情况下，当对数据结果的精度要求不高时，可取$g=9.81\text{m/s}^2$；当对精度要求较高时，需要查阅相关数据表或现场实测当地重力加速度，并将实际值代入公式计算。

以上四种误差来源是造成压力计产生误差的主要因素，普遍存在于所有液体式压力计中，包括U形管压力计以及下文中介绍的杯形压力计。

2. 杯形压力计

杯形压力计又称为单管式压力计，可看作将U形管的一个直管段用杯形容器代替。杯形压力计与U形管压力计相比，使用更为方便，而且可改装成多管压力计用于测量多点压力。

（1）基本结构 杯形压力计由杯形容器、刻度尺、封液和测压管构成，结构见图2.3.3。杯形压力计测量的同样是差压，使用时需要将高压端连接杯形容器的接口，低压端连接测压管顶端。杯形容器的直径远大于测压管直径，当仪器两端存在压力差时，杯形容器的部分封液流入测压管，通过测压管和杯形容器的液面高度差计算差压。

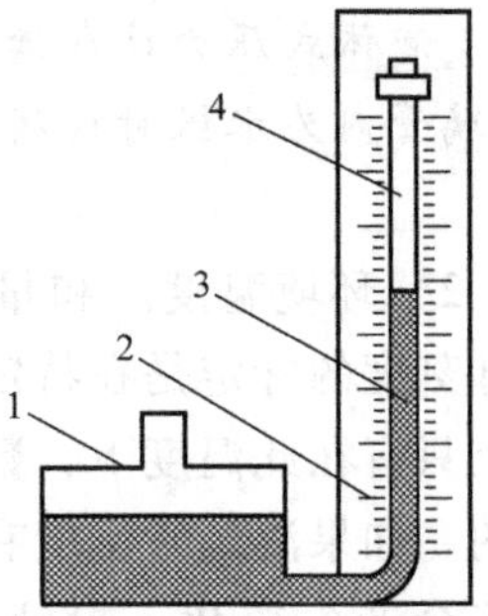

图2.3.3 杯形压力计结构图

1—杯形容器 2—刻度尺

3—封液 4—测压管

（2）工作原理 杯形压力计基本原理与U形管压力计相同，但由于结构上的差异，杯形压力计和U形管压力计在压力计算方法上存在一定的差异。

根据流体静力学原理推导公式［式（2.8）］，可得

$$\Delta p=\rho g(\Delta h_1+\Delta h_2) \tag{2.9}$$

式中，Δp是差压值，单位为Pa；Δh_1是杯形容器中液面高度变化值（与差压为0时的高度变化），单位为m；Δh_2是测压管中液面高度变化值（与差压为0时的高度变化），单位为m。

如果忽略封液的蒸发和温度的变化，封液的总体积不变，即从杯形容器中压出的封液体积等于测压管中流入的封液体积：

$$\frac{\pi D^2}{4}\Delta h_1=\frac{\pi d^2}{4}\Delta h_2$$

式中，D 是杯形容器内径；d 是测压管内径。整理后可得

$$\Delta h_1=\frac{d^2}{D^2}\Delta h_2$$

结合式（2.9）可得

$$\Delta p=\rho g\left(\frac{d^2}{D^2}+1\right)\Delta h_2$$

由于杯形容器内径 D 远大于测压管内径 d，对测量精度要求不高时，公式可简化为

$$\Delta p=\rho g\Delta h_2 \tag{2.10}$$

由式（2.10）可知，与普通 U 形管压力计相比，杯形压力计只需测量测压管处的液面高度，简化了测量步骤，同时减少了测量误差。

知识拓展：

由于杯形压力计良好的测量精度和线性度以及简便的使用流程，常被用作标准仪表。在石油天然气测量领域，经常用于校准其他类型的压力计如弹簧管压力计和波纹管差压计。

需要说明的是：由于杯形容器与测压管的高度有限，必须要将高压端连接杯形容器，低压端连接测压管，使其无法测量正压和负压同时存在的脉动压力，在一定程度上限制了其测压的灵活性。

（3）仪器特点

优点：结构简单，读数直观，测量准确；价格便宜，精度较高，可作标准仪表使用。

缺点：无法同时测量正压和负压；量程上限不高，适用于较低压力测量；需考虑管内液体物理化学性质的变化，无法用于恶劣环境下的测量。

（4）多管压力计　多管压力计是普通杯形压力计的改进型，结构见图 2.3.4。多管压力计拥有多根测压管，每根测压管都有独立的刻度尺，测压管都与杯形容器底部连通，且提升了杯形容器的高度。多管压力计的特点是能够同时测量正压和负压。

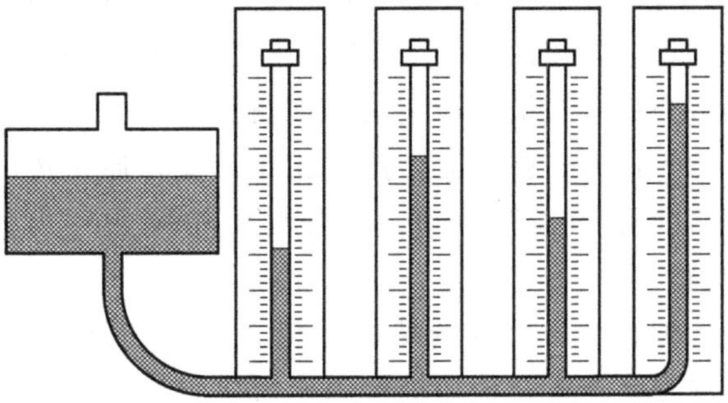

图 2.3.4　多管压力计结构图

知识拓展：

将数根测压管连至同一个杯形容器，则成为多管杯形压力计，可用于火电厂测量炉膛和烟道各位置处的负压。杯形容器（高压端）与大气相通，各测压管（低压端）连至烟道各测点，此时各测压管中的液体高度即代表各位置处的负压。

(5) 斜管式微压计 由于杯形压力计和多管压力计的测压管均是垂直的，当差压过小时液面变化不明显，限制了测量的灵敏度；若将测压管倾斜，液面变化会随压力变化更加明显。为此将杯形容器和测压管底部用软管相连，使测压管能够方便地改变倾角，使液面的位置变化更加明显，便于进行较小差压的测量。斜管式微压计的基本结构见图 2.3.5。

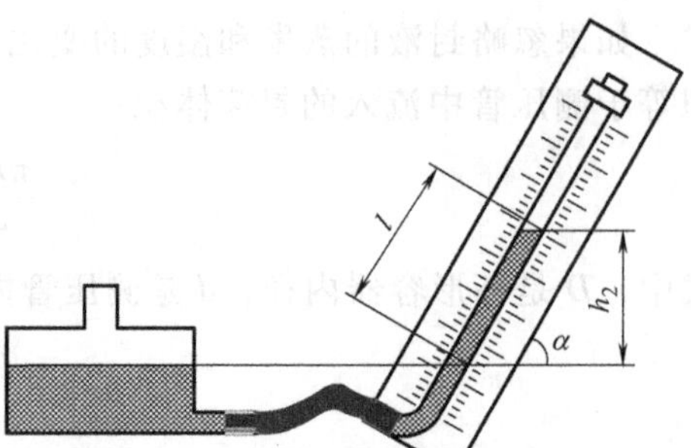

图 2.3.5 斜管式微压计结构图

忽略杯形容器内的液面变化，当差压不变，改变测压管倾角 α 时，测压管液面上升高度 h_2 不变，刻度尺上的液面位移 l 与上升高度 h_2 之间有以下关系

$$l=\frac{h_2}{\sin\alpha} \tag{2.11}$$

根据式 (2.11)，测压管倾角 α 越小，对位移的放大作用越明显，从而提升了仪表的灵敏度。但需要注意的是，由于测压管长度限制和浸润现象的影响，α 不宜过小，否则难以确定液面的准确位置。

2.3.3 弹性式压力计

弹性式压力计是生产中使用最广泛的一种测压仪表，其采用弹性元件作为敏感元件，可用于测量差压。根据所用弹性元件的不同，弹性式压力计可分为弹簧管压力计、膜片压力计、波纹管压力计等。

1. 弹簧管压力计

(1) 基本结构 所有的弹性式压力计结构中均有弹性元件、传动机构、指针、刻度盘和外壳。其中，弹性元件用专门的弹性材料制成，形状结构多种多样，但共同点是都具有空腔结构。弹性式压力计通常以大气作为参比端，内部空腔连接被测压空间，待测压力与参比端压力不同时，弹性元件产生微小形变，通过传动机构带动指针转动，从而测出相应的压力数值。

弹簧管压力计的结构见图 2.3.6，其弹性元件是弹簧管，传动机构用于连接弹性元件与指针，将微小形变放大后转化为指针的角位移，进而在刻度盘上指示出具体的压力值。

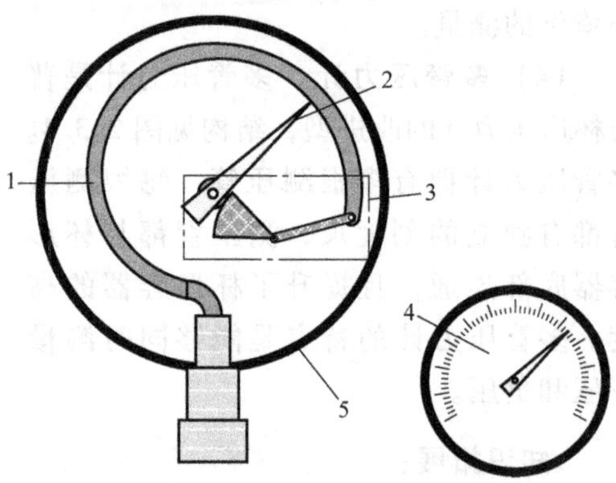

图 2.3.6 弹簧管压力计结构图

1—弹簧管 2—指针 3—传动机构
4—刻度盘 5—外壳

由于弹性元件是弹性式压力计的核心部件，以下介绍其他型号弹性式压力计的基本结构时，主要介绍其弹性元件结构及原理。

知识拓展：

弹簧管是一种具有非圆形截面（通常为椭圆形或扁圆形）且一端开口一端封闭的空腔管，外形呈圆弧形或螺旋形，常见的外形和截面见图 2.3.7。通常将管截面较宽的方向称为长轴方向，较窄的方向称为短轴方向。制作时会使弯管的曲率半径方向与短轴方向相同，当管内压力大于外界参比端压力时，管短轴方向扩张趋势大于长轴，因此弯管将会产生伸直趋势，使封闭端产生相应位移。

（2）工作原理　弹簧管压力计是将差压转化为弹簧管的弹性形变，并通过机械传动机构放大形变，带动指针转动，从而在刻度盘上指示出压力。

待测压空间接通弹簧管，当管内压力高于管外压力时，弹簧管的封闭端产生相应的位移，经过机械传动机构放大并转换成指针轴的转动，在表盘上指示出相应的刻度。

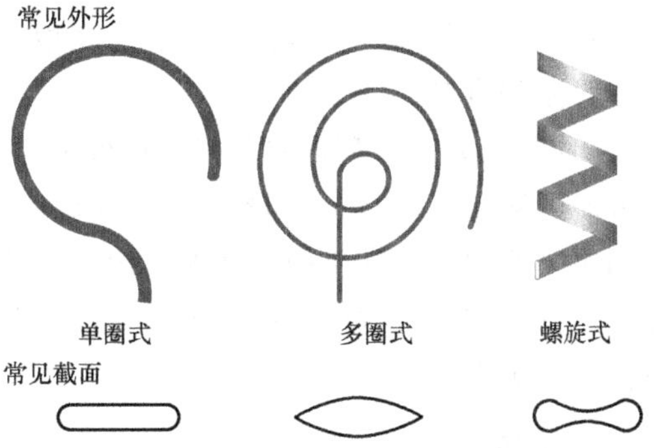

图 2.3.7　常见弹簧管结构图

知识拓展：

弹簧管经过特殊设计和加工，而且多数情况下形变量很小，可认为指针的角位移与压力差符合线性变化关系，这也是弹性式压力计的刻度是均匀的原因。

所有弹性式压力计的工作原理与弹簧管压力计相似，都是将差压转化为弹性元件的弹性形变，通过机械传动机构带动指针转动并在刻度盘上指示出压力。

（3）仪器特点

优点：结构简单，测量准确，示数直观；价格便宜，精度较高；抗振性能好，量程范围广，可用于不同环境下的压力测量。

缺点：不适合测量脉动压力，使用单圈式弹簧管型号的灵敏度较低；部分弹簧管的材料易腐蚀，长期使用后产生较大的回差，需要定期进行校准。

（4）误差分析　弹性式压力计的误差可分为零位误差、线性误差、非线性误差、示值变动误差和回程误差五类。

1）零位误差。当弹性元件内外差压为零时，仪表刻度盘上的示值不为零，称为零位误差。零位误差产生的原因是仪表内部机械结构存在一定的偏差。处理方法是对仪表进行机械调零，若依旧无法解决，可拆开仪表外壳检查内部机械结构是否出现损坏或连接不牢固等情况。

2）线性误差。线性误差即弹性式压力计所测压力与真实压力的误差值呈线性变化的规律。线性误差产生的主要原因是仪表内传动机构的传动比被放大或减小。线性误差的调整相对简单，处理方法是将连杆一端向某个方向适量拨动，调节传动机构对弹性元件微小形变的放大程度。

3）非线性误差。非线性误差主要表现为仪表读数相对标准值时而偏大时而偏小。非线性误差产生的主要原因是弹性元件的形变不随压力呈线性规律变化，此外内部元件的摩擦阻力变化也会对弹性元件线性度产生影响。非线性误差是不可避免的，只能尽量减小。处理方法是保证仪表内部齿轮的完全啮合，清理各部件积灰，增强传动机构润滑，减少内部的机械摩擦。

4）示值变动误差。示值变动误差是指当对仪表壳体施加作用力或轻敲仪表时，压力计的显示值产生变化。示值变动误差产生的主要原因是传动机构与弹簧管的安装存在缺陷或指针的固定不牢。处理方法是拆开仪表外壳检查内部的机械结构，调整齿轮的啮合状态、调节螺钉的紧固程度等。

5）回程误差。回程误差是指测压仪表对同一压力进行测量时，正向测量（压力逐渐增大行程时的测量）和反向测量（压力逐渐减小行程时的测量）的仪表示数不同。回程误差产生的主要原因是传动机构的间隙、运动部件的摩擦、弹性元件由于塑性变形造成滞后。处理方法是调节传动机构的连接状态，此外单独检查弹性元件的形变状况，若其塑性形变过于严重需进行更换。

知识拓展：

多数情况下，示数有误差的弹性式压力计可能同时存在多种误差，需要结合理论知识和实际经验才能将仪表精度调节至正常水平。除此之外，仪表的校正也需要标准仪表以及专业的实验台作为支撑，2.3.5节中的活塞式压力计就是一种专门用于校正的标准压力计。

以上说明的五种误差来源或误差因素，普遍存在于所有弹性式压力计中，包括弹簧管压力计和各类弹性式压力计。

（5）改进方法

1）多圈式弹簧管压力计。单圈式弹簧管压力计灵敏度较低，可采用多圈式弹簧管作为弹性元件进行改进。由于多圈环绕的方式增加了管的长度，使其在同等的差压下产生更大的形变量，由此可提高测压的灵敏度和精确度。

2）电接点式压力计。电接点式压力计是在普通弹簧管压力计的基础上增加了报警装置。压力计的指示指针上安装有触点作为动触点，同时压力计中增加安装了报警指针，其触点作为静触点。使用时预先调整好报警指针的压力上下限，当实际压力达到预定压力时，动触点和静触点的电路接通，实现自动报警或自动控制（接通或断开）电路的操作。电接点式压力计在工业生产中有广泛的应用，可将所监测的压力保持在一定的范围内，当压力偏移预定范围时能实现自动操作，能有效维护设备的安全运行。

知识拓展：

电位计式压力计也使用了弹性式压力计的基本架构，同样采用了弹性元件作为敏感元件，但其增加了电子测量元件，将指针相对刻度盘的位移转化为电阻的变化，即不以指针显示数值，而是以电子设备显示压力数值。由于使用了电子测量元件，本书中将电位计式压力计划归为电气式压力计。

2. 膜片压力计

(1) 基本结构　对于膜片压力计，膜片是仪表的敏感元件，其外形为片状，按照表面形状可分为平膜片和波纹膜片，其中波纹膜片还可以根据波纹形式的不同继续细分，常见膜片结构见图 2.3.8。当膜片内外压力不同时，膜片中央位置会产生与差压大小相关的位移。通常波纹膜片的灵敏度要高于平膜片，更适合测量较低压力。

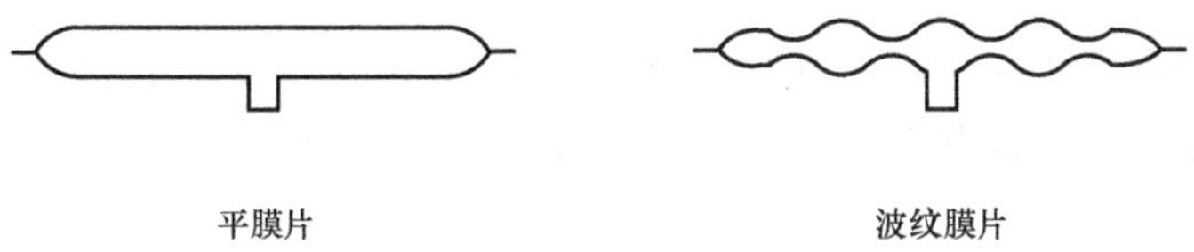

图 2.3.8　膜片压力计常见膜片结构图

知识拓展：

膜片与传动机构的连接方式根据膜片材料的不同而变化，一般用金属材料制成的膜片本身具有较高的弹性和刚度，依靠膜片自身的形变即可平衡内外压差，因此直接通过转轴与传动机构相连即可。而用非金属材料制成的膜片很难达到上述效果，需要额外增加弹簧作为压力平衡元件。通常非金属材料制成的膜片线性度更好，但金属膜片更经济适用。

(2) 仪器特点

优点：结构简单，价格便宜，精度较高；可依据量程需要选取不同型号。

缺点：量程大的型号线性度较差，准确度较低。

(3) 膜盒式压力计　由于膜片的结构限制，其形变量小于弹簧管，当内外压差较小时，形变量很小，此时仅靠单个膜片的形变难以保证仪表的灵敏度。因而将多个膜片叠放起来组成膜盒式压力计，放大了形变量，可用于测量微压。

3. 波纹管压力计

(1) 基本结构　波纹管压力计的弹性元件是波纹管，其结构为一端封闭且周围带有波纹状突起的筒体，部分型号内部带有弹簧，常见波纹管结构见图 2.3.9。当管内压力增大时，波纹形状的管壁会呈变平的趋势，管壁将会沿轴线方向延伸，延伸距离与差压近似符合线性关系。

(2) 仪器特点

优点：结构简单，价格便宜，精度较高；波纹管轴向易变形，灵敏度较高。

缺点：由于波纹管大多为薄壁，不适于高压测量；部分型号的波纹管易老化，不适用于恶劣环境的测量。

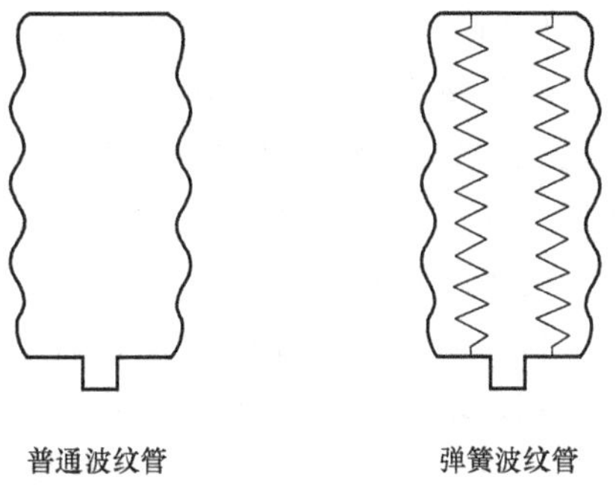

图 2.3.9　波纹管压力计常见波纹管结构图

2.3.4 电气式压力计

电气式压力计也称为压力变送器，是能够实现压力参数远传、集中监测和范围控制的仪表，所有电气式压力计的共同特点是将压力信号转换为电信号。根据测压元件和工作原理的不同，压力信号的种类及变送方式也不同。

1. 电容式压力计

电容式压力计采用电容式敏感元件，将差压转化为电容变化。根据敏感元件的具体结构，可分为变距离式、变面积式和变介电常数式三种，由于变距离式应用最广泛，因此本书重点介绍该类型。

(1) 基本结构 电容式压力计系统图见图 2.3.10，包括测量部分和转换部分，其中测量部分为电容式压力传感器，转换部分包括转换电路、放大电路和显示仪表。各部分的主要功能为：电容式压力传感器通过膜片的微小位移将差压 Δp 转化为电容变化 ΔC；转换电路可以将传感器输出的电容变化转化为电流 I；放大电路能够将微小电流放大为 4~20mA 的标准电流信号；显示仪表能够识别标准电流信号，将其转换为差压数值并显示在屏幕上。

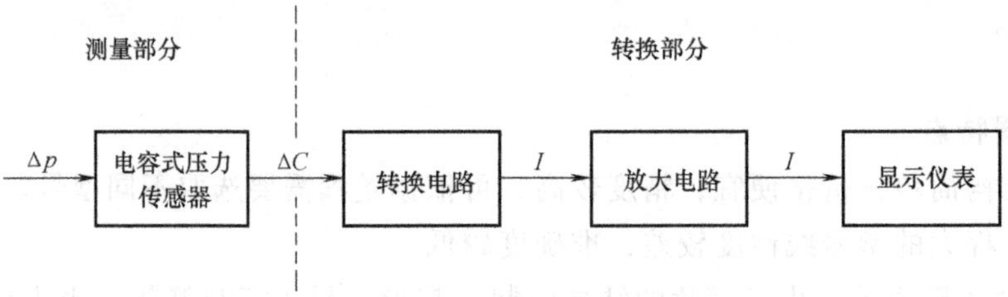

图 2.3.10 电容式压力计系统图

压力传感器是电容式压力计的敏感元件，也是其核心部分，以下介绍两种常见的压力传感器结构形式。

单电容式压力传感器结构见图 2.3.11，其由固定电极、测量膜片与气室共同构成。传感器工作时，将气室与待测压空间连通，测量膜片外侧暴露在参比端的压力下（一般为当地大气压）；当测量膜片两侧存在差压时，膜片产生变形，其与固定电极之间的距离发生变化，膜片与电极之间的电容也随之变化。

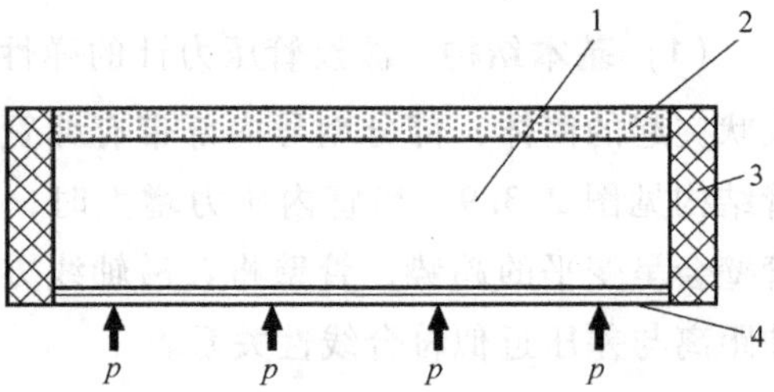

图 2.3.11 单电容式压力传感器结构图

1—气室 2—固定电极 3—外壳 4—测量膜片

目前多数电容式压力传感器采用了差动电容模式，结构见图 2.3.12。差动电容式压力传感器的核心可以等效为两个电容器，共用电极是传感器中央的测量膜片，其与两侧镀在玻璃杯体上的球面电极分别组成两个电容。玻璃杯体中央有通孔，连接杯体内外的空腔，孔外有隔离膜片，空腔中充满硅油以便传递压力。当两端的隔离膜片承受的压力不同时，膜片产生微小位移，引起测量膜片与球面电极之间的电容发生变化。

(2) 工作原理 对于电容式压力计，当压力传感器两端的差压发生变化时，导压介质将压力传导到膜片上，膜片间的距离和电容值也相应地发生变化，通过对电容值的测量即可计算出差压。

电容式压力计测压的基本原理是帕斯卡定律和高斯定理。帕斯卡定律：在一个封闭空间内，液体能够大小不变地向各个方向传递压力。高斯定理：闭合曲面内的电荷分布与产生的电场在该闭合曲面上的电通量积分有关。其中帕斯卡定律为压力传导介质的选取提供了理论依据，高斯定理为电容的计算提供了理论依据。

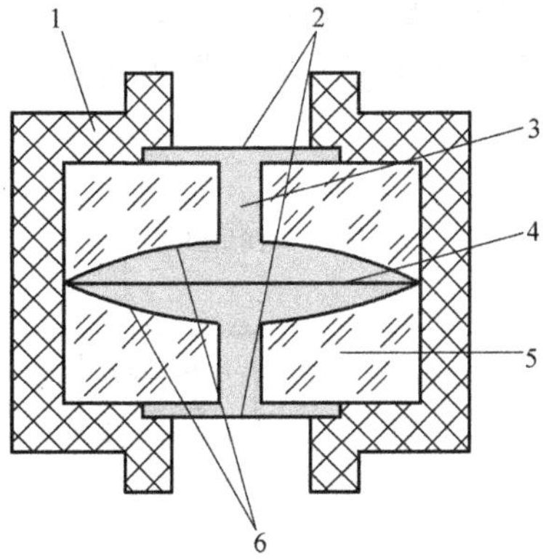

图 2.3.12 差动电容式压力传感器结构

1—外壳 2—隔离膜片 3—硅油
4—测量膜片 5—玻璃杯体 6—球面电极

知识拓展：

下面从理论角度介绍电容式压力传感器的工作原理。

在不考虑边缘效应（在电容器极板边缘，电场线无法保持平行，电荷分布不均匀，使电容实际值不完全等于理论计算值）的前提下，普通平板电容器的电容量大小符合以下公式：

$$C=\frac{\varepsilon A}{d}$$

式中，C 是电容，单位为 F；A 是极板正对面积，单位为 m^2；d 是极板之间的距离，单位为 m；ε 是介电常数，与极板之间填充的介质和温度等有关。

当公式中的介电常数、面积或距离发生变化时，电容也相应发生变化。按被测量的变化可将电容压力传感器分为变介电常数式、变面积式和变距离式三种。对于变距离式传感器，介电常数和极板面积为常数，因此电容仅与极板距离相关，而极板距离和所测差压相关。根据高斯定理的计算推导，可获得电容值的变化量与距离变化量或差压成正比。根据此结论，对电容值进行测量即可计算出对应的差压。

需要说明的是：目前大部分电容式压力传感器使用的是球面电容而非平板电容，其极距并不等同于平板电容的距离 d，但基本工作原理是一致的。

(3) 仪器特点

优点：精度和灵敏度高，动态性能好；单向过载保护性能好，体积小，重量轻；数据远传方便，可在较为恶劣环境下使用。

缺点：涉及多级数据传递与转换，对电路的性能要求较高。

2. 应变式压力计

应变式压力计是将压力传感器直接或间接固定在弹性元件上，通过传感器敏感元件的应变来测量差压的大小。最常见的敏感元件材料为金属和半导体，其通过电阻的变化反映差压。本书重点介绍以金属电阻应变片作为敏感元件的电阻应变式压力计。

(1) 基本结构 应变式压力计系统图见图 2.3.13，包括测量部分和转换部分，其中测量部分包括应变式压力传感器，转换部分包括放大电路、电压-电流转换电路和显示仪表。

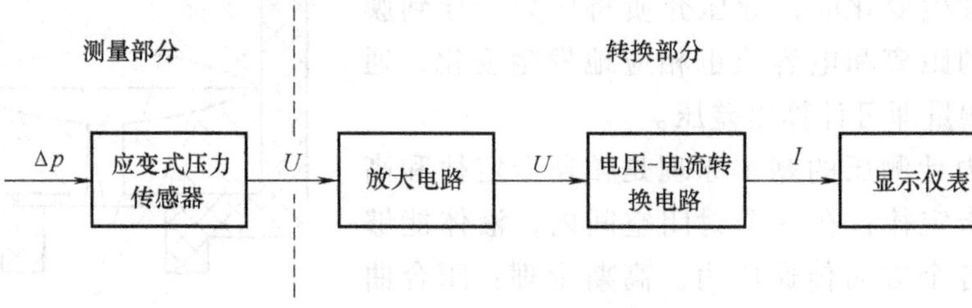

图 2.3.13 应变式压力计系统图

应变式压力传感器的敏感元件是应变片，常见应变片结构见图 2.3.14，由基片、电阻丝、覆盖片和引出线组成。其中基片和覆盖片用于保护电阻丝并使其与外界绝缘，电阻丝的电阻随着应变片的形变量而改变。由于应变片本身不能承受过大的应力，实际使用时需要将其固定在弹性元件上，由弹性元件承担差压产生的应力，再由应变片将弹性元件的应变转化为电阻的变化，通过传感器内自带的转换元件以电压的形式输出，因此图 2.3.13 中传感器输出的是电压信号 U 而非电阻信号 R。

根据弹性敏感元件结构的不同，应变式压力传感器可分为膜片式、应变管式、应变梁式和组合式四种。最常用的是膜片式压力传感器，其采用单层膜片作为弹性元件，示意图见图 2.3.15。当膜片两侧存在差压时，膜片产生应变，靠近圆心的位置受到拉伸，而靠近边界的位置受到挤压。将四个应变片粘贴在膜片同一直径上，则应变片电阻 R_2、R_3 产生拉应变，而应变片电阻 R_1、R_4 产生压应变。将四个应变片通过外接电路连接为一个电桥，当差压造成应变发生时，应变片电阻数值也随之发生改变，通过传感器内的转换元件即可将电阻变化转换为电压变化的形式输出。

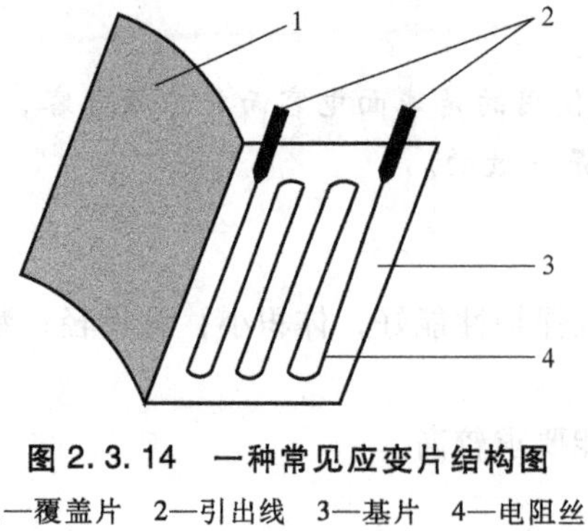

图 2.3.14 一种常见应变片结构图

1—覆盖片 2—引出线 3—基片 4—电阻丝

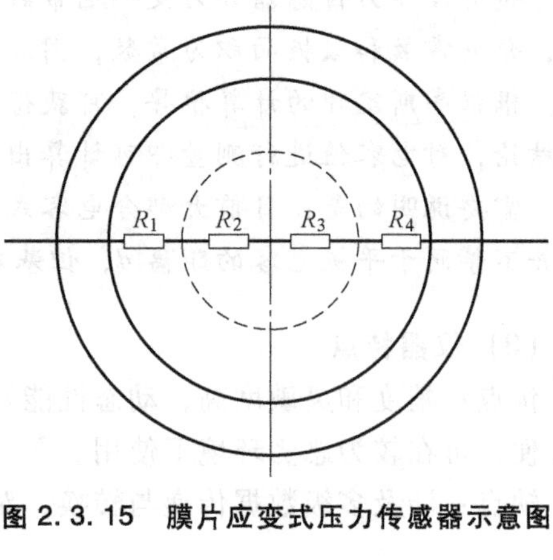

图 2.3.15 膜片应变式压力传感器示意图

压力传感器直接输出的电压通常不符合数据采集标准，显示仪表无法直接识别。因此测量系统中增加了放大电路和电压-电流转换电路进行调制，调制后的电压信号为 4~20mA 标准格式，通过显示仪表可直接对差压进行显示。

知识拓展：

注意应变式压力计的“膜片”与 2.3.3 节介绍的弹性式压力计中的“膜片”结构不同。应变式为单层膜片结构，而弹性式为多层膜片结构。

（2）工作原理　应变式压力计的弹性元件即应变片在承受差压时产生应变，使应变片的电阻也随之发生变化，通过电路将电阻变化转换为电压变化向外输出，即可在显示仪表上显示出差压值。

电阻应变式压力计的工作原理是电阻应变效应：金属电阻的相对变化率与其线应变成正比。

（3）仪器特点

优点：响应速度快，可测量高频变动的差压；耐冲击，测量准确度较高。

缺点：输出信号较小，易受干扰；应变片电阻受温度影响明显，需要进行温度补偿。

（4）补充说明　应变片电阻除采用金属材料外还可采用半导体材料。例如，扩散硅式应变压力计即选用半导体扩散电阻，其以硅膜片作为弹性元件和应变片（弹性元件与应变片为一体式），用离子注入法在硅片上直接形成了四个大小相同的扩散电阻。当硅膜片上下两侧出现差压时，膜片内部产生应力，使扩散电阻的阻值发生变化。

由于硅片弹性形变线性度高，弹性滞后及蠕变也很小，同时半导体的电阻随应变的变化更为灵敏，因此半导体材料的应变压力计灵敏度更高。但由于半导体电阻随温度的变化较明显，因此对温度补偿的要求较高，同时硅膜片上扩散电阻的加工有着很高的工艺要求。

3. 其他电气式压力计

（1）电位计式压力计　电位计式压力计的主体部分为弹性式压力计，其常见的型号通常是由弹簧管压力计改装而来，不同的是增加了电子测量元件，将指针相对刻度盘的位移转化为电阻的变化。

电位计式压力计在刻度盘上布置一圈电阻丝，同时在指针上固定一个滑片，指针转动时使滑片与电阻丝接触，形成一个滑动变阻器（变阻器也称为电位器）。当指针转动时，接入电路的电阻发生变化，通过电阻的大小即可计算出其对应的压力值。

电位计式压力计结构简单，加工方便，价格便宜，便于数据远传；但是由于滑片与电阻丝之间有摩擦阻力，对弹性元件的形变有影响，工作时可能会造成较大的随机误差。

（2）霍尔式压力计　霍尔式压力计的工作原理是霍尔效应：对于一个载流半导体，当有外磁场垂直于载流子运动方向时，载流子的运动轨迹会因为磁场的洛伦兹力而偏转，并堆积在半导体一侧，形成一个垂直于载流子运动方向和磁场方向的电场。此电场形成的电动势称为霍尔电动势。

知识拓展：

下面从理论角度介绍霍尔效应的主要原理。

如图 2.3.16 所示，在一段通有向左电流的半导体中，电子是载流子，由于电子带负电荷，因此电子实际向右运动。半导体处于垂直向上的磁场中，此时半导体中的电子受到来自磁场的洛伦兹力的作用。

由右手定则可知洛伦兹力与载流子定向运动方向和磁场方向均垂直，电子受洛伦兹力的作用而向垂直纸面向内的方向偏移，并聚集在半导体后部，产生了垂直于纸面方向的附加电场和电动势，该电动势即为霍尔电动势，记为 U_H，其表达式为

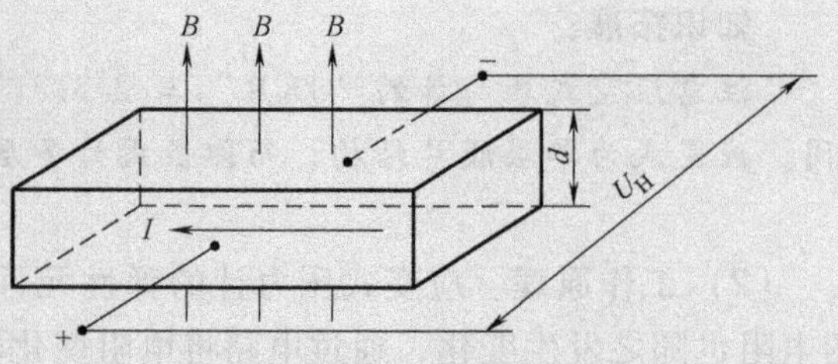

图 2.3.16　霍尔效应原理图

$$U_H = R_H \frac{IB}{d}$$

式中，R_H 是霍尔系数；U_H 是霍尔电动势，单位为 V；I 是半导体中通过的电流，单位为 A；B 是外加磁场的磁感应强度，单位为 T；d 是半导体部件的厚度，单位为 m。

霍尔电动势公式中，霍尔系数 R_H 与材料有关，不同的导体或半导体部件的霍尔系数 R_H 不同。当部件的尺寸和电流相同时，霍尔系数大的部件产生的霍尔电动势更大，制成仪表的灵敏度也更高。因此，实际使用的霍尔元件多数是半导体片，其密度较小，霍尔系数较大。

霍尔式压力传感器由两部分组成，一部分是弹性元件，用以承受压力，并将差压转换为位移量；另一部分是霍尔元件和磁极系统。通常将霍尔元件固定在弹性元件上，这样，当弹性元件产生位移时，带动霍尔元件在磁场中移动并产生霍尔电动势，从而实现将差压变换为电量的过程。

霍尔压力传感器结构见图 2.3.17，霍尔元件固定在弹性元件上，被测压力由弹性元件的固定端引入，弹性元件的自由端与霍尔片相连，霍尔元件上下方设有两对垂直放置的磁极，使其处于两对磁极的非均匀磁场中。当弹性元件两端的差压为零时，霍尔元件位于平衡位置，受到的磁场互相抵消，不输出霍尔电动势；当弹性元件承受到的压力发生变化时，霍尔元件的位置将随着弹性元件变形而移动，从而偏离平衡位置，产生与位移相关的霍尔电动势，经过其他电路的调制后即可在显示仪表上显示出差压数值。

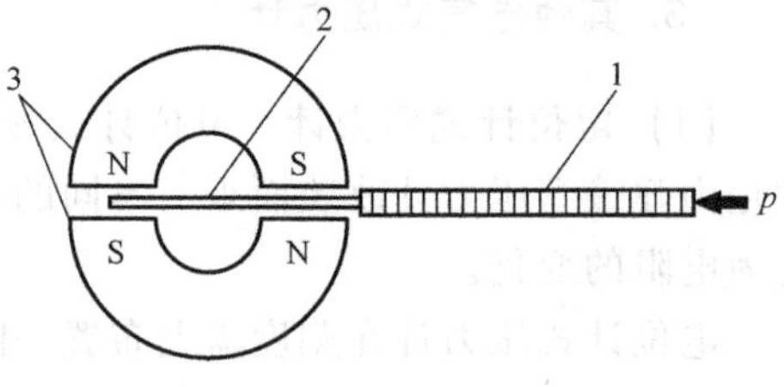

图 2.3.17　霍尔压力传感器结构图

1—弹性元件　2—霍尔元件　3—磁体系统

霍尔式压力计响应速度快，动态特性好，使用寿命长，传感器体积小，安装方便且抗振动；但霍尔元件的材质通常是半导体，受温度影响明显，需进行温度补偿，同时由于加工工艺等限制，无法保证差压为零时霍尔电动势一定为零，需要进行零点校正。

知识拓展：

霍尔开关是在霍尔效应的基础上，利用集成封装工艺制作而成的一种新型磁电转换开关。其工作原理为：当霍尔元件接近磁性物体时，内部磁敏元件产生霍尔效应，相应产生的霍尔电动势也会变化。当电动势达到一定的阈值就能使开关内部的电路状态发生变化，进而控制开关通电或断电的状态，同时霍尔传感器电路内产生电脉冲信号并向外输出。

“工程热力学”活塞式压气机性能测定实验中使用霍尔开关确定压气机活塞的活动位置，其工作原理即为霍尔效应原理。

(3) 电感式压力计　电感式压力传感器是利用线圈电感量变化来测量压力的仪表。电感式压力计测量的理论依据是法拉第电磁感应定律：当闭合回路的一部分导体切割磁感线时，回路中会产生感应电动势。电工学通常使用螺旋形线圈实现对应的效果：通电时，其周围会产生磁场；断电时，线圈本身形成的磁场逐渐消失，但由于磁场发生了变化，会反过来对回路施加一个感应电动势。电感式压力传感器按照结构的不同可分为气隙式、变压器式和电涡流式，以弹性金属膜作为敏感元件，当金属膜承受差压时将产生微小位移，使相关联的电感机构（铁芯和线圈）在磁场中的磁阻发生变化，从而导致线圈中电感量发生变化，再由测量电路转换为电压或电流的变化量输出，从而测算出差压数值。

电感式压力计具有结构简单、工作可靠、灵敏度高、响应速度快、环境适应性强等优点；缺点是对测量区域的电磁环境要求高，同时对仪表的电路性能要求较高。

(4) 振弦式压力计　振弦式压力计的工作原理同样是法拉第电磁感应定律，依靠频率信号测量压力。

振弦式压力传感器中采用膜片承受差压变化，但并不依靠其形变量传递信号，而是将带有一定预紧力的金属丝的一端连接在膜片上，另一端固定。当膜片内外差压变化时，金属丝承担的张力变化，使其固有频率发生变化，此时通过电磁激励方法使其发生微小振动，再通过单独的电路测出固有频率的变化，即可计算出差压的数据。

振弦式压力计体积小、测量精度与分辨率高、受温度影响小，且频率数据不易受电路电阻的影响；但由于金属丝长期处于振动状态，易形成疲劳损伤，对测量精度有影响，部分传感器内置永磁体，易因高温降低磁性，也会影响测量精度。

2.3.5 活塞式压力计

活塞式压力计是一种相对特殊的仪表，既可直接用作测压仪表，也可作为标准仪表校正其他压力计。虽然使用频率不及各类弹性式压力计和电气式压力计，但在航空航天、兵器制造、船舶设计等对测压精度要求较高的领域具有重要且难以替代的地位。

根据传导压力的介质不同，活塞式压力计可分为气体活塞式压力计和液体活塞式压力计。前者在工业领域较为常见，常用于精密压力测量；后者常见于实验室，供实验教学和压力仪表校准使用。

1. 液体活塞式压力计

(1) 基本结构　液体活塞式压力计基本结构见图 2.3.18，包括压力发生部分和测量部分。

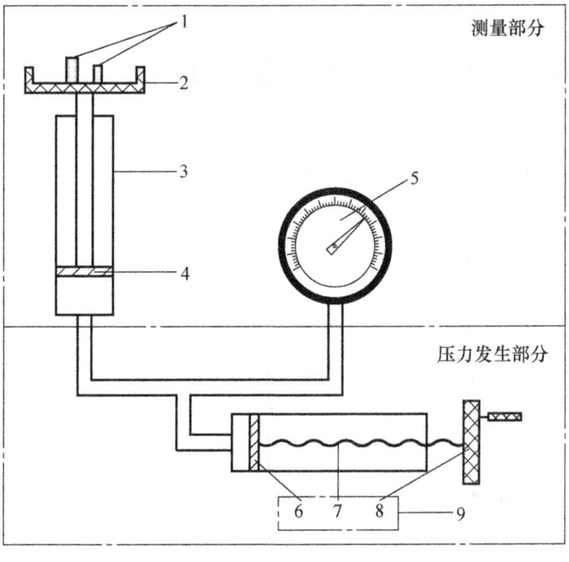

图 2.3.18　液体活塞式压力计基本结构图

1—砝码　2—托盘　3—活塞筒　4—测量活塞　5—标准压力表　6—工作活塞　7—丝杆　8—手轮　9—手摇泵

压力发生部分为手摇泵，包括手

轮、丝杆和工作活塞等部件。使用时，旋转手摇泵的手轮，带动丝杆及工作活塞运动，对管路中的液压油加压。

测量部分包括砝码、托盘、测量活塞、活塞筒和标准压力表。测量时，加压后的液压油托起测量活塞，此时将砝码置于托盘上以达到压力平衡。平衡时油压等于砝码、托盘和测量活塞对管路中施加的总压力，另一条管路连接的标准压力表可同步显示此时的压力。

知识拓展：

由于活塞式压力计经常作为标准压力表，通常连有多条管路，可连接待校正的压力表，用以标定校正压力表的标准刻度。

若没有精度足够的压力表作为标准压力表，可用标准砝码标定待校正压力表的刻度，标定后可用此表校正其他压力表。

（2）工作原理 活塞式压力计测量的理论依据是流体静力学原理与帕斯卡定律。管路、工作活塞和测量活塞共同构成一个封闭体系，其中的液压油能够大小不变地向各方向传递压力，因此测量活塞、标准压力表和被校正压力表均能受到相等的压力。

（3）仪器特点

优点：精度高，可用作标准表；结构简单，稳定可靠，测量重复性好。

缺点：体积和重量大，操作烦琐，不能进行数据远传；长时间使用时易漏油。

2. 气体活塞式压力计

液体活塞式压力计的缺点是体积和重量较大，因此主要应用于实验室中。工业中常用气体活塞式压力计，可达到相同的测量精度，体积更小，结构更紧凑，同时便于增加自动校正装置和数据远传装置。

2.4 流量测量仪表及原理

2.4.1 流量测量概述

1. 流量

在能源、电力、水利、环境、石油、化工等国民经济领域涉及各种流体，通常需要掌握流体的消耗速度和用量配比等物量信息；此外日常生活中也经常需要对流体流量进行测量，如家用水表、燃气表、热量表等，因此精准可靠的流量测量技术对生产和生活都非常重要。

流量的计量可分为两种：一种为瞬时流量，即单位时间通过某截面的流体物量（质量或体积），常用单位有 g/s、t/h、mL/s、m^3/h 等；另一种为累积流量，即一段时间内通过某截面的流体的总量，常用单位有 g、t、mL、m^3 等，应用累积流量时，需要计量时间的长短。在热工实验测量领域，通常测量的为瞬时流量，因此本书中若无特殊说明，"流量"一词指瞬时流量。

流量可分为质量流量 q_m（常用单位有 g/s、t/h）和体积流量 q_V（常用单位有 mL/s、m^3/h），由于实际测量中体积的测量较为方便，大多数流量计测量的是体积流量。

2. 流量计

（1）仪表分类

1）按测量原理，可分为容积式、差压式、速度式和质量式流量计。

2）按输出信号，可分为脉冲频率式和模拟输出式流量计。

3）按测量对象，可分为封闭管道流量计和明渠式流量计。

4）按测量的流量种类，可分为瞬时流量计和累积流量计。

5）按测量的流量单位，可分为质量流量计和体积流量计。

流量计的种类很多，分类方法多样，从热工实验测量的角度，通常按测量原理进行分类。因此本书将重点介绍容积式流量计、差压式流量计、速度式流量计和质量式流量计及其工作原理。

知识拓展：

流量计的分类方法中，按测量原理分类和按流量单位分类都涉及流体的体积和质量的计量，但两种分类的含义不同。

按测量原理分类时侧重于输入端参数的测量，关注的是输入仪表的物理量，如容积式流量计接收和测量的信号与容积相关，质量式流量计接收和测量的信号与质量相关，速度式流量计接收和测量的信号与流体的流速相关。按流量单位分类时侧重于输出端参数的显示，即显示仪表所显示的流量单位，如质量流量计的常用输出单位为 g/s，体积流量计的常用输出单位为 mL/s。

输入端与输出端参数并无必然联系，如质量式流量计的部分型号也可以显示体积流量，体积式流量计经过一定的改装后同样可以显示质量流量，因此质量式流量计和质量流量计、容积式流量计和体积流量计的含义不同，不能混淆使用。

（2）流量测量　流量计的流量测量范围由量程决定，其定义为流量计的最小流量与最大流量之间的范围，即流量计的测量上限值与下限值。量程越大，表示流量计的流量测量范围越大。

由于流体的特殊性质，当流量较大或较小时，流量计的精度均会降低，因此对流量计引入量程比的概念，其定义为流量计量程上限值与下限值的比值。在保证仪表精度的前提下，量程比越大，表示流量计的通用性越强，对流量测量的范围（尤其是低流量下）要求也越低。

除量程和量程比外，流量计特有的参数和术语还包括：

1）额定流量：流量计测量精度最高时的流量值。

2）流量系数：流量计实测流量与标准流量的比值。

3）特性曲线：用于表示流量计的某种特性（通常是流量系数或仪表系数）与流量之间关系的曲线。

2.4.2　容积式流量计

容积式流量计也称为定排量流量计，是一类测量原理相对简单且测量精度较高的仪表，其测量原理是通过计数流体连续填满固定容积空间的次数获得体积流量或累积流量。容积式流量计内部具有一个标准容积（体积）的固定空间，其由仪表壳的内壁和流量计转动部件共同构成，形成流量计的“计量空间”。当流体通过流量计时，在流量计进出口之间产生一定的压力差，流量计的转动部件（简称转子）在这个压力差作用下产生旋转，并将流体由入口排向出口。在此过程中，流体反复填满流量计的“计量空间”，然后又不断被排向出口。当流量计型号确定时，其计量空间的容积是确定的，只需测得转子的转动次数，即可获得通过流量计的流体体积的累积值。

容积式流量计有多种形式，主要包括齿轮式流量计、活塞式流量计、刮板式流量计、腰轮式流量计等。

1. 齿轮式流量计

齿轮式流量计是应用最为广泛的一种容积式流量计，其可按仪表内齿轮的形状分为圆柱齿轮式和椭圆齿轮式流量计。

(1) 基本结构 齿轮式流量计包括测量部分和转换部分，前者表示与流体直接接触并输出与流量相关物理量的机械结构，后者通常指具有计数功能的电路，通过记录流体填满计量空间的次数（或频率）显示出累积流量。

齿轮式流量计的测量部分主要由流入口、流出口、齿轮、轴和壳体组成，两个互相啮合的齿轮与壳体共同围成容积一定的空间，称为计量空间或计量室，从而用物理方式将流体分割为可计量的多个“小份”流体，随着齿轮转动而不断由流入口转移到流出口。

圆柱齿轮式和椭圆齿轮式流量计的结构图见图 2.4.1。

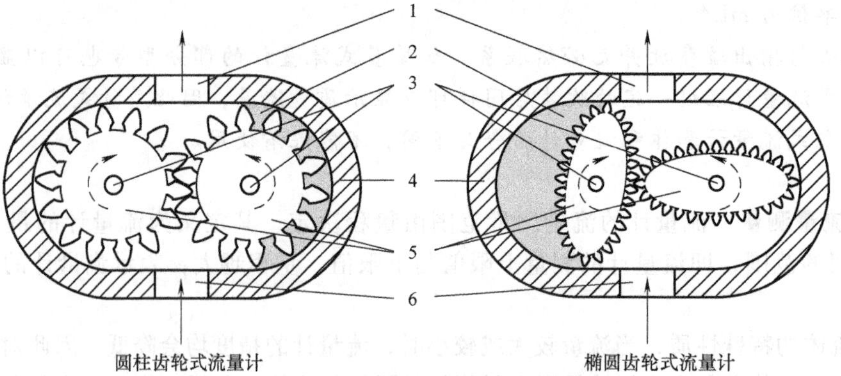

图 2.4.1 齿轮式流量计结构图

1—流出口 2—计量空间 3—齿轮轴 4—壳体 5—齿轮 6—流入口

(2) 工作原理 齿轮式流量计的工作原理是利用齿轮和壳体围成计量空间，当有流体自流入口进入流量计腔室时，会在流入口和流出口之间形成压力差，在压力差的作用下，齿轮绕轴转动并使流体顺次填满计量空间，转换部分通过计数齿轮的转动圈数，计量流体填满计量空间的次数，从而获得累积流量。理论上当转动部件转速保持不变时，通过测量转速还可获得瞬时流量值。

(3) 仪器特点

优点：测量精度高，量程比较大，不受管路条件影响，可适用于高黏度流体的测量。

缺点：结构复杂，体积庞大；对流体的流动影响较大，易产生噪声和振动；不适用于高温测量场合，对流体洁净度要求较高。

附表 4 列出了不同类型流量计的性能，根据此表可了解不同流量测量仪表的特点。

(4) 误差分析　齿轮式流量计的主要误差来源是内泄漏。为保证齿轮能够在壳体内自由转动，齿轮之间需保留一定的间隙，导致部分流体不经计量空间，直接由缝隙泄漏至流出口，造成流量测量的误差。根据泄漏来源，内泄漏可分为端面泄漏、齿面泄漏和径向泄漏。

1）端面泄漏：经齿轮顶端和底端与壳体之间间隙的泄漏。

2）齿面泄漏：经两齿轮齿面啮合处之间间隙的泄漏。

3）径向泄漏：经齿轮的齿顶与壳体之间间隙的泄漏。

以上泄漏中端面泄漏是主要原因。提高齿轮式流量计的机械加工工艺，有助于控制内泄漏，提高齿轮式流量计的精度。此外，由于流体的泄漏量随黏度的增加而减少，因此齿轮流量计测量高黏度流体时具有更高的精度。

2. 活塞式流量计

活塞式流量计同样是一种应用广泛的容积式流量计，按照结构可分为往复活塞式和旋转活塞式流量计。

(1) 基本结构　活塞式流量计同样包括测量部分和转换部分，两者的主要功能与齿轮式流量计相同。

往复活塞结构的流量计又可分为单活塞式和多活塞式流量计。单活塞式流量计的结构见图 2.4.2，其测量部分由流入口、流出口、换向阀、有杆腔、无杆腔、活塞和壳体组成，其中充满流体的有杆腔和无杆腔是计量空间，其空间由壳体和活塞围成。转换部分通过计数换向阀的脉冲次数计量流体填满计量空间的次数，从而获得累积流量。

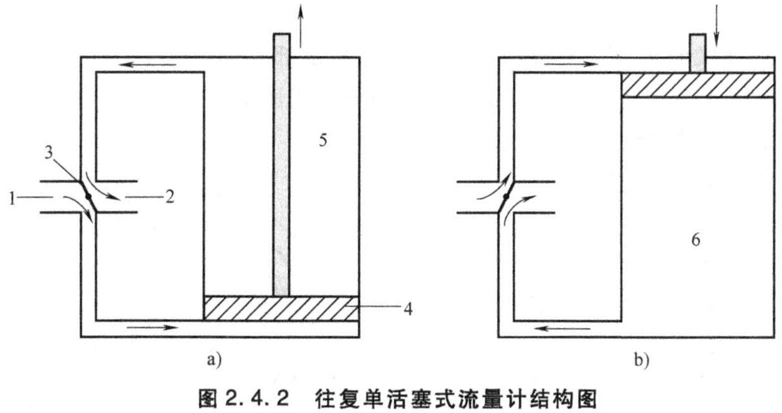

图 2.4.2　往复单活塞式流量计结构图

1—流入口　2—流出口　3—换向阀　4—活塞　5—有杆腔　6—无杆腔

知识拓展：

往复多活塞式流量计的结构与单活塞式相似，都是通过换向阀使流体顺次充满由壳体和活塞围成的腔室，区别在于多活塞式流量计有多个活塞同时工作，并且这些活塞在同一时间的相位是不同的，这样做有利于减少管路中的流体脉动与管路振动，有利于保障设备安全和延长仪表寿命。

(2) 工作原理 单活塞式流量计的工作原理可参考图 2.4.2，主要包括以下工作过程：

1) 图 2.4.2a 初始状态下，换向阀连通流入口和无杆腔，此时无杆腔的容积最小而有杆腔中充满流体。

2) 在压力差的作用下，流体开始流入无杆腔，将位于活塞另一端的有杆腔的流体压至流出口。

3) 当有杆腔被压缩到最小时，转换电路收到相应的脉冲，操控换向阀转动，使流入口和有杆腔连通，流出口与无杆腔连通，此时为图 2.4.2b 状态。

4) 充满流体的无杆腔被压缩，并将其中的流体压至流出口，直至部件回复为图 2.4.2a 的初始状态。

5) 此时转换电路接收到下一个脉冲信号，再次控制换向阀换向，进入下一个循环的工作过程。

通过以上的循环工作，流体不断填满计量空间，每个循环中转换部分都会接收到两次脉冲，通过计数脉冲次数即可求得累积流量。

(3) 仪表特点

优点：体积小，重量轻；测量精度高，对管路结构的要求较低；可用于测量黏度较高的流体，对流体洁净度要求低于齿轮式流量计。

缺点：测量通径有限，只适用于小管径测量；响应速度较慢，抗压能力低于齿轮式流量计。

知识拓展：

对于单活塞式流量计，在转换部分损坏时，会由于换向阀无法正常工作而导致管路堵塞。此外，由于活塞往复运动产生的惯性力引起流体的脉动，会对管路产生一定的冲击。

(4) 旋转活塞式流量计 旋转活塞式流量计测量部分由两个固定的空心筒和位于两筒中间的旋转活塞组成，旋转活塞将内筒和外筒划分为内腔和外腔两个计量空间。当有流体通过时，旋转活塞会因两个腔室的压力差而不断摆动，使流体交替填充和排出两个腔室。旋转活塞每摆动一个周期，内腔和外腔就各被填满了一次，通过计数摆动次数即可获得累积流量。旋转活塞式流量计结构见图 2.4.3。

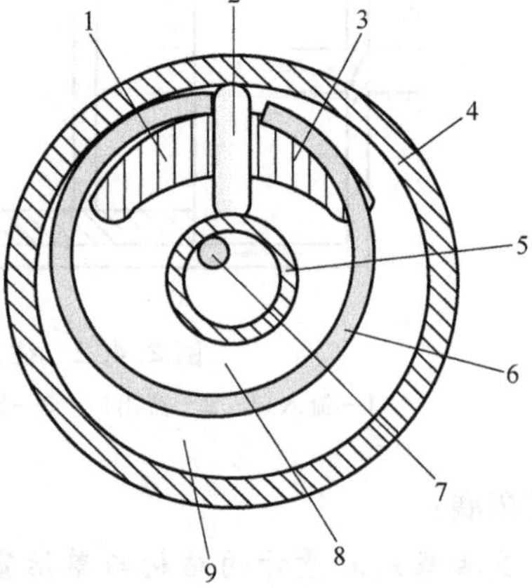

图 2.4.3 旋转活塞式流量计结构图

1—流入口 2—隔板 3—流出口 4—外筒 5—内筒 6—旋转活塞 7—旋转活塞转轴 8—内腔 9—外腔

与往复活塞式流量计相比，旋转活塞式流量计不会因为转换部分损坏而堵塞管路，流体中有少量的固体颗粒也不影响流量计的正常工作。但由于旋转活塞需要在腔室内流畅地摆动，活塞与内外筒之间的间隙较大，造成流体泄漏量较大，因此旋转式流量计的精度不及往复式流量计。

知识拓展：

此类流量计虽然称为“旋转活塞式”，但由于活塞轴、内筒和隔板等部件限位，旋转活塞的运动更类似于摆动，通过不断的摆动，流量计的流入口交替与内腔和外腔连通，并将内腔和外腔交替地与流出口连通，使流体能够连续地通过。

3. 其他容积式流量计

（1）刮板式流量计　刮板式流量计结构见图 2.4.4，由流入口、流出口、转子筒、凸轮、刮板和外壳等构成。流体流经流量计时，在流入口和流出口之间产生压差，推动刮板和转子筒转动，刮板将流量计内的流体分割为体积相等的区段，即刮板式流量计的计量空间。转子筒每旋转一周，即通过了与刮板数量相等个计量空间的流体（图 2.4.4 有 4 个计量空间，不同型号刮板式流量计的计量空间数不等）。

刮板式流量计体积较大，结构复杂，造价较高；但流体阻力较小，适用范围广，机构磨损小，仪表的抗压能力较好。

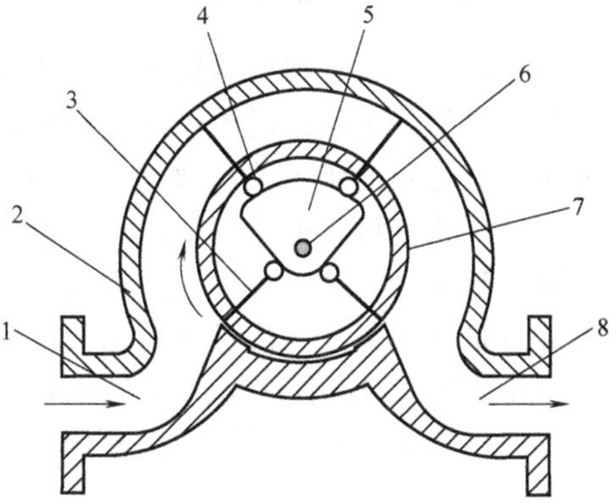

图 2.4.4　刮板式流量计结构图

1—流入口　2—壳体　3—刮板　4—滚轮
5—凸轮　6—转轴　7—转子筒　8—流出口

（2）腰轮式流量计　腰轮式流量计即罗茨流量计，结构见图 2.4.5，其形式与椭圆齿轮式流量计相似，不同之处是使用腰轮代替齿轮，流量计的计量空间为图中阴影部分。与椭圆齿轮式流量计相比，腰轮式流量计的活动部件腰轮的加工更方便，但仪表整体的机械结构更加复杂，主要原因是腰轮本身无法做到始终啮合，需要各配一个共轴且相互啮合的齿轮，以保证腰轮旋转角度的稳定协调，造成腰轮式流量计的结构更为复杂。

（3）湿式气体流量计　湿式气体流量计主要用于气体流量的测量。所谓“湿式”是指流量计的腔体内部有液体（水或低密度油）用于密封，流量计结构见图 2.4.6。湿式气体流量计的外部结构为圆形封闭壳体，内部盛有一定体积的液体作为密封液，流量计转筒的一半

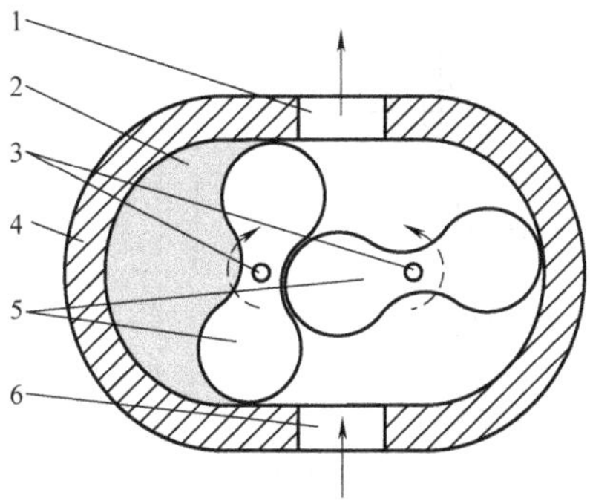

图 2.4.5　腰轮式流量计结构图

1—流出口　2—计量空间　3—轴
4—壳体　5—腰轮　6—流入口

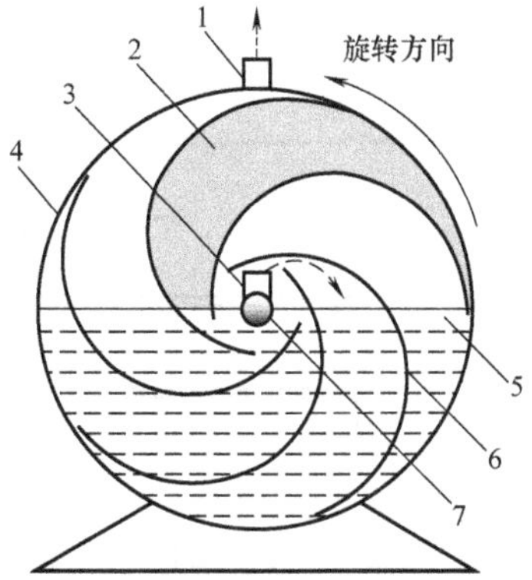

图 2.4.6　湿式气体流量计结构图

1—流出口　2—计量空间　3—流入口　4—壳体
5—密封液　6—转筒　7—转筒轴

浸于密封液中，沿垂直筒轴的方向有进气管，壳体上部有出气管，内部容积被多个转筒（转筒数量为 n）和壳体分成螺旋状隔离腔（即计量空间）。流量计通过转筒连续旋转实现进气和排气，转筒旋转一圈，相当于 n 倍计量空间的气体通过流量计，转筒的旋转次数通过齿轮机构传递到指示机构，即可显示通过流量计的气体体积流量。

由于湿式气体流量计特殊的密封形式，其可有效降低泄漏量，测量精度高，可用作标准仪器标定其他流量计；但其转筒旋转速度不能过快，因此仅适合于低流量气体的测量，多用于实验室中气体的流量测量。

2.4.3 差压式流量计

差压式流量计因结构简单、使用方便、性能可靠而得到了广泛的应用。差压式流量计利用其内部的特定结构对流体的流动阻碍，使流量计进出口产生一定的压力差，根据压力差与体积流量之间的函数关系通过计算即可获得流量值。

差压式流量计通过测量差压来进行流量测量。其中通过节流装置产生差压的流量计称为节流式流量计，节流装置包括孔板、喷嘴和文丘里管，对应的流量计分别称为孔板流量计、喷嘴流量计和文丘里流量计。除节流式流量计之外，差压式流量计还包括转子流量计、皮托管㊀流量计、均速管流量计等多种形式。

以下对差压式流量计中最常用的节流式流量计和转子流量计进行重点介绍。

1. 节流式流量计

（1）基本结构 节流式流量计系统图见图 2.4.7，主要包括节流装置、差压变送器和显示仪表。节流装置的作用是使流体产生差压，差压通过传送结构传导至差压变送器，差压变送器将差压信号转化为显示仪表能够识别的标准电信号，从而直接显示出所测流量值。

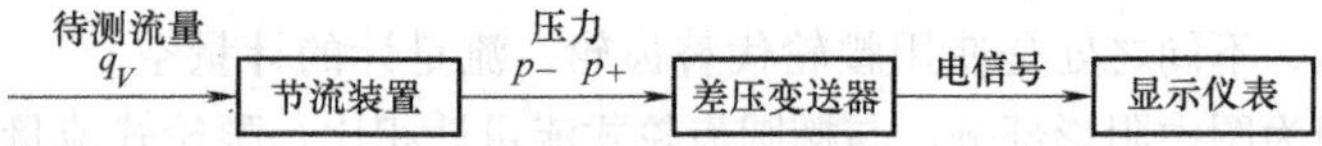

图 2.4.7 节流式流量计系统图

节流装置是节流式流量计最重要的结构，其由节流件、取压装置和直管段组成，其中节流件直接与流体接触，图 2.4.8 所示为典型的孔板流量计结构图。通过节流效应使流体流动

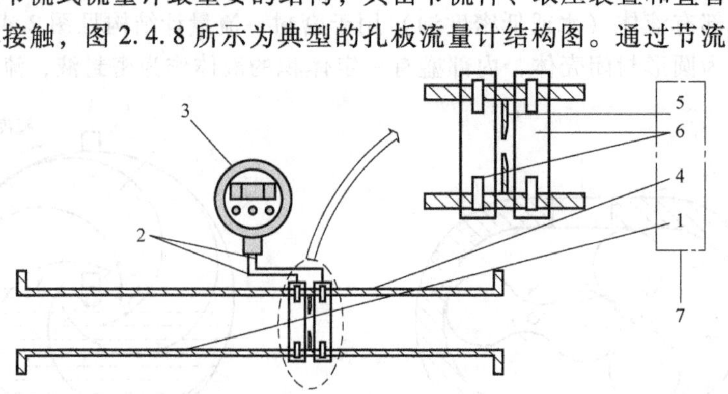

图 2.4.8 孔板流量计结构图

1—前直管段 2—取压管 3—差压变送器及显示仪表 4—后直管段

5—节流件（孔板） 6—取压装置 7—节流装置

㊀ 皮托管流量计也称作毕托管流量计。

时产生差压，差压变送器负责差压信号的调制，直管段位于流量计前后，用于稳定流体的流场，减少因涡流扰动而引起的示数波动。一般情况下，仪表上游直管段长度至少为 10 倍管路内径长，下游直管段长度至少为 5 倍管路内径长。

（2）工作原理　差压式流量计测量的理论依据是伯努利定律，在忽略流体流动阻力与可压缩性的前提下，流体符合伯努利定律的关系式：

$$p+\frac{\rho u^2}{2}+\rho gh=C \tag{2.12}$$

式中，p 是某处流体的静压，单位为 Pa；ρ 是流体密度，单位为 kg/m^3；u 是流体当地速度，单位为 m/s；h 是研究位置的相对高度，单位为 m；C 是流体某处的总压力，等于常数，单位为 Pa。

由于同一流量计中的流体高度变化较小，因此常常忽略 ρgh 项，仅保留 $p+\frac{\rho u^2}{2}$，其中$\frac{\rho u^2}{2}$项称为“动压”，为流体宏观运动而产生的“压力”。

知识拓展：

以上对伯努利定律的分析和计算仅为理想情况下。实际情况下，在节流式流量计中由于有节流部件的存在，流体必然会受到一定的阻力，且不符合“流体不可压缩”这一假设，因此在实际使用时，需要对式（2.12）进行修正：

$$p_1+\frac{\rho c_1 u_1^2}{2}=p_2+\frac{\rho c_2 u_2^2}{2}+\frac{\rho \xi u_2^2}{2}$$

式中，脚标“1”代表节流件上游取样点，脚标“2”代表节流件下游取样点；c_1 和 c_2 是修正系数，与流场分布有关；ξ 是节流件阻力系数，与节流件种类和型号有关。

（3）仪器特点　由于不同的差压式流量计的特点差异较大，以下仅列出节流式流量计的特点。

优点：结构简单，技术成熟且多种节流件已标准化，便于维修和替换；使用寿命长，价格低廉，对恶劣环境（尤其是高温环境）适应性较好。

缺点：量程较小，与容积式流量计相比精度较低；对管路的要求较高，需要在其前后布置一定长度的直管段；节流装置与差压变送器非一体结构，长时间使用易发生泄漏。

（4）补充说明　伯努利方程理论上仅能测量某一处的当地流速，而流量计内流体在不同位置的速度并不同，因此伯努利方程式（2.12）中需要用流体的平均速度代替当地速度。但平均流速影响因素很多，因此实际测量中会通过大量实验获得流量计的经验公式，即直接获得差压值与流量值的关联公式。目前多数节流式流量计实现了标准化设计，符合统一标准的节流装置称为标准节流装置，其结构尺寸和经验公式都有统一的标准。

2. 转子流量计

（1）基本结构　转子流量计也称为浮子流量计，其通过改变流体的流通面积保持转子上下的差压恒定，又称为变流通面积恒差压流量计，结构见图 2.4.9。

(2) 工作原理 转子流量计可分为玻璃管式和金属管式，其中玻璃管式的应用更为广泛。转子流量计由锥形管、转子和刻度构成，其锥形管的面积自下向上逐渐扩大。流量计工作时流体自下向上流过，由于转子的节流作用在其上下两侧产生差压，转子在浮力和差压的共同作用下悬浮起来；转子的位置越高，供流体通过的流通面积越大，流体的流量也越大，通过与流量对应的刻度标尺即可读取流量数值。

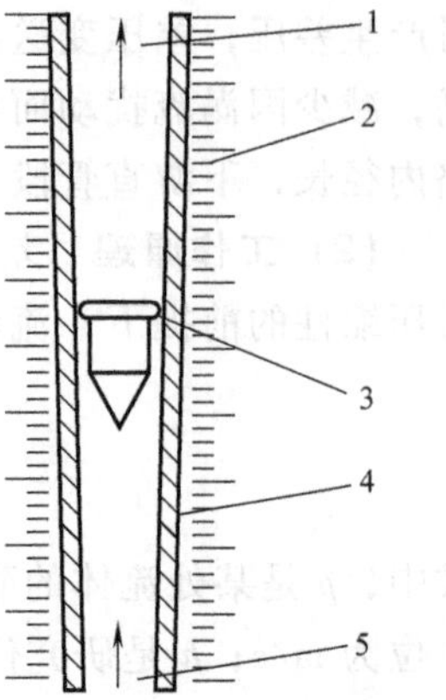

图 2.4.9 转子流量计结构图

1—流出口 2—刻度 3—转子 4—锥形管 5—流入口

(3) 仪器特点 转子流量计结构简单，价格便宜，使用方便，在生产和生活中的应用也很广泛。缺点是测量精度较低，并且要求流体为均匀流体，不能为两相流或含有固体悬浮物。玻璃管式转子流量计的优点是锥形管透明，方便观察内部转子位置，读数方便，不需要电源和电路，缺点是承压能力较差且没有数据远传功能；金属管式转子流量计的优点是承压能力高，可实现信号远传功能，但无法直接观察转子位置，通常需要增加转子定位装置。

转子流量计在实验室中应用较多，如“热工基础”多个实验中都使用了转子流量计。转子流量计读数时注意事项：读数时应站在流量计正前方，视线与转子端面平行，以转子的最大面积处（多数为转子顶端位置）作为计量位置，读取此位置处对应的刻度数值。

3. 其他差压式流量计

除应用最为广泛的节流式流量计外，还有多种其他形式的差压式流量计。

(1) 靶式流量计 靶式流量计的结构见图 2.4.10。靶式流量计通过一个垂直于流体流动方向的圆盘形结构作为节流件，称为“靶”。当有流体流过时，流体在靶的两侧形成差压，对主杠杆产生一个与差压相关的力矩，力矩通过变送器转换后即可显示流量。

靶式流量计适用于测量高黏度、低雷诺数的流体，测量精度较高；不适合测量高流速流体，且要求流体单相均匀。

(2) 弯管流量计 弯管流量计的结构见图 2.4.11。弯管流量计中并没有节流器件产生

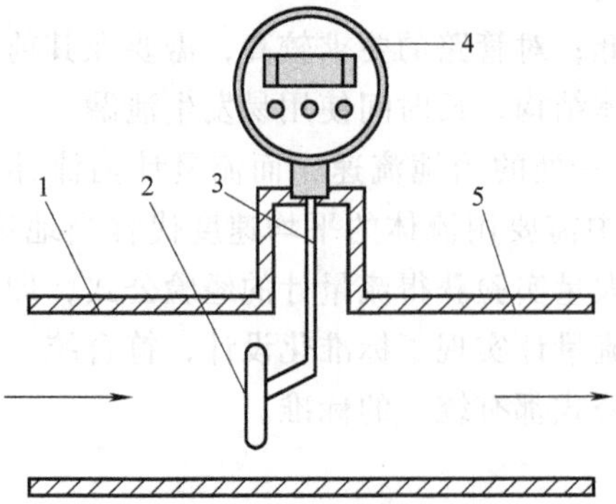

图 2.4.10 靶式流量计结构图

1—前直管段 2—靶 3—杠杆 4—变送器及显示仪表 5—后直管段

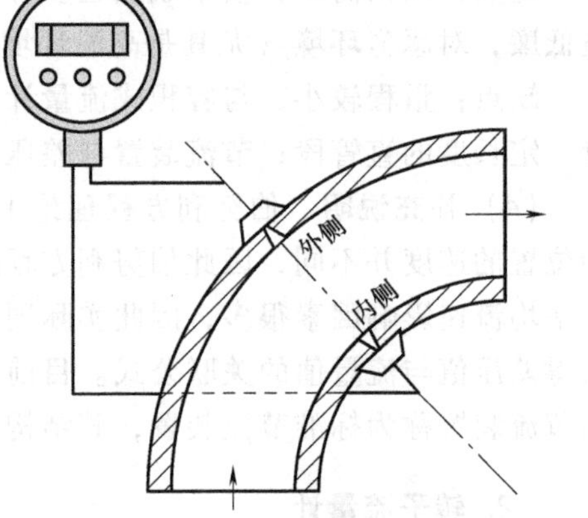

图 2.4.11 弯管流量计结构图

差压，其通过90°的弯管来产生差压。当流体从弯管一端流入时，弯管外侧压力大于内侧压力，内外侧产生了一定的压力差，且流量越大差压越大。通过在内外侧特定位置设置压力传感器即可测量差压，进而计算获得流量值。

弯管流量计价格便宜，造成的压损也较小，适用于多种流体的测量，耗能较低；缺点是尚未标准化，测量低流速流体时精度较低，不宜测量含有固体颗粒的流体，否则易造成压力传感器的堵塞。

(3) 内锥流量计 内锥流量计的结构见图 2.4.12。内锥流量计使用一种锥形结构来实现节流作用，通常情况下，锥体的轴线与管道轴线重合，且锥顶端朝向上游方向。在工作时，通过两个压力传感器测量差压，其中一个位于锥体上游流体未受扰动的位置，另一个位于锥体底面中央，通过对差压的转换即可获得流量值。

锥形流量计的压降较小，对流体的要求也比较低，不易发生堵塞，寿命较长；缺点是测量精度较低。

(4) 皮托管流量计 皮托管流量计通过伯努利定律来测量流体的压差，从而计算得到流速和流量。皮托管用一种特殊的管状零件作为测压探头（通常是带有直角弯头和孔的双层硬管），可测量出某一点流体的动压和静压，其结构见图 2.4.13。

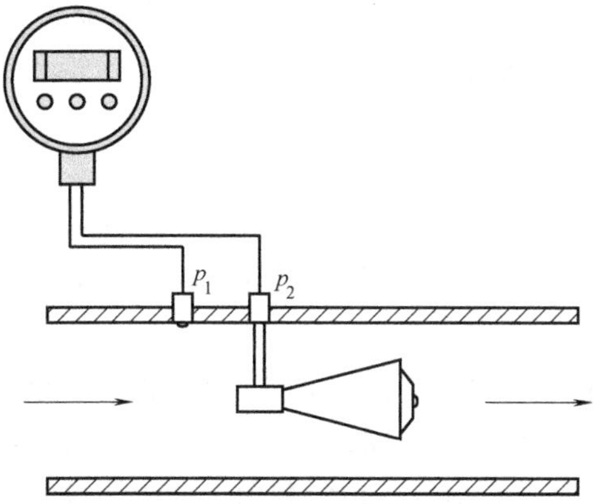

图 2.4.12 内锥流量计结构图

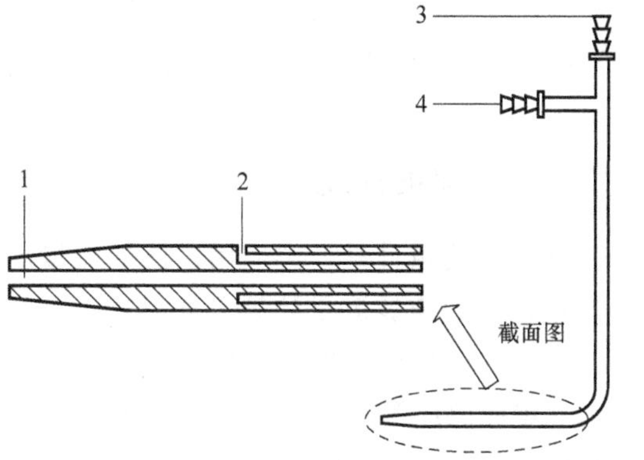

图 2.4.13 皮托管流量计结构图

1—总压孔 2—静压孔 3—总压导出管 4—静压导出管

根据伯努利方程式（2.12），全压和静压之差为与流速有关的动压项，由此可计算出流体的流速，皮托管流量计就是根据此原理进行流速测量。要注意的是，皮托管只能获得某一点的流速，而流场中的速度分布是不同的，只测量其中一点的流速易造成测量误差，因此皮托管测量时，一般要求流体为全层流流动或全紊流流动形态。

皮托管流量计并不是靠节流产生差压，同时压力探头结构较小，造成的压损较低；但由于取压孔过小，不宜用在含有固体杂质较多的环境，否则易造成堵塞。

(5) 均速管流量计 均速管流量计的工作原理与皮托管流量计相同，区别在于均速管流量计的测压管垂直于流体流动方向，测压管开有多个取压孔，可测流场中多个位置点的流速，因而获得的流速更接近平均速度。测量时首先将流场划分为多个区域，在同一根测压管上开有多个测压孔（测总压），通过测量的总压与静压之差计算得到平均流速和流量。

均速管流量计按照测压管结构的不同，可分为阿牛巴、威力巴、威尔巴、托巴等多种形式，不同形式的均速管适用于不同的流体和环境。与皮托管流量计相比，均速管流量计测量精度更高，应用范围更广，但依然不适用于固体杂质较多的流体。

知识拓展：

部分文献对“差压式流量计”的定义是：通过测量流体流动过程中产生的差压来进行流量测量的仪表；对“节流式流量计”的定义是：通过设置节流件，使流体因为流通面积的变化而发生节流现象，在节流件两侧形成差压从而间接测量流量的仪表。

不同文献对两种流量计的分类有所不同：部分文献认为差压式流量计等同于节流式流量计；部分文献则认为差压式流量计包括节流式流量计，此外还包括其他不符合节流式流量计定义但符合差压式流量计定义的仪表（如皮托管流量计和均速管流量计）。

根据“差压式流量计”和“节流式流量计”的定义，皮托管流量计和均速管流量计的测量原理是测量动压头和静压头的压差，而非节流现象，因此不建议划归为节流式流量计。转子流量计中的转子和内锥流量计中的锥形体均有一定的节流作用，但只有部分文献将两者划归为节流式流量计的范畴之中。

本书中区分差压式流量计和节流式流量计的概念，认为节流式流量计属于差压式流量计中的一种，且节流式流量计仅包含有明显节流现象的孔板流量计、喷嘴流量计和文丘里流量计，对于本节中介绍的其他种类流量计，如转子流量计、靶式流量计、弯管流量计、内锥流量计、皮托管流量计、均速管流量计均属于其他类型的差压式流量计。

2.4.4 速度式流量计

速度式流量计是一类应用广泛的流量测量仪表，主要包括涡轮流量计、涡街流量计、电磁流量计、超声波流量计等多种形式。

速度式流量计的测量原理是通过流体速度不同物理现象（如涡轮旋转、卡门涡街、超声波发射、电磁感应等）产生与流体速度相关的物理量（如叶轮速度、漩涡频率、超声波速度、感应电动势等），根据各物理量与体积流量的定量关系获得流体的流量数值。由于测量流量时涉及的物理现象和物理量的差异，不同类型的速度式流量计对应着不同的测量原理。

知识拓展：

本书中差压式流量计的定义是通过测量差压来进行流量测量的仪表；速度式流量计的定义是通过测量流速来进行流量测量的仪表。对于所有差压式流量计测量的共同原理是伯努利定律，实际上通过伯努利定律同样能够计算得到流体的流速。但差压式流量计测量的直接数据是流体的差压，根据差压与流量的定量关系得到流量，并不是根据流速与流量的定量关系得到流量（以转子流量计最具代表性），因此本书中将差压式流量计和速度式流量计区分开，进行单独分类。

1. 涡轮流量计

（1）基本结构 涡轮流量计是最常见的速度式流量计，其测量原理为：当流体流经涡轮时，驱使涡轮叶片旋转，叶片旋转速度与流量近似呈线性关系，测得涡轮转速即可获得流量值。

涡轮流量计系统图见图 2.4.14，测量部分结构图见图 2.4.15。涡轮流量计结构可分为测量部分和转换部分，测量部分包括外壳、导流器、涡轮、轴承和磁电转换器等部件，转换部分包括放大器、滤波器、整形器和显示仪表等。

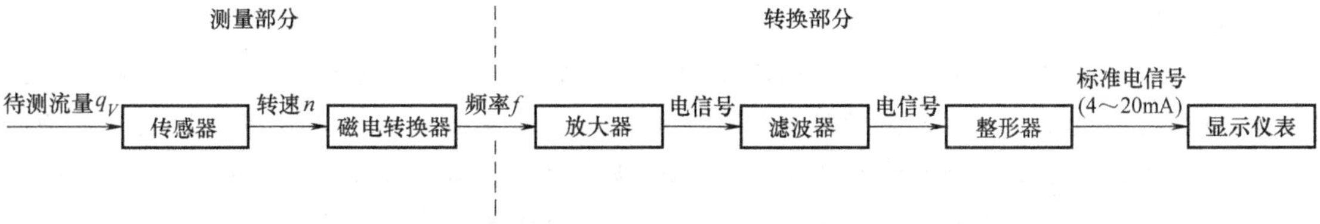

图 2.4.14　涡轮流量计系统图

(2) 工作原理　当流量计中有流体通过时，涡轮上的叶片受到冲击并转动，流量越大，转速越快，实验证明流量与转速近似符合线性关系。通过磁电转换器测量转速，并将其以频率的形式传送至转换部分，转换部分通过放大器将频率转化为便于测量和调制的电信号，再用滤波器和整形器将电信号调制成 4~20mA 的标准电信号，并由显示仪表显示流量数值。

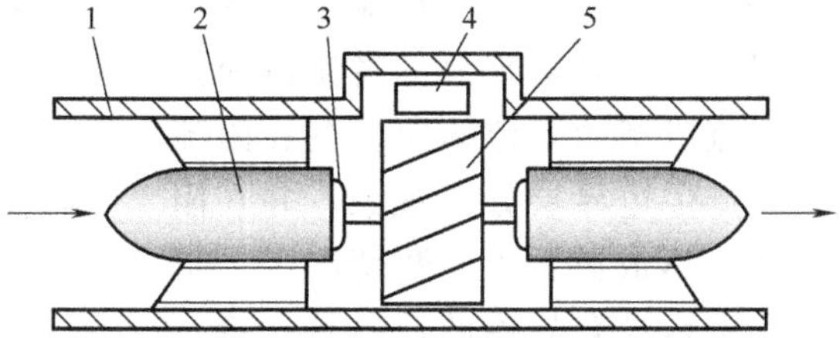

图 2.4.15　涡轮流量计测量部分结构图

1—外壳　2—导流器　3—磁电转换器　4—涡轮　5—轴承

知识拓展：

转速的测量方法包括磁电法、光电法和霍尔效应法，不同方法的仪表具体结构存在差异。我国生产的涡街流量计大多数采用磁电法测量转速，图 2.4.15 中介绍的即为磁电法测量部分的结构。

(3) 仪器特点

优点：精度与灵敏度高，信号易于远传；压力损失小，仪表承压能力较好。

缺点：对流体洁净度要求较高，不能含有固体杂质；只能测量单相且黏度较低的流体。

2. 涡街流量计

(1) 基本结构　涡街流量计的结构同样可以分为测量部分和转换部分，测量部分包括阻流体、检测元件、安装架和法兰等，转换部分包括放大器、滤波器、整形器和显示仪表。涡街流量计系统图见图 2.4.16。

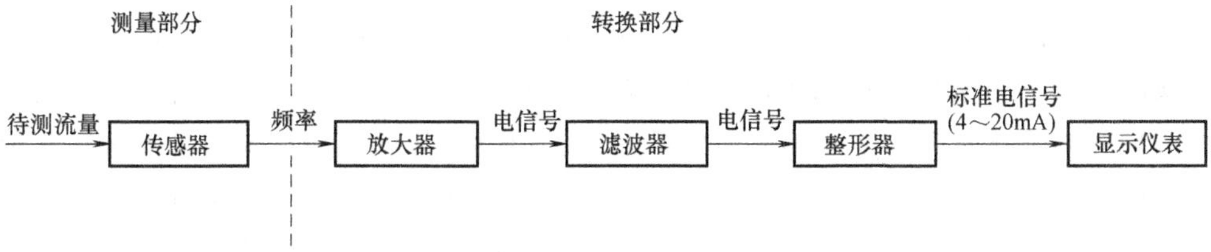

图 2.4.16　涡街流量计系统图

涡街流量计在测量时，通过传感器中特制的阻流体扰动来流，形成与流量相关的漩涡列，由检测元件检测漩涡列出现的频率，并将其传送到转换部分。涡街流量计转换部分的工作过程与涡轮流量计基本相同。

知识拓展：

按照测量原理，涡街流量计的检测元件可分为受力检测类和流速检测类。受力检测类是指由于漩涡的交替出现，会对阻流体产生有规律的反向作用力，因此可通过测量应力、应变等方法测量频率。流速检测类是指由于漩涡对于阻流体后的流场有影响，因此可通过某些位置处流速的变化来测量频率，最常见的流速检测方法是超声波检测。

（2）工作原理 涡街流量计的测量原理是卡门涡街现象：当流体流过一个非流线型的阻流体时，会在阻流体表面产生边界层分离现象，并在阻流体背面形成漩涡。多数情况下，形成的漩涡是没有规律的，但是在特定情况下可以形成均匀分布、交替出现且旋转方向相反的稳定漩涡列，如图 2.4.17 所示。

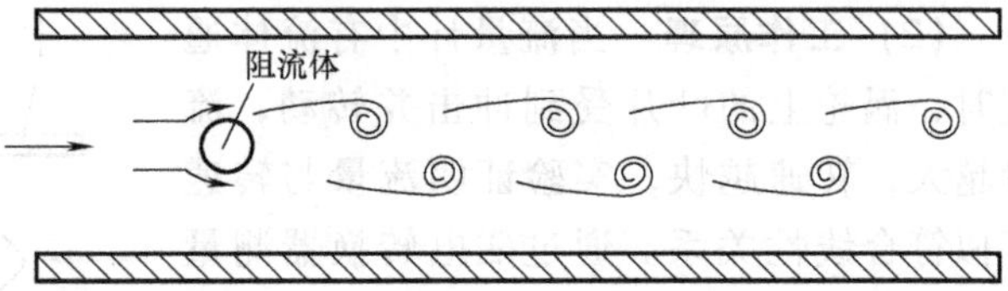

图 2.4.17 稳定卡门涡街形成原理图

实验证明单侧漩涡列的漩涡产生频率与阻流体处流体平均流速成正比，与阻流体的特征尺寸成反比。因此，在已知特征尺寸的前提下，通过测量频率即可获得流体的流速。

（3）仪器特点

优点：安装方便，可以远传；流体压降小，抗干扰性能好，量程比较大。

缺点：需要较长的直管段，不适用于低雷诺数流体测量，管径也不能过大；与其他速度式流量计相比，精度较低，不适用于强振动环境。

3. 其他速度式流量计

（1）超声波流量计 与以上介绍的速度式流量计测量原理不同，超声波流量计是一种非接触式仪表，不在流场中直接设置构件，因此对流体的流动几乎没有影响。

超声波流量计利用超声波换能器产生或接收超声波，通过检测并比较超声波与流体接触前后的性质变化（如速度、频率、强度和传播方向等）测量流速和流量。常见的测量方法包括速度差法、多普勒法、波束偏移法、相关法和噪声法等，其中以速度差法和多普勒法应用最为普遍。

1）速度差法超声波流量计。速度差法是根据声波在流体中传播时，沿不同流动方向传播速度不同，利用不同方向声波传播的速度差进行测量的方法。测量原理为：在管路两侧分别布置一个超声波换能器，当流体在管路中流动时，上游换能器超声波的绝对速度（即顺流传播速度）快于下游换能器超声波的绝对速度（即逆流传播速度），传播所用时间也相对较短，测量顺流传播时间和逆流传播时间的差值，通过计算即可获得流体的流速和流量。

对于速度差法超声波流量计，由于超声波在流体中的传播速度远大于流体的流速，因此超声波受流体影响后的传播速度变化很小，若要保证速度差法超声波流量计的准确性，对电路的响应速度要求很高。

2）多普勒法超声波流量计。多普勒法是依据声波中的多普勒效应，检测其多普勒频率差，对流体流量进行测量的方法。多普勒法本质上是监测流体中携带的固体颗粒物的运动速度，通过超声波发生器向流体中发射一定频率的超声波，超声波遇到固体颗粒后被反射回接收器。发射声波与反射声波之间的频率差就是由于流体中固体颗粒运动而产生的声波多普勒频移。由于多普勒频率差正比于流体速度，因此通过测量频率差即可求得流体的流速和流量。

对于多普勒法超声波流量计，测量方法对流体的声速、压力、黏度和温度等参数影响较小，但测量时需保证待测流体中有足够多的固体颗粒物。

超声波流量计没有直接置于流体中的构件，因此可测量高腐蚀性、含有较多杂质与高黏度的流体，对流体的流场影响小，造成的压降几乎为零；缺点是抗干扰能力差，适用的温度范围不高，对管路结构要求较高等。

(2) 电磁流量计　电磁流量计可以测量导电流体的流量，其测量的理论依据是法拉第电磁感应定律。电磁流量计可分为测量部分和转换部分，测量部分的主要部件是电磁流量传感器，可将流速转换为电信号，传递至转换部分处理后，可在显示仪表上显示流量数值。

电磁流量计工作时，对流体施加垂直于管路轴线的均匀强度磁场，导电的连续流体可看作是一根导体棒，其切割磁感线时在管路壁面两侧形成感应电动势。感应电动势与磁感应强度、管路内径和流体平均流速的乘积成正比，由此可计算流体的流速和流量。

电磁流量计对管路结构和流场的影响也很小，造成的压降可忽略不计，不易造成堵塞，对直管段的要求较低，适用的管路直径范围宽，可测量洁净度低流体及腐蚀性流体；但不能测量导电性低的液体以及气体。

4. 流速测量技术

针对流体的测量中，除流量外，流速也是非常重要的测量参数。在以上介绍的各类流量计中，差压式流量计和速度式流量计既可测量流体流量，也可同步测量流体速度。前者的基本测量原理是伯努利定律，建立了差压与流体速度的关系；后者的基本测量原理是根据不同物理现象，建立了不同物理量与流体速度的关系。以下主要介绍差压法、机械法和热法流速测量技术。

(1) 差压法测量流速　差压法是通过皮托管流量计实现流速测量，其理论依据是伯努利定律。通过皮托管测量流体的总压和静压之差，得到与流速相关的动压，从而可计算获得流体的速度。需要注意的是，皮托管所测流速为流场中某一点的当地流速，并不代表整个流场的平均速度。如需测量流体的平均流速，可采用流场中不同区域多点测量的方法，或采用均速管流量计进行测量。

差压法测量流速时需注意以下几点：一是皮托管使用时需将动压取压孔正对来流方向，取压孔所在的管道轴线与来流方向平行，同时要保证皮托管前后有足够长的直管段；二是流体的动压除与流速有关，还与流体密度有关，测量较高流速的气体时，需考虑气体由于压缩而造成的密度变化并进行相应的数据修正。

(2) 机械法测量流速　机械法是通过涡轮式流量计实现流速测量。当流体流经涡轮推动叶片旋转，不仅可建立叶片旋转速度与流量的线性关系，还可建立转速与流速的关系，通过转速即可计算得到流体的速度。机械法测量流速通常用于风速测量，测量仪表称为风速计，主要有杯式和翼式两种形式，其中三杯式风速计在气象领域最为常见。

三杯式风速计通过“风杯”接受外界来风的冲击并转动，实验证明风杯的转速与外来风速近似呈线性关系，因此通过简单的测速装置和电路转换即可测量实时风速。与皮托管相比，机械法测速时不需要精确对准来流方向，测量更加方便。但只能测量较大空间范围的风速，同时由于风杯体积较大，不适合管路测量，一般只在气象领域使用。

(3) 热法测量流速 热法是通过不同速度的流体对热传递现象影响程度的不同来进行测量的，其形式大致可分为热分布式、热脉冲式和热损失式三种。其中，热分布式是通过电流加热一片区域，从而营造一片“热场”，当流体通过此热场时，温度分布发生变化，依据温度的变化即可得到流速；热脉冲式是通过对置于流场中的敏感元件施加一个持续时间极短的热脉冲，通过温度响应曲线获得流速；热损失式是通过加热敏感元件，利用不同流速下敏感元件的热损失不同，温度也不同，通过测量温度即可得到流速。

热线风速仪是目前较常见的一种热损失式流速测量仪表，其利用置于风场中的电阻丝作为敏感元件，通过仪表内置电源为电阻丝通电。由于电热现象与对流的双重作用，电阻丝温度发生变化，电阻与电阻率也发生变化。此时通过电桥中的可变电阻进行补偿即可得到电阻变化，进而计算得到风速值。热线风速仪的体积小，使用方便，响应速度快，但是示数受环境温度的影响较大，需要注意数据修正。

2.4.5 质量式流量计

以上介绍的流量计测量的流量均为体积流量，随着现代科学技术的发展，人们发明了直接测量质量流量的仪表，即质量式流量计，推动了流量测量技术的进步。质量式流量计得以发展的原因主要有两个方面：一是当被测流体温度、压力等参数变化较大时，流体的密度和体积也将产生相应的变化，如果仅测量体积流量，会产生较大的测量误差；二是很多实际生产如化工领域的化学反应过程、建环领域的空气调节过程、军事领域的燃料精准控制等，都需要进行质量流量的测量，进而对流量测量技术提出了更高的要求。

根据测量原理，质量式流量计可分为直接式和间接式质量流量计。直接式质量流量计的测量原理是测量与流体质量相关的物理量，并通过物理量与质量的关系得到质量流量。由于测量过程是直接测量与质量相关的参数，理论上不受流体物态、压力、温度、密度等影响。间接式质量流量计的测量原理是分别测量流体的体积流量和流体密度，利用体积流量和密度的关系通过计算间接得到质量流量的数值。

直接式质量流量计包括科里奥利质量流量计、热式质量流量计和冲量式质量流量计，间接式质量流量计包括组合式质量流量计和补偿式质量流量计。以下分别介绍两种典型的质量流量计。

1. 科里奥利质量流量计

(1) 基本结构 科里奥利质量流量计简称科氏力流量计，是一种利用流体在振动管中流动而产生与质量流量成正比的科里奥利力的原理来直接测量质量流量的仪表，其结构见图 2.4.18。

科里奥利质量流量计包括测量部分和转换部分。测量部分由检测管、支承管、电磁监测器和电磁激励器组成。检测管结构有双 U 管、单 U 管、三角管、双 K 管、双 S 管等多种形式。工作时电磁激励器使检测管及其中的流体产生振动，流体由于振动对管路施加反作用力，产生了科里奥利现象。通过电磁监测器监测检测管的各种参数（形变、振动周期、振动频率等）变化，通过不同参数与流量之间的关系可获得质量流量。

（2）工作原理 以双 U 管式流量计为例介绍科里奥利质量流量计的工作原理：流体在振动的弯管中运动时，会“产生”与质量流量成正比的惯性力（称为科里奥利力，简称为科氏力），由于流体在双 U 管的两个直管段上的流动方向相反，因此产生的科氏力大小相等，方向相反，形成力矩。双 U 管因为力矩的作用而发生扭曲，扭曲的程度与振动周期内流过流管流体的质量流速成正比。由于流体流经两根流管时存在时间上的相位差，通过电磁检测器测量出该时间差即可推算出质量流量。

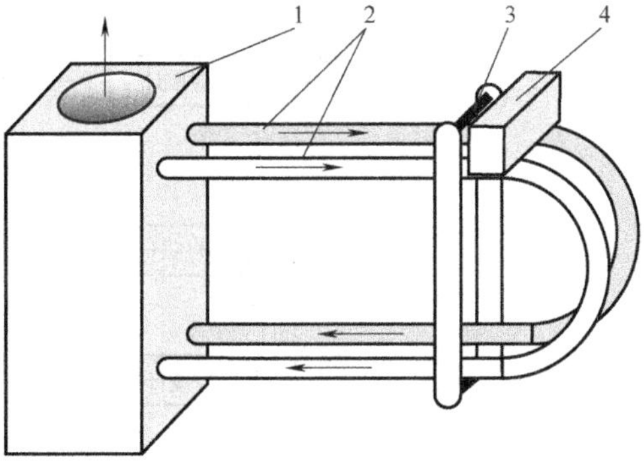

图 2.4.18 科里奥利质量流量计结构图

1—支承管 2—检测管 3—电磁激励器 4—电磁监测器

知识拓展：

所谓“惯性力”，指的是当物体位于非惯性参考系（即具有一定加速度的参考系）时，传统的牛顿运动定律不再成立，若继续使用牛顿定律，必须将参考系本身的加速度纳入考虑，引入惯性力是最常用的处理方法。但是惯性力本质上是为了方便研究而人为引入的，并非客观存在，因此上文中“产生”一词加了引号。

惯性力与非惯性参考系的加速度方向相反，数值上等于加速度和物体质量的乘积。科里奥利力（科氏力）就是一种旋转参考系中经常用到的惯性力。

（3）仪器特点

优点：量程比大，测量精度高，不易受流体压力、温度等因素的影响，可测量多相流、高密度或脏污流体。

缺点：价格过高，对振动敏感，不适用于低密度流体和大直径管道，管路的腐蚀和结垢对测量精度影响较大。

2. 组合式质量流量计

（1）基本结构和原理 组合式质量流量计按照具体的监测参数的不同，结构也存在差异，主要原理是测量流体的体积流量和密度，通过计算得到质量流量。

组合式流量计主要有三种，即体积流量计与密度计的组合、差压流量计与密度计的组合和体积流量计与差压流量计的组合。其中体积流量计用以测量流体的体积流量（通常为涡轮流量计、电磁流量计、超声波流量计等），密度计用以测量流过流量计的流体密度，差压流量计可测得流体密度和体积流量的函数关系。三种组合式质量流量计的系统图见图 2.4.19。

由于质量流量等于流体密度和体积流量的乘积，因此只要获得两个不同物理量数据即可计算质量流量。图 2.4.19 中接收输入信号的体积流量计、密度计和差压计都能提供相应的物理量数据，通过计算即可获得质量流量。

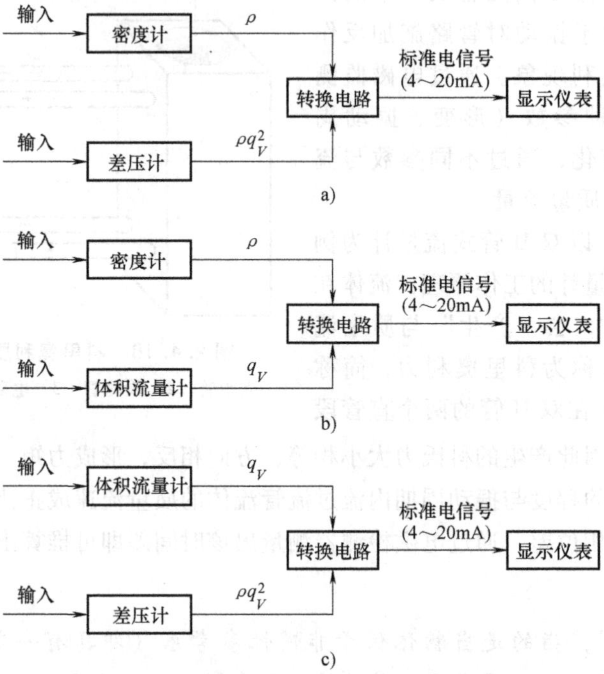

图 2.4.19　三种组合式质量流量计系统图

(2) 仪器特点

优点：可承受一定强度的振动，精度较高，可同时显示体积流量和质量流量。

缺点：包含多种传感器，系统较复杂；温度和压力会对测量造成影响，需要进行相应的数据修正。

2.5 实验中使用的测量仪表

本章主要介绍了热工实验领域常用的温度测量、压力测量、流量测量仪表，这些仪表在“热工基础”的所有实验中都有应用。以下列出每个实验中使用的仪表类型，方便实验时对仪表的原理和性能进行全面的理解和掌握。

2.5.1 工程热力学实验使用的测量仪表

1. 空气定压比热容测定实验

温度测量仪表：玻璃液体温度计。

压力测量仪表：U 形管压力计。

流量测量仪表：湿式气体流量计。

2. 空气定熵指数测定实验

压力测量仪表：U 形管压力计。

3. 二氧化碳 *p-v-T* 关系测定实验

温度测量仪表：玻璃液体温度计、电接点式温度计（双金属温度计）。

压力测量仪表：活塞式压力计。

4. 喷管流动特性测定实验

温度测量仪表：玻璃液体温度计。

压力测量仪表：弹簧管压力计。

流量测量仪表：孔板式流量计。

5. 饱和蒸汽压力和温度关系实验

温度测量仪表：玻璃液体温度计、温度传感器（热电偶温度计）。

压力测量仪表：电接点式压力计（弹簧管压力计）。

6. 饱和蒸气 *p-t* 关系测定及超临界相态实验

温度测量仪表：温度传感器（热电阻温度计）。

压力测量仪表：压力传感器（膜片压力计）。

7. 空气绝热节流效应测定实验

温度测量仪表：温度传感器（热电偶温度计）。

压力测量仪表：压力传感器（膜片压力计）、电接点式压力计（弹簧管压力计）。

8. 活塞式压气机性能测定实验

温度测量仪表：温度传感器（热电阻温度计）。

压力测量仪表：霍尔式压力计、压力传感器（膜片压力计）。

流量测量仪表：涡轮流量计。

9. 凝汽器的综合性能测定实验

温度测量仪表：温度传感器（热电偶温度计）。

压力测量仪表：弹簧管压力计、压力传感器（膜片压力计）。

流量测量仪表：转子流量计、文丘里流量计。

10. 朗肯循环（含发电机）综合实验

温度测量仪表：温度传感器（热电阻温度计）。

压力测量仪表：弹簧管压力计、压力传感器（膜片压力计）。

流量测量仪表：转子流量计。

2.5.2 传热学实验使用的测量仪表

1. 线性导热实验

温度测量仪表：温度传感器（热电阻温度计）。
流量测量仪表：转子流量计。

2. 径向导热实验

温度测量仪表：温度传感器（热电阻温度计）。
流量测量仪表：转子流量计。

3. 非稳态导热实验

温度测量仪表：温度传感器（热电偶温度计）。

4. 导热系数及热扩散率实验

温度测量仪表：温度传感器（热电偶温度计）。

5. 自然和强制对流换热实验

温度测量仪表：温度传感器（热电偶温度计）。
流速测量仪表：热线风速计。

6. 沸腾换热模块实验

温度测量仪表：温度传感器（热电偶温度计）。
压力测量仪表：弹簧管压力计。
流量测量仪表：转子流量计。

7. 辐射换热模块实验

温度测量仪表：温度传感器（热电偶温度计）。

8. 扩展表面传热实验

温度测量仪表：温度传感器（热电偶温度计）。

9. 对流和辐射综合传热实验

温度测量仪表：温度传感器（热电偶温度计）。
流速测量仪表：热线风速计。

第 3 章　工程热力学创新实验

本章内容主要介绍工程热力学创新实验，包括 10 个实验：空气定压比热容测定实验、空气定熵指数测定实验、二氧化碳 p-v-T 关系测定实验、喷管流动特性测定实验、饱和蒸汽压力和温度关系实验、饱和蒸气 p-t 关系测定及超临界相态实验、空气绝热节流效应测定实验、活塞式压气机性能测定实验、凝汽器的综合性能测定实验、朗肯循环（含发电机）综合实验。每个实验都按照第 1 章创新实验的教学体系和教学环节进行编写。

3.1　空气定压比热容测定实验

3.1.1　理论部分（课前）

1. 实验目的

空气定压比热容测定实验主要目的：

1）了解气体比热容测定的基本原理和实验设计思路，增强对工质热物性实验的感性认识。

2）掌握热工实验中温度、压力、流量参数的测量方法，掌握实验中相关热工测量仪表的正确使用方法。

3）加深对比热容、定压比热容、湿空气、相对湿度等基本概念的理解。

4）了解空气定压比热容实验误差产生的原因及减小误差的方法。

重要概念的理解：空气是含有一定量水蒸气的湿空气，当湿空气被加热时，其含有的水蒸气也要吸收热量。由于空气中水蒸气含量会发生变化，因此实验中测定的都是不含水蒸气的干空气的比热容。

2. 涉及知识点

（1）质量比热容 c　单位质量的物质，温度升高 1K 或 1℃ 所需要的热量称为质量比热容，简称为比热容或比热，单位为 J/(kg · K) 或 J/(kg · ℃)。

质量比热容的公式为

$$c=\frac{\delta q}{\mathrm{d}T}=\frac{\delta q}{\mathrm{d}t}$$

由于热量是过程量，因此比热容也和热力过程有关，不同的热力过程比热容也不相同。根据热力过程的不同，可将比热容分为定压比热容和定容比热容。

（2）定压比热容 c_p　单位质量的物质，在压力不变的条件下，温度升高 1K 或 1℃ 所需要的热量称为定压比热容。

定压比热容的公式为

$$c_p=\left(\frac{\delta q}{\mathrm{d}T}\right)_p=\left(\frac{\mathrm{d}h-v\mathrm{d}p}{\mathrm{d}T}\right)_p=\left(\frac{\mathrm{d}h}{\mathrm{d}T}\right)_p$$

(3) 平均比热容 比热容是随温度变化的函数，$c=f(t)$，平均比热容的定义为某个温度区间比热容的平均值。

根据比热容公式 $c=\frac{\delta q}{\mathrm{d}T}=\frac{\delta q}{\mathrm{d}t}$，可得

$$q=\int_{t_1}^{t_2}c\mathrm{d}t=c\big|_{t_1}^{t_2}(t_2-t_1)$$

式中，$c\big|_{t_1}^{t_2}$是 t_1 至 t_2 温度区间的平均比热容，单位为 kJ/(kg·℃)。

(4) 湿空气相关概念 湿空气是指含有水蒸气的空气，日常环境中的空气都含有一定量的水蒸气，因此都是湿空气。完全不含水蒸气的空气称为干空气，湿空气是干空气和水蒸气的混合物。

湿空气可看作理想气体，其含有的水蒸气成分可用质量分数 m_v、摩尔分数 x_v 和体积分数 y_v 表示。其中体积分数 y_v 定义为湿空气中水蒸气分体积占湿空气总体积的比例。

(5) 案例知识 比热容在生活中应用广泛。如水的比热容为 4.1868kJ/(kg·℃)，远大于砂石的比热容 0.92kJ/(kg·℃)，因此海边昼夜温差小，内地昼夜温差大，沙漠地区昼夜温差更大。如暖气片用水作为工作介质，汽车发动机用水作为冷却剂，主要原因是水的比热容较大，具有较好的加热或冷却效果。再比如城市的"热岛效应"，就是由于城市建筑群密集，沥青路和水泥路面比郊区的土壤、植被具有更大的吸热率和更小的比热容，使得城市地区升温较快，气温高于周围郊区。

(6) 前沿知识 物质在临界状态区和超临界状态区的比热容等物性参数发生变化，如水在临界状态点附近呈现大比热容特性、CO_2 在亚临界区和超临界区比热容的变化等。对临界流体和超临界流体的热物性参数的研究对于研究工质性质有着重要意义。此外，比热容等物性参数在工程中也有广泛的应用，如碳氢燃料比热容的准确测定对于超声速飞行器冷却剂的换热特性研究非常重要；超临界 CO_2 比热容等物性参数的测定对于超临界发电系统工质循环特性的研究非常重要；跨临界区水的比热容等特性参数的测定对于超临界电厂的设计和运行有着重要意义。

3. 实验原理

实验中测量空气比热容是在定压条件下进行，因此所测定的是空气的定压比热容。

根据 $Q=\int_{t_1}^{t_2}cq_m\mathrm{d}t=c\big|_{t_1}^{t_2}q_m(t_2-t_1)$，可得平均定压比热容表达式为

$$c_p\big|_{t_1}^{t_2}=\frac{Q}{q_m(t_2-t_1)} \tag{3.1.1}$$

式中，$c_p\big|_{t_1}^{t_2}$是 t_1 至 t_2 温度区间的平均定压比热容，单位为 kJ/(kg·℃)；Q 是空气在定压过程中的吸热量，单位为 kJ/s；q_m 是空气的质量流量，单位为 kg/s。

根据定压比热容的定义可知，实验中测出空气的质量、空气在定压过程中的吸热量、定压加热过程中空气温度的变化，便可由定压比热容的表达式［式（3.1.1）］计算出空气的定压比热容。

由于比热容随温度的升高而增大，在室温附近的温度范围内，空气的定压比热容与温度的关系可近似认为是线性的，比热容的关系式可近似表示为

$$c_p = a+bt$$

则温度由 t_1 至 t_2 的过程中所需要的热量可表示为

$$Q = q_m\int_{t_1}^{t_2}(a + bt)\,\mathrm{d}t \tag{3.1.2}$$

空气是含有水蒸气的湿空气，当湿空气气流由温度 t_1 加热到 t_2 时，其中水蒸气的吸热量仍可沿用式（3.1.2）计算，其中 $a=1.833$，$b=0.0003111$，则水蒸气的吸热量为

$$\begin{aligned}Q_\mathrm{v} &= q_{m,\mathrm{v}}\int_{t_1}^{t_2}(1.833 + 0.0003111t)\,\mathrm{d}t \\ &= q_{m,\mathrm{v}}[1.833(t_2-t_1)+0.0001556(t_2^2-t_1^2)]\end{aligned}$$

式中，$q_{m,\mathrm{v}}$ 是水蒸气的质量流量，单位为 kg/s；Q_v 是水蒸气的吸热量，单位为 kJ/s。

则干空气的平均定压比热容由式（3.1.3）确定：

$$c_p\Big|_{t_1}^{t_2}=\frac{Q_\mathrm{a}}{q_{m,\mathrm{a}}(t_2-t_1)}=\frac{Q-Q_\mathrm{v}}{(q_m-q_{m,\mathrm{v}})(t_2-t_1)} \tag{3.1.3}$$

式中，q_m 是湿空气的质量流量，单位为 kg/s；$q_{m,\mathrm{a}}$ 是干空气的质量流量，单位为 kg/s；Q 是湿空气的吸热量，单位为 kJ/s；Q_a 是干空气的吸热量，单位为 kJ/s。

湿空气的吸热量 Q 理论上应为电加热器的加热功率。实验中由于比热仪本体的热辐射作用，不可避免有一部分热量散失于环境中，散热量 ΔQ 的大小取决于实验过程中比热仪的温度状况，如果比热仪的温度相同，散热量也基本相同。在空气加热前温度 t_1 和加热后温度 t_2 保持不变的条件下，当采用不同的质量流量和加热量进行重复实验时，每次的散热量基本是相同的。因此在实验测定过程中，可通过设计不同的实验工况以消除散热量的影响。

假设两次实验时空气质量流量分别为 q_{m1} 和 q_{m2}，比热仪本体的加热量分别为 Q_1 和 Q_2，辐射散热量为 ΔQ，则达到稳定状况后可得到如下热平衡关系式：

$$Q_1=Q_{1,\mathrm{a}}+Q_{1,\mathrm{v}}+\Delta Q=c_p q_{m1,\mathrm{a}}(t_2-t_1)+Q_{1,\mathrm{v}}+\Delta Q$$

$$Q_2=Q_{2,\mathrm{a}}+Q_{2,\mathrm{v}}+\Delta Q=c_p q_{m2,\mathrm{a}}(t_2-t_1)+Q_{2,\mathrm{v}}+\Delta Q$$

两式相减消去辐射散热量 ΔQ 项，可得干空气平均比热容［单位为 kJ/(kg·℃)］的计算式：

$$c_p\Big|_{t_1}^{t_2}=\frac{(Q_1-Q_2)-(Q_{1,\mathrm{v}}-Q_{2,\mathrm{v}})}{(q_{m1,\mathrm{a}}-q_{m2,\mathrm{a}})(t_2-t_1)} \tag{3.1.4}$$

4. 实验前测试

1）判断题：比热容是过程量，而定压比热容是状态量。（　　）

2）判断题：理想混合气体的摩尔分数与体积分数在数值上相等。（　　）

3）填空题：房间干球温度和湿球温度相差越大，代表相对湿度越（　　）。

4）思考题：在相同的温度及压力下，湿空气与干空气的密度哪个大一些？

5）思考题：你认为比热容实验中应如何测量空气的温度和流量？采用何种测量仪器？了解温度和流量测量仪器及其测量原理。

3.1.2 实验部分（课中）

1. 实验装置

实验所用设备和仪器仪表由风机、流量计、比热仪本体、电功率调节测量系统四部分组成，实验装置如图 3.1.1 所示。

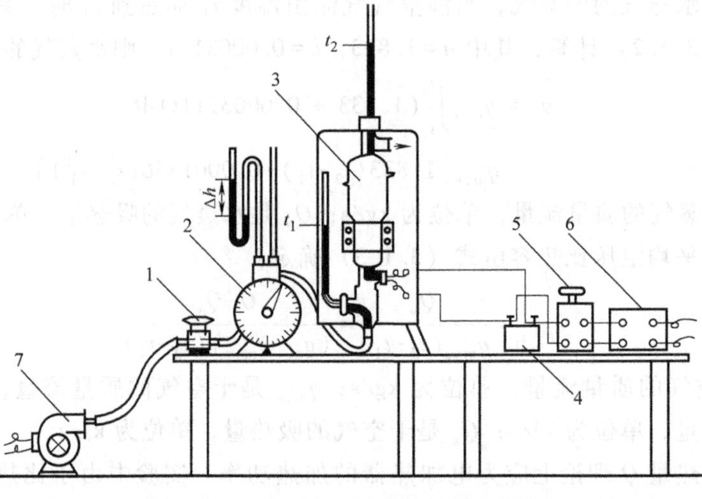

图 3.1.1 空气定压比热容实验装置图

1—调节阀 2—流量计 3—比热仪本体 4—功率表 5—变压器 6—稳压器 7—风机

实验装置中采用湿式流量计测定气流流量，气流流量用调节阀 1 调整。流量计 2 出口的恒温槽用以控制测定仪器出口气流的温度。实验装置也可采用小型单级压缩机或其他设备作为气源设备，并用钟罩型气罐维持供气压力稳定。

图 3.1.2 为比热容测定仪本体结构图，其由内壁镀银的多层杜瓦瓶 2、进口温度计 1 和出口温度计 8（铂电阻温度计或精度较高的水银温度计）、电加热器 3 和均流网 4、绝缘垫 5、旋流片 6 和混流网 7 组成。气体自进口管引入，由进口温度计 1 测量其初始温度，离开电加热器的气体经均流、旋流、混流，并由出口温度计 8 测量其最终温度，热气流最后从出口管引出。气体流量由节流阀控制，气体出口温度由输入电加热器的电压调节，该比热仪可测 300℃ 以下气体的定压比热容。

比热容测定仪杜瓦瓶为保温瓶，其结构为双层玻璃容器，两层玻璃胆壁涂有银层，两层壁中间为真空。两层胆壁上的银层可防止辐射散热，真空可防止对流和导热散热，该保温瓶可有效减小实验过程中向环境的散热量。

2. 实验操作

1）接通电源及测量仪表，选择铂电阻温度计或精度较高的水银温度计作为出口温度计，插入混流网的凹槽中。

2）打开风机，调节空气阀门，使流量保持为设定值。测量流量计出口处空气的干球温度 t_0 和湿球温度 t_w。

3）调节变压器，逐渐提高电加热器电压，使出口温度 t_2 升高到预计温度。

4）待出口温度稳定后（出口温度在 10min 之内无变化或者有微小起伏，即可视为稳定），采集下列数据：

① 测定某流量下，空气通过流量计所需时间 τ(s)。

② 比热仪的进口温度 t_1（℃）、出口温度 t_2（℃）。

③ 大气压力计读数 p_a（kPa），U 形管压力计读数 Δh（mm）。

④ 电加热器的电压 U（V）和电流 I（A）。

5）调节空气阀门，改变空气流量的设定值（出口温度 t_2 保持不变），出口温度稳定后再次采集实验数据。

6）调节加热电压，使出口温度达到新的设定值，重复实验步骤 4）和 5）。多做几组实验，将实验数据填入原始数据表。

7）结束实验时，应先切断电加热器，等出口温度 t_2 下降为 30℃左右再关停风机，最后关闭总电源。

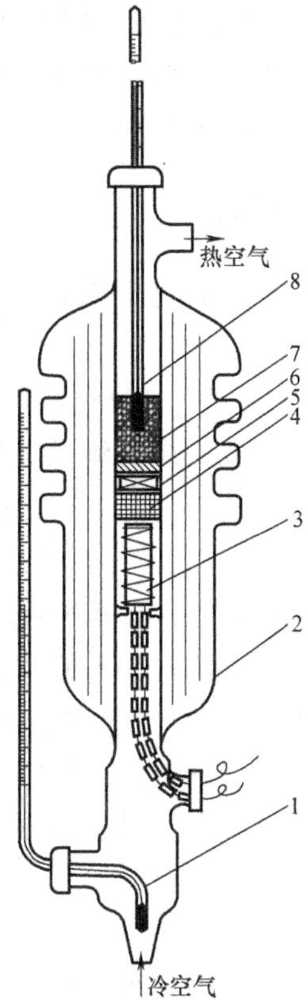

图 3.1.2　比热容测定仪本体结构图

1—进口温度计　2—多层杜瓦瓶　3—电加热器　4—均流网　5—绝缘垫　6—旋流片　7—混流网　8—出口温度计

3. 注意事项

1）切勿在无气流通过的情况下使电加热器投入工作，以免引起局部过热而损坏比热仪主体。

2）电加热器的输入电压不得超过 220V，比热仪出口气体的最高温度 t_2 不得超过 300℃。

3）加热和冷却过程要缓慢进行，防止温度计和比热仪因温度骤升和骤降而发生破裂。

4）测量流量计表压力 Δh 时，因其液面上下有所波动，应读取其平均值。

4. 实验工况

在实验中需要测量 3 个实验变量和 6 个常规参数。3 个实验变量为气体通过流量计时间、流量计表压力和出口温度；6 个常规参数包括干球温度、湿球温度、入口温度、大气压力、加热器电压和加热器电流。实验工况如下：

1）改变空气流量的实验工况，测定空气定压比热容。

2）改变出口温度的实验工况，测定空气定压比热容。

3）可自行设计对其他气体定压比热容测定的实验工况。

5. 分组研讨

正式实验前，学生通过分组研讨，确定实验方案和实验工况。

1）讨论单一流量和多个流量实验，实验结果有何不同。

提示：主要考虑比热仪辐射换热对实验结果的影响。

2）讨论电加热器出口温度改变时，实验结果有何不同。

提示：主要考虑不同温度区间空气定压比热容的影响。

3）利用本实验装置测定其他气体的定压比热容，与空气有何不同？

提示：从理论和实验两个方面讨论与空气实验的不同之处。

6. 实验数据

1）每小时通过实验装置空气流量（单位为 m^3/h）：

$$q_V=3.6V/\tau$$

式中，τ 是定量空气流过所需时间，单位为 s；V 是通过流量计的空气体积，单位为 L。

2）干空气的质量流量（单位为 kg/s）：

$$q_{m,a}=\frac{(1-\gamma_v)(1000p_a+9.81\Delta h)\times(V/1000\tau)}{287.1\times(t_0+273.15)} \tag{3.1.5}$$

式中，γ_v 是空气中水蒸气的体积分数；t_0 是空气的干球温度，单位为℃；p_a 是大气压力计读数，单位为 kPa；Δh 是 U 形管压力计读数，单位为 mm。

3）水蒸气的体积分数：根据流量计出口空气的干球温度 t_0 和湿球温度 t_w，确定空气的相对湿度 φ，根据相对湿度和干球温度从湿空气的 h-d 图中查出含湿量 d（g 水蒸气/kg 干空气），并由下式计算水蒸气的体积分数：

$$\gamma_v=\frac{d/622}{1+d/622} \tag{3.1.6}$$

4）水蒸气的质量流量（单位为 kg/s）：

$$q_{m,v}=\frac{\gamma_v(1000p_a+9.81\Delta h)\times(V/1000\tau)}{461.5(t_0+273.15)} \tag{3.1.7}$$

5）水蒸气的吸热量（单位为 kJ/s）：

$$Q_v=q_{m,v}[1.833(t_2-t_1)+0.0001556(t_2^2-t_1^2)] \tag{3.1.8}$$

6）湿空气的吸热量（单位为 kJ/s）：

$$Q=(UI-0.001R_{mA}I^2)\times10^{-3} \tag{3.1.9}$$

式中，R_{mA} 是电流表的内阻，单位为 Ω。

7）干空气平均定压比热容［单位为 kJ/(kg · ℃)］：

$$c_p\Big|_{t_1}^{t_2}=\frac{(Q_1-Q_2)-(Q_{1,v}-Q_{2,v})}{(q_{m1,a}-q_{m2,a})(t_2-t_1)} \tag{3.1.10}$$

8）实验数据表格：按照至少三个出口温度的实验工况进行实验，将每个工况下的实验数据填入表 3.1.1 中（每个实验工况为一个表格）。

表 3.1.1　空气定压比热容测定实验数据

实验工况：　　出口温度 t_2 =　　℃

空气体积 /L	通过时间 /s	流量计表压力 /mmH_2O	干球温度 /℃	湿球温度 /℃	入口温度 /℃	加热电压 /V	加热电流 /A

3.1.3　拓展部分（课后）

1. 思考问题

1）分析本实验产生误差的原因及减小误差的可能途径。

2）实验中获得的空气定压比热容是否为理论值 1004.5J/(kg·℃)？如果不是分析原因。

3）测定湿空气的干、湿球温度时，为什么要在湿式流量计的出口处而不在大气中测量？

4）结合实验结果说明加热器的热损失对实验结果的影响。

2. 实验拓展

1）尽管实验装置采用了良好的绝热措施，但杜瓦瓶对环境的辐射散热是不可避免的，分析实验中如何减小散热给实验带来的误差。

2）在本实验装置中，如果将湿式流量计连接位置改在比热容仪器的出口处是否合理？为什么？

3）比热仪杜瓦瓶为什么涂有银层？为什么采用多层结构中间抽真空？（与“传热学”课程相关）。

4）如果实验测定的是气体的定容比热容，如何进行实验装置的设计？实验过程需要注意哪些事项？

5）除实验中采用的比热容测定装置外，查阅资料了解其他比热容测定实验装置与本实验装置相比有哪些改进。

3. 知识拓展

1）通过查阅资料，了解缓解城市“热岛效应”的方法有哪些。

2）通过查阅文献了解碳氢燃料定压比热容测定的实验研究情况，以及在高超声速飞行器研制中作为推进剂和冷却剂的应用情况。

3）物质在临界状态和超临界状态呈现特殊的物理性质，如水在临界状态点附近呈现大比热容特性、CO_2 超临界区和亚临界区比热容的变化等。查阅资料了解临界状态附近比热容等物性参数的热力学性质。

3.2　空气定熵指数测定实验

3.2.1　理论部分（课前）

1. 实验目的

空气定熵指数测定实验又称为空气绝热指数测定实验，实验的主要目的：

1）了解空气定熵指数的概念及其推导过程。

2）掌握以定熵膨胀和定容加热过程为工作原理的定熵指数测定实验方法。

3）加深对理想气体性质的理解，增强对理想气体重要参数的认识。

4）掌握充放气过程中理想气体状态参数的变化规律及在状态参数坐标图上的表示。

5）加深对定熵过程、定熵指数、控制质量、控制体积等基本概念的理解。

重要概念的理解：定熵过程即为可逆绝热过程；对于理想气体，其定熵指数等于比热容比；实验中以控制质量为基础进行基本热力过程的分析和公式推导；利用状态参数坐标图非常便于分析各种热力过程。

2. 涉及知识点

（1）定熵过程 工质熵保持不变的热力过程称为定熵过程。熵的表达式为

$$dS=\delta S_f+\delta S_g$$

式中，dS 是工质的熵变量；δS_f 是通过热量传递引起的熵变，称为熵流；δS_g 是不可逆因素产生的熵增量，称为熵产。

定熵过程意味着熵变量 dS 等于 0，由于熵变等于熵流加熵产，因此定熵过程的熵流和熵产都等于0，因此定熵过程即可逆绝热过程，即过程中和外界没有热量交换，同时过程中没有摩擦损失等耗散作用。

图 3.2.1 所示为 p-V 图和 T-s 图中的定熵过程。

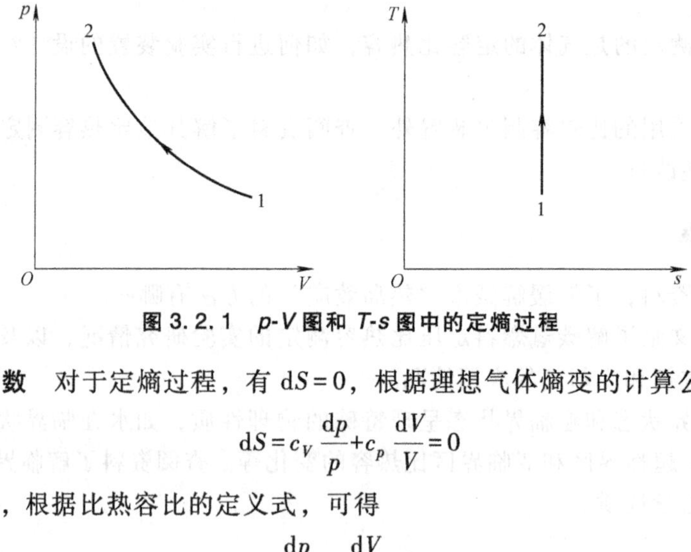

图 3.2.1　p-V 图和 T-s 图中的定熵过程

（2）定熵指数 对于定熵过程，有 $dS=0$，根据理想气体熵变的计算公式：

$$dS=c_V\frac{dp}{p}+c_p\frac{dV}{V}=0$$

两边除以 c_V，根据比热容比的定义式，可得

$$\frac{dp}{p}+\gamma\frac{dV}{V}=0$$

因为理想气体的 c_p 和 c_V 是温度的函数，故比热容比 $\gamma=\frac{c_p}{c_V}$ 也为温度的函数。为方便计算，假定比热容为定值，此时 γ 也为定值，上式就可以直接积分：

$$\ln p+\gamma\ln V=\text{定值}$$

$$pV^{\gamma}=\text{定值}$$

由此可得，定熵过程的方程式为指数方程式。对于理想气体，定熵指数通常用 κ 表示，即理想气体定熵过程的过程方程式为

$$pV^{\kappa}=\text{定值}$$

定熵指数亦可称为绝热指数，对于理想气体，定熵指数 κ 等于比热容比 γ。对于实际气体，κ 并不是比热容比，仅为某一经验常数。

(3) 控制质量与控制体积　在“工程热力学”中，热力系统可分为闭口系统和开口系统。闭口系统和外界没有物质交换，即没有物质穿过系统的边界，闭口系统的质量保持不变，因此闭口系统又称为控制质量。虽然闭口系统的质量保持不变，但系统的边界可发生变化。

开口系统和外界有物质交换，即有物质穿过系统的边界，开口系统的界面为控制界面，通常是某一划定的固定空间范围，因此开口系统又称为控制体积。当稳态流动时，流入控制体的流体质量等于流出控制体的流体质量。和闭口系统相反，开口系统的边界保持不变，但系统的质量可发生变化。

(4) 充放气过程　本实验装置涉及刚性容器的充气和放气问题。由于充放气过程的速度较快，因此可将充放气过程看作绝热过程。

对于充气过程，如果以整个系统（包括容器中的气体和充气的气体）为研究对象，充气过程为不可逆过程；但如果以充气前容器中已有的气体为研究对象，则充气过程中此部分气体的比熵保持不变，为可逆过程。

对于放气过程，如果以整个系统为研究对象，放气过程为不可逆过程；但如果以容器中气体为研究对象，放气过程中此部分气体的比熵保持不变，为可逆过程，留在容器内的气体满足理想气体定熵过程的方程式。由于放气过程容器内气体的质量减少，气体的总熵会减少，而容器内气体和环境的总熵必增加，即全部过程为不可逆过程。

(5) 案例知识　理想气体的基本热力过程包括定压过程、定容过程、定温过程和定熵过程。理想气体是一种假想的气体。科学家在对气体进行长期研究过程中，发现某些气体性质具有相似性，在特定条件下呈现出相同的变化规律，主要研究工作为理想气体的三大定律：盖·吕萨克定律、查理定律和玻意耳-马略特定律。

盖·吕萨克定律：在定压过程中，一定质量的气体的体积与热力学温度成正比，即在压力不变时任一状态下体积与温度的比值为定值。

$$\frac{V_1}{T_1}=\frac{V_2}{T_2}=\frac{V}{T}=\text{定值}$$

查理定律：在定容过程中，一定质量的气体的压强与热力学温度成正比，即在体积不变时任一状态下压力与温度的比值为定值。

$$\frac{p_1}{T_1}=\frac{p_2}{T_2}=\frac{p}{T}=\text{定值}$$

玻意耳-马略特定律：在等温过程中，一定质量的气体的压强与其体积成反比，即在温度不变时任一状态下压强与体积的乘积为定值。

$$p_1V_1=p_2V_2=pV=\text{定值}$$

综合以上三个定律可得到$\dfrac{pV}{T}=$定值，称为联合气体方程。在此基础上再加上阿伏伽德罗定律，即$\dfrac{V}{n}=$常数（n 表示摩尔数），可得到理想气体状态方程。

理想气体三大定律是理想气体状态方程的实验研究基础。理想气体状态方程是由法国科学家克拉珀龙于1934年首先提出，其描述了理想气体在处于平衡态时，压力、体积、温度三个基本状态参数之间的关系：

$$pV=nRT \text{ 或 } pV=mR_{g}T$$

对于定熵过程，即可逆绝热过程，法国科学家卡诺提出卡诺循环进行了阐述。卡诺循环由两个可逆定温过程和两个可逆绝热过程组成，如图3.2.2所示。“执行两个定温过程和两个定熵过程的可逆热机效率只与两个恒温热源的温度有关，与工质无关；任何不可逆热机的效率都不可能高于可逆热机的效率。”卡诺提出的卡诺循环和卡诺定理被看作热力学第二定律的基础。

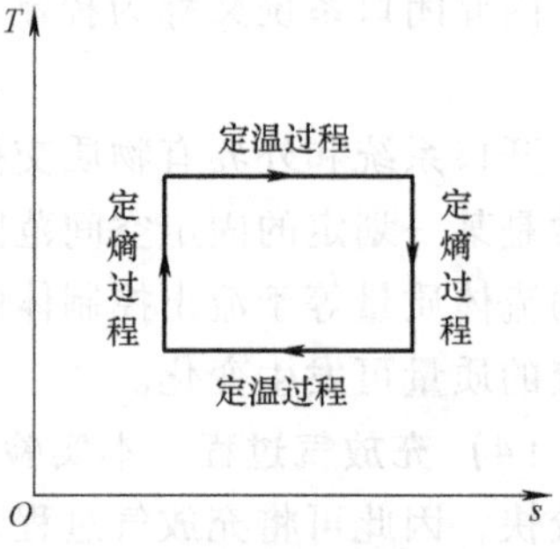

图3.2.2　卡诺循环基本热力过程

(6) 前沿知识　定熵指数是“工程热力学”中的一个重要参数，很多热力学过程中热力学参数的计算都与定熵指数相关，如压气机中空气的压缩过程、燃气轮机中燃气的膨胀过程、喷管和扩压管中气体的流动过程等。此外，定熵指数的测量对研究气体的热力学能、气体分子的运动和分子内部运动规律都非常重要。常用的测量方法有绝热膨胀法、振动法、驻波法、传感器法等。

振动法是利用振子在特定容器中进行简谐振动，当振子的振动频率较高时，容器中气体发生的热力学过程可视为定熵过程。通过测定振子的振动周期，从而计算其定熵指数。振动法具有原理简明、装置简单、易操作等特点。

驻波法采用超声波源发射声波，利用接收换能器接收声波，利用超声波在气体中的传播特性，测量超声波在气体中的传播速度。由于超声波的传播速度很快，与外界无能量交换，可视为绝热过程，从而根据声速方程获得气体的定熵指数。驻波法具有装置简单、测量误差小、适用气体广等特点。

3. 实验原理

本实验是利用空气在刚性容器中充放气过程的热力学特性测定空气的定熵指数。容器中定量气体的放气过程可看作可逆绝热膨胀过程，即定熵过程。通过测量实验中几个关键过程的状态参数，可获得空气的定熵指数。实验过程的 p-V 图如图3.2.3所示。

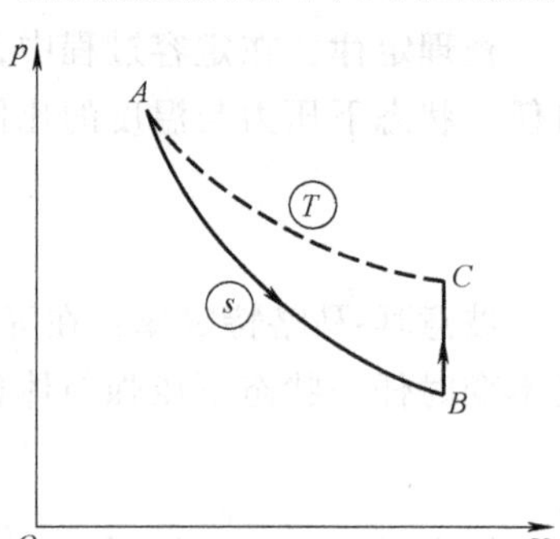

图3.2.3　定熵指数测定实验 p-V 图

图中 AB 为可逆绝热膨胀过程，根据定熵过程的过程方程式有

$$p_A V_A^{\kappa}=p_B V_B^{\kappa} \tag{3.2.1}$$

图中 BC 为定容过程，可得

$$V_B=V_C \tag{3.2.2}$$

假设状态 A 与 C 两点的温度相同，可得

$$p_A V_A=p_C V_C \tag{3.2.3}$$

将式（3.2.3）两边 κ 次方，可得

$$(p_A V_A)^{\kappa}=(p_C V_C)^{\kappa} \tag{3.2.4}$$

比较式（3.2.1）和式（3.2.4），同时结合式（3.2.2），可得

$$\frac{p_A}{p_B}=\left(\frac{p_A}{p_C}\right)^{\kappa} \tag{3.2.5}$$

将式（3.2.5）两边取对数，可得

$$\kappa=\frac{\ln(p_A/p_B)}{\ln(p_A/p_C)} \tag{3.2.6}$$

因此，只需测出 A、B、C 三个状态下的压力，将其代入式（3.2.6）中，即可获得空气的定熵指数。

4. 实验前测试

1）判断题：绝热过程一定是定熵过程。(　　)
2）判断题：定熵过程一定是绝热过程。(　　)
3）判断题：指定理想气体的定熵指数保持不变。(　　)
4）判断题：控制体积意味着控制体内的质量保持不变。(　　)
5）判断题：查理定律为定压过程下气体体积与热力学温度成正比。(　　)
6）填空题：理想气体的三大定律为（　　）、(　　）和（　　）。
7）填空题：理想气体基本热力过程包括（　　）、(　　）、(　　）、(　　）。
8）思考题：实验中为什么不以充气过程为研究过程获得定熵指数？
9）思考题：实验中在定熵过程的基础上，为什么要增加定容过程？

3.2.2 实验部分（课中）

1. 实验装置

实验所用设备主要由刚性容器、U 形管压力计、充气气囊、充气阀、排气阀等组成。图 3.2.4 所示为空气定熵指数测定实验装置图。

实验装置的工作过程包括充气过程Ⅰ、放热过程Ⅱ、放气过程Ⅲ和吸热过程Ⅳ。选取容器中部分气体为研究对象，以控制质量的方式完成整个实验的四个工作过程，此时可将容器中的这部分气体视为闭口系统，过程中质量始终保持不变，如图 3.2.5 所示。

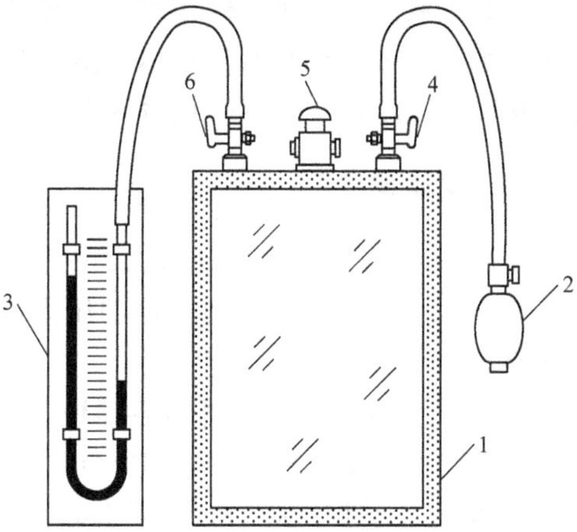

图 3.2.4　空气定熵指数测定实验装置图

1—刚性容器　2—充气气囊　3—U 形管压力计　4—充气阀　5—排气阀　6—压力计阀门

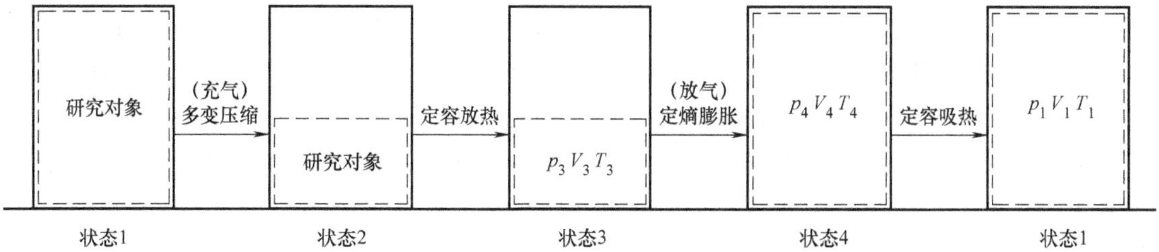

图 3.2.5　控制质量空气的工作过程

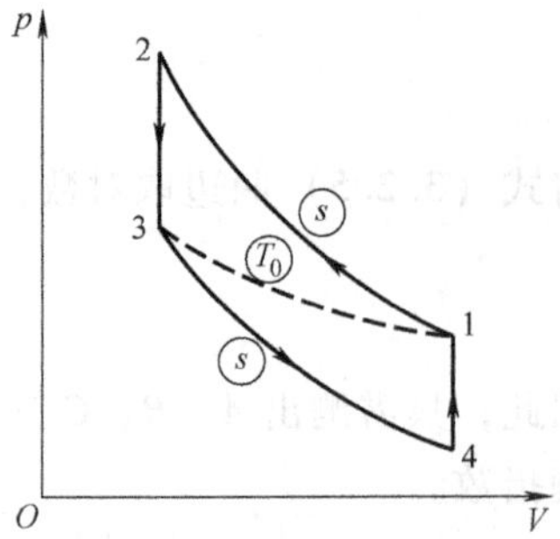

图 3.2.6 控制质量空气工作过程 p-V 图

充气过程Ⅰ：利用充气气囊对刚性容器中的气体进行充气，由于充气前容器中存有一定的气体，以此部分气体为研究对象，状态为图 3.2.6 中状态点 1。充气过程可看作绝热过程，虽然整个充气过程是不可逆过程，但如果以容器中的气体为研究对象，其比熵不变，过程为定熵过程，如 p-V 图中的 1-2 过程。充气后的状态为状态点 2。

放热过程Ⅱ：充气结束后，容器中气体温度高于环境温度，气体通过容器壁与环境交换热量，温度降为环境温度，此过程为定容放热过程，如 p-V 图中的 2-3 过程所示。放热后的状态为状态点 3。

放气过程Ⅲ：打开排气阀，将容器中的气体排放至环境中，由于放气过程速度较快，此过程可看作绝热过程。同样整个放气过程是不可逆过程，但如果以容器中研究的部分气体为研究对象，其比熵不变，过程为定熵过程，如 p-V 图中的 3-4 过程所示。放气后的状态为状态点 4。

吸热过程Ⅳ：放气结束后，容器中气体温度低于环境温度，气体通过容器壁与环境交换热量，温度升为环境温度，此过程为定容吸热过程，如 p-V 图中的 4-1 过程所示。吸热后的状态为状态点 1。

实验参数测定方面，根据实验原理中对定熵指数的计算方法，需要测量实验中几个关键过程（放气时的定熵膨胀过程以及放气后的定容吸热过程）的压力参数，包括放气前压力 p_3、放气后压力 p_4、定容吸热后压力 p_1，即可按照式（3.2.6）计算获得空气的定熵指数。

2. 实验操作

1）打开充气阀和压力计阀门，利用充气气囊对刚性容器充气，充气过程要尽量快速，当 U 形管压力计的读数达到一定的压力值时停止充气，关闭充气阀门，防止气囊及管路有空气泄漏。

2）充气结束后，气体通过容器壁向环境放出热量，过程中温度降低，压力也逐渐降低，当压力稳定不再变化时，容器内空气温度与外界环境温度近似，记录此时压力计的读数 h_3。

3）向下按动排气阀门，容器中的气体会迅速向外排出，过程中伴随着气流摩擦的声音，在气流流出的声音“啪”消失的同时迅速关闭排气阀门，此时容器中气体的压力应为环境压力，压力计读数为 0。

4）放气结束后，气体通过容器壁从环境吸收热量，过程中温度升高，压力也逐渐升高，当压力稳定不再变化时，容器内空气温度与外界环境温度近似，记录此时压力计的读数 h_1。

5）重复实验步骤 1）至 4），做至少 5 组基本工况下的实验，将实验数据填入数据表格表 3.2.1 中，并计算过程中的定熵指数。

6）改变实验工况，在容器中加入干燥剂，对容器中的湿空气进行干燥处理，重复实验步骤 1）至 4），做至少 5 组实验，将实验数据填入表 3.2.1。

7）改变实验工况，在放气过程中对刚性容器保温，外表覆盖保温层后，重复实验步骤 3），放气结束后移走保温层，做至少 5 组实验，将实验数据填入表 3.2.1。

3. 注意事项

1）实验开始前需要检查实验装置的密封性，如有漏气需及时修复。

2）开启排气阀放气时，人应远离阀门排气口，防止高压气体冲击。

3）充气时需观察 U 形管压力计读数，不可超过最高压力允许范围，防止压力计中的液体溢出。

4）实验过程中读取压力计液面高度时需注意，应使人眼视线与液柱半圆形液面的中间部位对齐。

4. 实验工况

本实验进行空气定熵指数测定，实验中所测参数只有压力参数，主要测三个平衡状态下的压力值。除实验操作的基本实验工况外，还可以增加多个实验工况，每个实验工况下需要做至少 5 组实验数据的测量。实验工况如下：

1）放气过程中放气至环境压力的基本实验工况。

2）放气过程中对刚性容器进行保温的实验工况。

3）对进入容器中的空气进行干燥后的实验工况。

4）放气过程中部分放气（即放气后压力高于环境压力）的实验工况。

5. 分组研讨

正式实验前，学生通过分组研讨，确定实验方案和实验工况。

1）讨论全部放气和部分放气实验工况的区别。

提示：实验中所测定熵指数为某温度区间的平均定熵指数。由于不同放气过程的温度区间不同，而比热容和温度相关，定熵指数也和温度相关，因此实验过程中应尽量保证放气过程温度区间相同。

2）讨论空气干燥前和干燥后实验工况的区别。

提示：由于水蒸气比热容大于空气比热容，因此对吸放热过程（实验中主要是定容吸热过程，即图 3.2.6 中 4-1 过程）产生影响，造成状态点 4 实际温度低于理想温度值，实际压力低于理想压力值。

3）讨论刚性容器保温前和保温后实验工况的区别。

提示：刚性容器和环境之间会进行换热，保温后刚性容器中的热力过程更接近于绝热过程。从实验结果的角度，放气过程未采取保温措施时，使得放气后的状态点温度升高，对后续定容吸热过程造成影响。

6. 实验数据

1）实验数据表格：按照三个实验工况：基本实验条件下工况、空气干燥后工况、刚性容器保温后工况进行实验，将实验数据填入表 3.2.1 中（每个实验工况为一个表格）。

2）实验数据处理：比较三种工况下获得的平均定熵指数及所测实验结果与空气的理想定熵指数 $\kappa=1.4$ 的偏差情况，分析三种工况下产生偏差的主要原因。

表 3.2.1 空气定熵指数实验数据

环境温度 t_a = ℃，环境压力 p_a = mmH_2O，空气湿度 φ = %

实验序号	压力计读数 Δh_A /mmH_2O	放气前压力 p_A /Pa	压力计读数 Δh_B /mmH_2O	放气后压力 p_B /Pa
1				
2				
3				
⋮				

实验序号	压力计读数 Δh_C /mmH_2O	吸热后压力 p_C /Pa	大气压读数 p_a /Pa	定熵指数 κ
1				
2				
3				
⋮				

空气中含有一定量的水蒸气，可参考实验 3.1 空气定压比热容测定实验，对于空气定熵指数的计算方法进行推导。

3.2.3 拓展部分（课后）

1. 思考问题

1）将整个实验过程表示在 p-V 图中。

2）如果装置漏气，对实验结果有何影响？

3）如果放气阀关闭速度较慢，对实验结果有何影响？

4）在定容加热过程中，如何确定容器内的气体温度达到室温？

2. 实验拓展

1）通过查阅资料，了解实际气体在可逆绝热过程下的热力学性质，其定熵指数是否等于比热容比？

2）除实验中采用的定熵指数测定装置外，查阅资料了解其他实验装置，与本实验装置相比有哪些优缺点？

3）本实验所选定的热力系统为控制质量，如果以刚性容器作为热力系统，即控制体积，定熵指数的计算公式如何推导？实验操作有什么变化？

3. 知识拓展

1）查阅文献，了解实际气体定熵指数的计算模型和实验测试方法。

2）查阅文献，了解科学家对理想气体性质研究过程的背景和意义。

3）查阅文献，了解热力学历史、热力学重要定律、科学家所做贡献，以及阅读后的感悟，写一篇小论文。

3.3 二氧化碳 p-v-T 关系测定实验

3.3.1 理论部分（课前）

1. 实验目的

二氧化碳 p-v-T 关系测定实验又称为二氧化碳综合实验，实验的主要目的：

1）了解 CO_2 气体临界状态的观测方法，增强对临界状态概念的感性认识。

2）学会压力计、恒温器等部分热工仪器的正确使用方法。

3）加深对实际气体性质的理解，增强对实际气体热物性研究的认识。

4）掌握气体 p-v-T 关系测定方法并学会运用实验来测定实际气体状态变化规律的方法。

5）加深对工质的热力学状态、凝结、汽化、饱和液体、饱和蒸气等基本概念的理解。

重要概念的理解：二氧化碳在低于、等于、高于临界温度时 p-v-T 曲线的变化规律；低于临界温度时有相变发生，高于临界温度时无液相存在，临界状态附近存在临界乳光现象、整体相变现象等。

2. 涉及知识点

（1）简单可压缩系　“工程热力学”所研究的热力系统为简单可压缩系统，系统与外界交换的能量只包括热量和体积变化功。

（2）p-v-T 关系曲线　当简单可压缩热力系统处于平衡状态时，系统状态参数温度 T、压力 p 和比体积 v 之间存在一定的函数关系

$$F(p,v,T)=0 \text{ 或 } T=f(p,v)$$

当温度维持不变时，测定与不同压力所对应的比体积数值，从而可获得 p-v 曲线；绘制不同温度下的 p-v 曲线，即可获得 p-v-T 关系曲线。

（3）范德瓦尔方程　范德瓦尔方程是用于描述实际气体的状态方程式。1873 年范德瓦尔对理想气体状态方程进行修正，提出实际气体状态方程

$$\left(p+\frac{a}{v^2}\right)(v-b)=R_g T$$

$$\text{或 } v^3-\left(b+\frac{R_g T}{p}\right)v^2+\frac{a}{p}v-\frac{ab}{p}=0$$

式中，a、b 是与气体种类相关的数值为正的常数，称为范德瓦尔常数；p、v 是实际气体的压力和比体积。

范德瓦尔方程是比体积 v 的一元三次方程，在 p-v 图上以一簇等温线表示。在临界温度以上，与一个压力相对应的只有一个 v 值，即只有一个实根；在临界温度以下每一个压力对应有三个 v 值，即三个实根。在这三个实根中，最小值是饱和液体的比体积，最大值是饱和蒸气的比体积，中间值没有物理意义。三个实根相等的等温线上的状态点称为临界状态点，其曲线具有双拐点的特性，在数学上满足以下条件：

$$\left(\frac{\partial p}{\partial v}\right)_T=0 \quad 及 \quad \left(\frac{\partial^2 p}{\partial v^2}\right)_T=0$$

（4）案例知识 二氧化碳在工业生产和生活中都有着广泛的应用。气态二氧化碳应用于化工原料、化学加工、焊接气体、植物种植、水处理工艺、工业过程的惰性保护气等。液态二氧化碳可用作灭火剂，用于扑救易燃液体、易燃气体或带电设备的火灾；也可用作制冷剂，用于飞机、导弹、电子器件的低温冷却等。固态二氧化碳（即干冰）被广泛应用于制冷行业，用于储藏食品等；还可用作冷冻剂，用于热敏材料粉碎、橡胶磨光等。

温度 T、压力 p、比体积 v 是工质的基本状态参数，其 p-v-T 关系是工质最基本的热力学性质，是“工程热力学”理论研究和实验研究的基础。根据基本状态参数可获得热力学能、焓、熵等其他状态参数。同时根据获得的 p-v-T 关系数据可进一步建立其状态方程式，从而为工质热力学参数的计算提供方便。例如，利用 p-v-T 关系数据，对已知温度、压力的流体进行质量和体积的计算，进而可计算出流体的流量、输送管道直径、反应器尺寸等重要参数。

（5）前沿知识 近年以二氧化碳作为工质的超临界循环在动力循环领域、制冷循环领域、热泵循环领域获得了广泛的应用。二氧化碳制冷由于其超临界循环的特性，在气体冷却器中换热时温差较小，换热效率较高，在放热过程中 CO_2 具有很大的温度变化区间，能够实现和热媒之间良好的温度匹配。有着“冰丝带”之称的国家速滑馆（图 3.3.1），便是全球首个采用最新超临界制冷技术的冬奥速滑场馆，其工质即为跨临界二氧化碳，相比传统的制冷方式，国家速滑馆采用二氧化碳制冰使能效提升了 30%，一年可节约 200 万 kW·h 电。

图 3.3.1 采用超临界制冷技术的冬奥速滑场馆

超临界二氧化碳循环发电技术是火力发电领域一项重要的变革性技术，与传统火力发电以水蒸气作为工质不同，该技术以二氧化碳为循环工质，具有热电转换效率高、动力设备和系统体积小、灵活性好等显著优势。2021 年 12 月 8 日，中国华能集团有限公司自主研发的当时世界参数最高、容量最大的超临界二氧化碳循环发电试验机组在西安热工研究院顺利完成 72h 试运行。

3. 实验原理

本实验根据范德瓦尔方程，采用等温的方法来测定二氧化碳 p-v 之间的关系，从而获得二氧化碳的 p-v-T 之间关系。实验过程涉及饱和状态、临界状态等重要概念。

首先在 p-v 图上分析二氧化碳的等温线。等温线即温度保持不变，测定压力与比体积的对应数值，即可得到等温线的数据。在不同温度下对二氧化碳气体进行压缩，将过程表示在 p-v 图上，即可获得二氧化碳的 p-v-T 关系曲线。

如图 3.3.2 所示，二氧化碳气体等温线的特点：①在较高温度时，CO_2 气体状态变化的情况和理想气体的情况接近，其等温线接近于等轴双曲线，如 ab 线所示；②随着温度的降低，等温线的形状发生了变化，出现了拐点，CO_2 气体状态变化的情况和理想气体的情况差异逐步增大，如 ef 线所示；③温度更低时，过程中有相变发生，如 mn 线所示。随着压力的升高，在 1 点开始发生相变，气体凝结为液体；进一步压缩，气体的体积缩小，更多的气体凝结成液体，直至点 2 气体全部变成液体，点 1 和点 2 之间的状态为气相和液相共存的状态。

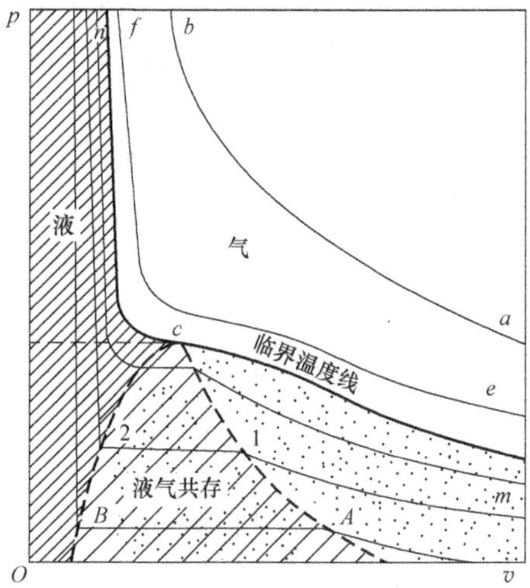

图 3.3.2　二氧化碳气体的 p-v 图

将气体开始凝结为液体的各点连成一条线（所有 1 点的连线），称为饱和蒸气线；将气体完全凝结为液体的各点连成一条线（所有 2 点的连线），称为饱和液体线。临界状态是饱和蒸气线和饱和液体线的交点，在这一点，饱和蒸气与饱和液体的比体积相同，即饱和蒸气和饱和液体的状态完全相同，如 c 点所处的状态，这一状态称为临界状态。临界状态下的温度、压力、比体积等参数称为临界参数，分别为临界温度、临界压力、临界比体积。CO_2 气体的临界温度为 31.1℃，临界压力为 7.38MPa。

当温度低于临界温度 31.1℃时，二氧化碳的等温线上有气液相变的直线段。随着温度的升高，相变过程的直线段逐渐缩短。当温度增加到临界温度时，饱和液体和饱和气体之间的界限已完全消失，达到临界状态。在 p-v 图上，临界温度线上的临界状态点既是驻点，又是拐点。临界温度以上的等温线也具有拐点，直到 48.1℃以上才成为变化均匀的曲线。

从图 3.3.2 可以看出，当气体温度高于临界温度 31.1℃时（即等温线在临界温度线的右上方）只存在气体状态，无论压力多大，气体都不能液化；只有气体温度低于临界温度 31.1℃时，才有液体存在。

4. 实验前测试

1）判断题：二氧化碳气体在通常状态下可看作理想气体。（　　）

2）判断题：在温度高于 31.1℃时，没有液态二氧化碳存在。（　　）

3）填空题：工质的基本状态参数包括（　　）、（　　）和（　　）。

4）填空题：二氧化碳临界压力是（　　）MPa，临界温度是（　　）℃。

5）思考题：对于简单可压缩系统，确定工质的状态需要几个独立参数？

6）思考题：在 p-v 图上温度的分布规律是什么？p-v 图哪个方向是温度升高的方向？

3.3.2 实验部分（课中）

1. 实验装置

实验所用设备及仪表由活塞式压力计、恒温器、实验台本体共三部分组成。图 3.3.3 所示为 CO_2 实验装置系统图，图 3.3.4 所示为 CO_2 实验台本体图。

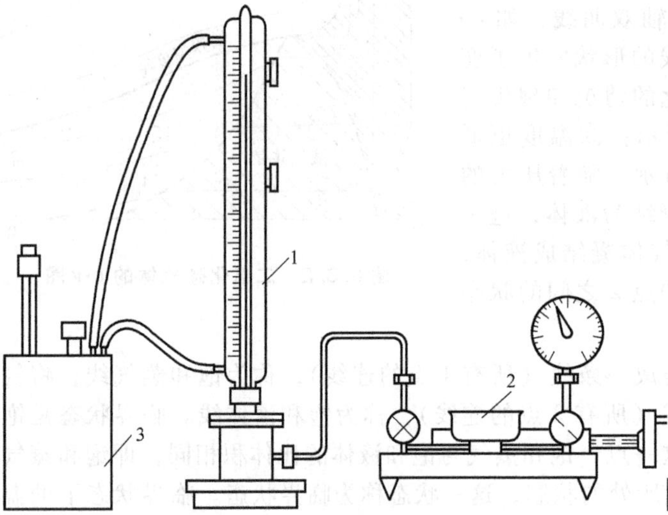

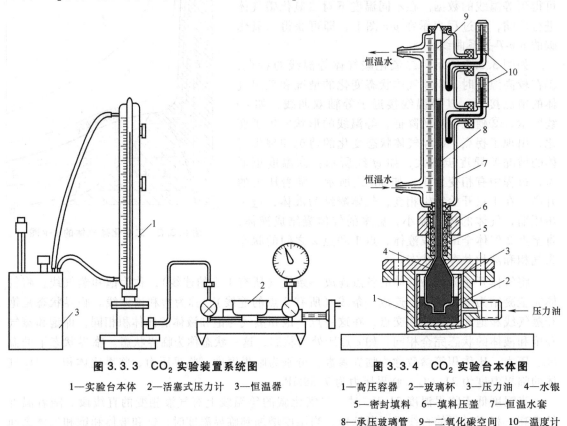

图 3.3.3 CO_2 实验装置系统图

1—实验台本体 2—活塞式压力计 3—恒温器

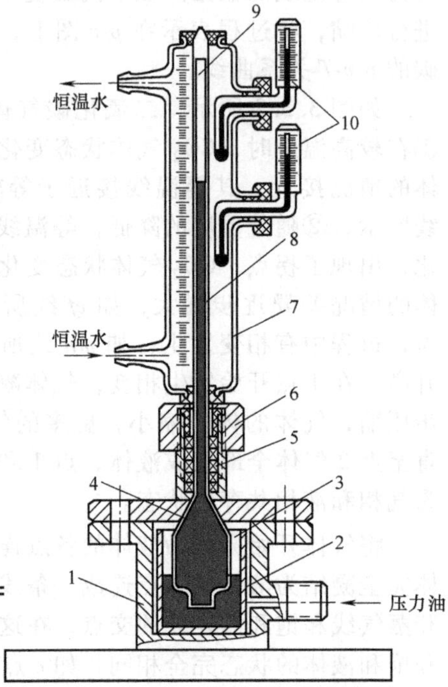

图 3.3.4 CO_2 实验台本体图

1—高压容器 2—玻璃杯 3—压力油 4—水银 5—密封填料 6—填料压盖 7—恒温水套 8—承压玻璃管 9—二氧化碳空间 10—温度计

实验过程中，由活塞式压力计送来的压力油进入高压容器和玻璃杯中，压迫水银进入预先装有二氧化碳气体的承压玻璃管中。二氧化碳气体被压缩，其压力和容积通过压力台上的活塞螺杆的进与退来调节，温度由恒温器供给的水套里的水温来调节。

实验参数测定方面，二氧化碳的压力由安装在压力台上的压力表读出，温度由嵌入恒温水套中的温度计读出，比体积通过 CO_2 的高度利用间接测量的方法获得。

2. 实验操作

1）启动恒温水浴的水泵，使室温下（低于 31.1℃）的水循环，记录水套内温度计的数值（取水套内两只温度计读数的平均值）。

2）缓缓转动手轮以提高油压，记录在该温度下的若干不同压力值及对应的二氧化碳体积数值。压力间隔一般可取为 0.5MPa，在接近饱和状态时压力间隔取为 0.05MPa。同时注意观察承压管内水银柱上方二氧化碳液体出现的起始点及二氧化碳气体全部变成液体的起始点，并记录对应的压力值及体积数值。

3）打开恒温水浴的加热器开关，将恒温水浴的电接点温度计调定为高于室温但低于临界温度的某一值，待水加热至设定温度时，记录水套上温度计的数值，重复进行实验步骤 2)。

4）将恒温水浴的电接点温度计调为临界温度 31.1℃。待水加热后，缓缓转动手轮以提高油压，记录在该温度下的若干不同压力值及对应的二氧化碳体积数值。在接近临界状态时，压力间隔取为 0.05MPa，同时注意观察临界状态附近气液两相界限处的模糊现象，并记录此时的压力值及对应的二氧化碳体积数值。

5）将恒温水浴的电接点温度计调定为高于临界温度的某一数值。待水加热后，记录水套内温度计的数值，缓缓转动手轮以提高油压，记录在该温度下的若干不同压力值及对应的二氧化碳体积数值。观察压力升高时是否有二氧化碳气体液化的现象。

3. 注意事项

1）实验过程中，恒温水浴控制温度不超过 50℃，活塞螺杆控制压力不超过 10MPa。一般压力间隔可取为 0.2~0.5MPa，但在接近饱和状态及临界状态时，压力间隔应取为 0.05MPa。

2）严禁在气体被压缩情况下打开油杯阀门，防止二氧化碳突然膨胀而逸出玻璃管，造成水银冲出玻璃杯。如要卸压，应慢慢退出活塞杆使压力逐渐下降，执行升压过程的逆向程序。

3）为实现二氧化碳的定温压缩和定温膨胀，除保持流过恒温水套的水温恒定外，还要求压缩和膨胀过程进行得足够缓慢，以免玻璃管内二氧化碳温度偏离管外恒温水套的水温。

4）如果玻璃管外壁或水套内壁附着小气泡，妨碍观测，可通过放充水套中的水，将气泡冲掉。操作和观测时要格外小心，不要碰到实验台本体，以免损坏承压玻璃管及恒温水套。

5）实验过程中读取水银柱液面高度时需注意，应使人眼视线与水银柱半圆形液面的中间部位对齐。

4. 实验工况

本实验进行二氧化碳气体 p-v-T 关系测定，实验中所测参数包括压力、温度、比体积。实验中需要至少 3 个温度下的测量，每一条等温线下进行 10 个左右压力点的实验。实验工况如下：

1）测定温度低于临界温度 31.1℃时的等温线。

2）测定温度等于临界温度 31.1℃时的等温线。

3）测定温度高于临界温度 31.1℃时的等温线。

4）低于临界温度及高于临界温度时，可分别多做一组等温线的实验。

5）温度低于临界温度时，除通过加压过程观察气态 CO_2 的液化现象，还可通过降压过程观察液态 CO_2 的汽化现象。

5. 分组研讨

正式实验前，学生通过分组研讨，确定实验方案和实验工况。

1）讨论温度低于临界温度时，实验过程中可能出现的现象。

提示：低于临界温度时 CO_2 气体的液化和汽化现象。

2）讨论温度等于临界温度时，实验过程中可能出现的现象。

提示：等于临界温度时存在临界乳光现象、气液两相模糊不清现象。

3）讨论温度高于临界温度时，实验过程中可能出现的现象。

提示：高于临界温度时 CO_2 只有气态存在，无论压力多高都不会液化。

6. 实验数据

(1) 利用质面比常数 K 值间接测量二氧化碳的比体积 由于充进承压玻璃管内二氧化碳的质量不易测量，而玻璃管内径或截面面积 A 又不易测准，因而实验中采用间接的方法来确定二氧化碳的比体积。可认为二氧化碳的比体积与其高度是一种线性关系，具体方法如下。

已知二氧化碳液体在20℃、100at时的比体积：

$$v(20℃,100\text{at}) = 0.00117\text{m}^3/\text{kg}$$

如前操作，实地测出本实验台二氧化碳液体在20℃、100at的液柱高度 Δh_0（注意玻璃水套上的标记刻度）：

$$v(20℃,100\text{at}) = \frac{A\times\Delta h_0}{m} = 0.00117\text{m}^3/\text{kg}$$

$$\frac{m}{A} = \frac{\Delta h_0}{0.00117\text{m}^3/\text{kg}} = K \tag{3.3.1}$$

由式（3.3.1）可得任意压力、温度下二氧化碳的比体积为

$$v = \frac{\Delta h}{m/A} = \frac{\Delta h}{K} \tag{3.3.2}$$

式中，Δh 是任意压力、温度下的二氧化碳高度，$\Delta h = h - h_0$，单位为m；h 是任意压力、温度下的水银柱高度，单位为m；h_0 是承压玻璃管内径顶端刻度，单位为m；K 是质面比常数，单位为 kg/m^2。

其中，h_0 与 K 都与玻璃承压管设备有关，是设备的特有参数，可通过玻璃水套上的标记数据获得。根据所测 Δh 数据，通过式（3.3.2）计算可获得 CO_2 的比体积 v。

(2) 临界乳光现象 将水温加热到临界温度31.1℃，保持温度不变，摇进活塞螺杆使压力上升至7.8MPa附近，然后摇退活塞螺杆以降压，在此瞬间玻璃管内将出现乳白色的闪光现象，这就是临界乳光现象。这是由于二氧化碳分子受重力场作用沿高度分布不均以及光的散射所造成，可以反复几次观察这一现象。

(3) 整体相变现象 由于在临界状态点时汽化潜热等于零，饱和液体线和饱和蒸气线合于一点，所以此时气液的相互转化并不是临界温度以下气液逐渐转变的过程，而是当压力稍有变化时，气、液是以突变的形式进行整体的转变。

(4) 气液两相模糊不清现象 处于临界点的二氧化碳具有共同的状态参数（p、v、T），因而仅凭参数无法区分此时二氧化碳是气体还是液体。在临界温度时，如果按等温线过程进行二氧化碳的压缩或膨胀，实验中在观测管内很难观测到临界状态的相关现象，但如果按绝热过程来进行则可观测到。压缩过程中，在压力为7.8MPa附近时突然降压，此时二氧化碳的状态点沿绝热线降到液态区，玻璃管内二氧化碳出现了明显的液面，说明此时的二氧化碳气体离液态区很近，可以说是接近液态的气体；在此状态下突然升压，这个液面又立即消失了，这就说明此时的二氧化碳液体离气态区也是非常近的，可以说是接近气态的液体。此时二氧化碳在气态和液态的边界转变，通过反复升压和降压过程，可观测到临界状态点附近

气、液两相模糊不清的现象。

(5) 实验数据表格　按照三个实验工况：温度低于临界温度工况、温度等于临界温度工况、温度高于临界温度工况进行实验，将实验数据填入表 3.3.1 中（每个实验工况为一个表格）。

表 3.3.1　二氧化碳综合实验数据

实验工况：　　温度　　于临界温度，$t=$　　℃

实验序号	压力 p/MPa	CO_2 高度 Δh/m	CO_2 比体积 v/(m^3/kg)	实验现象
1				
2				
3				
⋮				

(6) 实验数据处理　按表 3.3.1 的数据参考图 3.3.5 绘制出三条等温线，将实验测得的等温线与标准等温线比较，分析其中差异及原因。

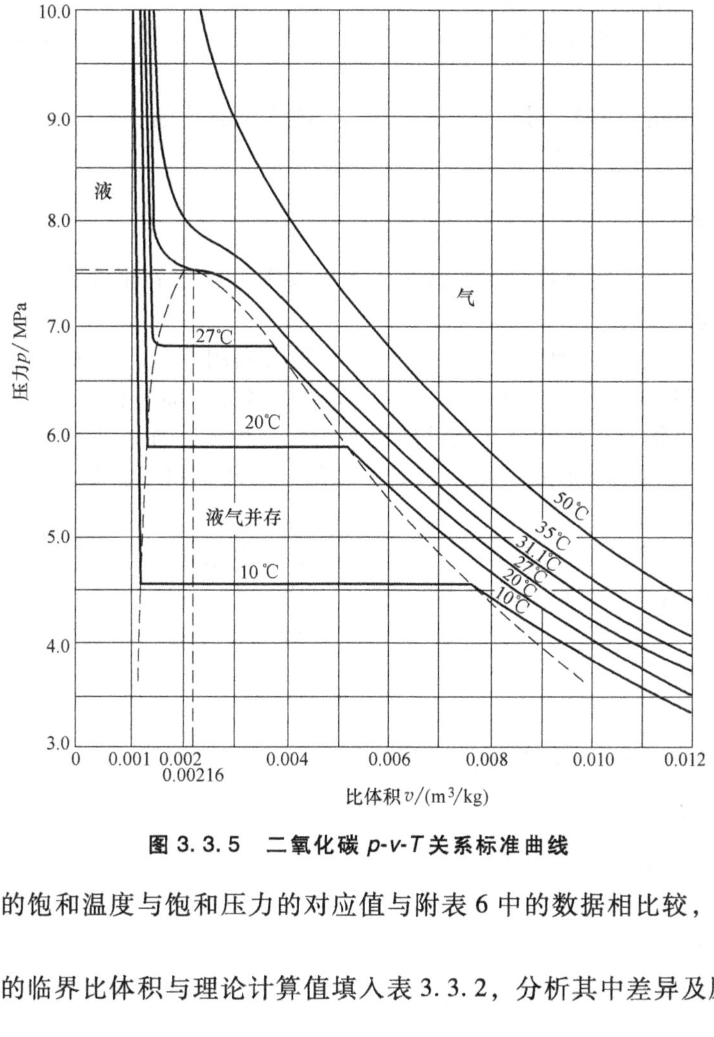

图 3.3.5　二氧化碳 p-v-T 关系标准曲线

将实验测得的饱和温度与饱和压力的对应值与附表 6 中的数据相比较，分析其中差异及原因。

将实验测得的临界比体积与理论计算值填入表 3.3.2，分析其中差异及原因。

表 3.3.2　临界比体积 v_{cr}　　（单位：m^3/kg）

标准值	实验值	$v_{cr}=\frac{R_g T_{cr}}{p_{cr}}$	误差及原因
0.00216			

3.3.3　拓展部分（课后）

1. 思考问题

1）实验中加压（或降压）过程为什么要缓慢进行？

2）质面比常数 K 值对实验结果有何影响？为什么？

3）实验中如何通过间接测量方法获得 CO_2 的比体积？

2. 实验拓展

1）查阅资料了解临界状态下流体具有哪些特殊性质？通过实验可观测到哪些性质？分析实验过程中 CO_2 临界状态不易观测到的原因。

2）范德瓦尔方程对研究实际气体性质具有重要意义，结合本实验简要阐述其对研究实际气体性质的贡献。

3）除实验中采用的 CO_2 测定装置外，查阅资料了解其他 p-v-T 关系测定的实验装置，与本实验装置相比有哪些改进？

3. 知识拓展

1）通过查阅文献了解超临界萃取技术，为何通常采用二氧化碳作为萃取剂从天然植物中提取香精和色素等成分？

2）查阅资料对跨临界/超临界二氧化碳的性质及应用等前沿课题进行调研，对“工程热力学”课程中实际气体状态方程进行复习，了解更多关于临界状态的资料。

3）物质在临界状态和超临界状态呈现特殊的物理性质，如临界状态点附近的临界乳光现象、超临界状态下流体呈现的超临界流动现象等。查阅资料了解临界状态下流体和超临界状态下流体的热力学性质。

4）早在 19 世纪中叶，包括法拉第在内的许多科学家通过压缩气体的方法，将二氧化碳、氯化氢等气体相继在实验室压缩成为液体。但是氧气、氮气、氢气却一直无法液化，当时的科学家把这些“顽固派”称为“永久气体”，即不存在液态。试结合本实验的结论对以上这段话进行点评。

3.4　喷管流动特性测定实验

3.4.1　理论部分（课前）

1. 实验目的

喷管流动特性测定实验的主要目的：

1）巩固和验证气体在喷管内流动的基本理论。

2）掌握喷管中流速、流量、压力等参数的变化规律。

3）掌握喷管实验装置的主要原理和实验设计方法。

4）加深对背压、出口压力、临界参数、临界压比等基本概念的理解。

重要概念的理解：渐缩喷管中，出口压力不可能低于临界压力，流速不可能高于当地声速，流量不可能大于最大流量；缩放喷管中，出口压力可低于临界压力，流速可高于当地声速，流量不可能大于最大流量。

2. 涉及知识点

（1）喷管背压 p_b 和临界压比 ν_{cr}

1）喷管背压：喷管出口截面处的工作压力，注意不是出口截面气体的压力 p_2，而是出口截面所处的环境压力，也称为工作压力，用 p_b 表示。

2）临界压比：临界压力 p_{cr} 与滞止压力 p_0 之比称为临界压比，是气体流速达到声速时气体压力（临界压力）与气体流速为 0 时气体压力（滞止压力）之比，用 ν_{cr} 表示。

$$\nu_{cr}=\frac{p_{cr}}{p_0}=\left(\frac{2}{\kappa+1}\right)^{\frac{\kappa}{\kappa-1}}$$

临界压比 ν_{cr} 仅与气体性质有关，不同气体临界压比不同。空气可看作双原子理想气体，$\kappa=1.4$，临界压比 $\nu_{cr}=0.528$。

（2）喷管出口压力 p_2　首先需要理解气体在喷管内流动时速度不断提高，对应的压力不断降低。而喷管出口处背压 p_b 变化时，会对喷管内气体流动产生影响。

对于渐缩喷管，由于受喷管形状的限制，出口速度（u_2）不可能大于声速（a_2），极限情况下在出口处可达到当地声速，即出口处可达到马赫数 $Ma=1$，等于当地声速。由于喷管内速度最大值对应着压力最小值，因此对于渐缩喷管理论上能降低到的最小压力是 $Ma=1$ 时的压力，即临界压力 p_{cr}。因此根据 p_b 与 p_{cr} 的关系，可确定渐缩喷管出口截面处的压力，如表 3.4.1 所示。

表 3.4.1　渐缩喷管出口压力 p_2 的确定

喷管背压 p_b	出口压力 p_2	出口流速 u_2	出口马赫数 Ma
$p_b>p_{cr}$	$p_2=p_b$	$u_2<a_2$	$Ma<1$
$p_b=p_{cr}$	$p_2=p_{cr}$	$u_2=a_2$	$Ma=1$
$p_b<p_{cr}$	$p_2=p_{cr}$	$u_2=a_2$	$Ma=1$

对于缩放喷管，其渐缩段是亚声速，在临界截面处达到当地声速（压力为临界压力 p_{cr}），渐扩段是超声速，压力继续降低，因此出口截面处压力 $p_2<p_{cr}$。出口截面处的气体压力取决于缩放喷管自身的形状，此压力称为缩放喷管出口截面的设计压力 p_d，设计压力是缩放喷管自身能使气体下降到的压力，即缩放喷管出口截面的压力最低只能下降到设计压力 p_d。因此根据 p_b 与 p_{cr} 的关系，可确定缩放喷管出口截面处的压力，如表 3.4.2 所示。

（3）相对压力　相对压力为绝对压力 p 与环境压力 p_b 之差。用测压仪器测出的压力是相对压力，相对压力包括表压力 p_g 和真空度 p_v 两种形式。

表 3.4.2 缩放喷管出口压力 p_2 的确定

喷管背压 p_b	出口压力 p_2	出口流速 u_2	出口马赫数 Ma
$p_b=p_d$	$p_2=p_d$	$u_2>a_2$	$Ma>1$
$p_b<p_d$	$p_2=p_d$	$u_2>a_2$	$Ma>1$
$p_b>p_d$	$p_2=p_b$	$u_2<a_2$	$Ma<1$

绝对压力和相对压力的关系为：表压力 $p_g=p-p_b$，真空度 $p_v=p_b-p$。

通常将测量表压力 p_g 的测压仪器称为压力表，测量真空度 p_v 的测压仪器称为真空表或负压表。

(4) 案例知识

1）喷管在电厂汽轮机中的应用：汽轮机是将蒸汽的热能转换为机械能的装置。在汽轮机中，蒸汽在喷管（汽轮机喷管实际就是汽轮机相邻两静叶片间所形成的气流通道）中发生膨胀，压力降低，速度增加，蒸汽热能转换为动能，蒸汽推动汽轮机动叶片旋转，将蒸汽的动能进一步转换为机械能。

2）喷管在军事飞行器领域的应用：飞机和火箭尾部装置即为喷管。飞机涡轮发动机中流出的高温高压燃气，在尾喷管中膨胀加速后排出，过程中产生的反作用力即飞机的推力，飞机涡轮发动机喷管可分为渐缩喷管（亚声速）和拉瓦尔喷管（即缩放喷管，超声速），火箭尾部喷管为拉瓦尔喷管（超声速）。

(5) 前沿知识 矢量喷管又称为推力矢量尾喷管，是指能够控制排出气流的方向使推力方向变化的尾喷管。采用推力矢量技术的飞机，通过喷管偏转，利用发动机产生的推力，获得多余的控制力矩，实现飞机的姿态控制。目前通常是采用机械方法使尾喷管管道转向以控制推力方向，如矩形、轴对称和球形推力矢量尾喷管等。推力矢量喷管技术是一项综合性很强的技术，它的研发需要尖端的航空科技支撑，反映了一个国家的综合国力。

3. 实验原理

实验中主要测定喷管内（包括渐缩喷管和缩放喷管）轴向压力分布情况和喷管气体流量的变化情况。

(1) 渐缩喷管 气体在渐缩喷管内可逆绝热流动时，速度逐渐提高，压力逐渐降低，气体在渐缩喷管中膨胀所能下降到的最低压力为临界压力 p_{cr}，气体在渐缩喷管中的流动情况如图 3.4.1 所示。

(2) 缩放喷管 气体流经缩放形喷管时完全膨胀的程度取决于喷管出口截面面积 A_2 与喷管最小截面面积 A_{min} 的比值。喷管在不同背压条件下工作时，压力分布如图 3.4.2 所示。

4. 实验前测试

1）判断题：渐缩喷管出口截面压力可低于临界压力。（ ）

2）判断题：缩放喷管出口最大速度可超过当地声速。（ ）

3）填空题：使亚声速气流的速度提高应采用（ ）喷管，使超声速气流的速度提高应采用（ ）喷管。

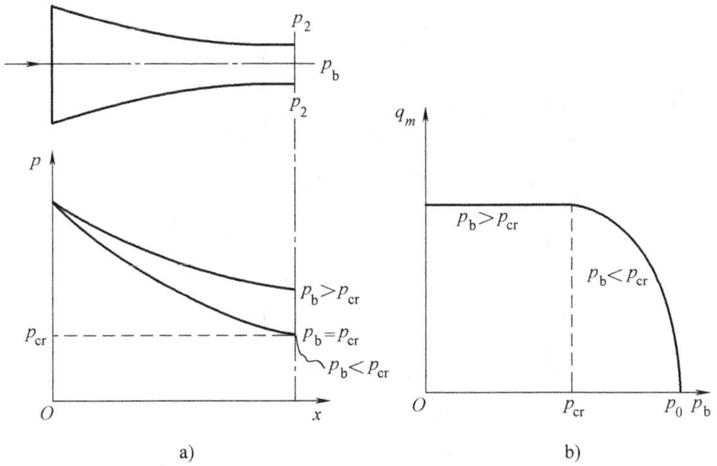

图 3.4.1　气体在渐缩喷管中流动情况

a）渐缩喷管压力分布曲线　b）渐缩喷管流量曲线

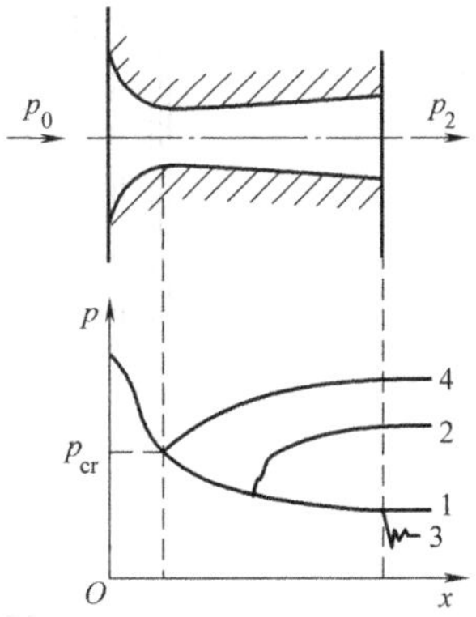

图 3.4.2　缩放喷管压力分布曲线

1—在设计条件下工作时的压力分布

2、4—膨胀过度时的压力分布

3—膨胀不足时喷管出口出现的突然膨胀

4）填空题：热工设备中喷管的作用是使气体的速度（　　），扩压管的作用是使气体的压力（　　）。

5）思考题：气体流经缩放喷管，正常工况下最大流速出现在喉部，最大流量出现在出口截面，这种说法对不对？为什么？

6）思考题：你认为在喷管实验中如何测量喷管内的压力和流量？采用何种测量仪器？了解压力和流量测量仪器及其测量原理。

3.4.2　实验部分（课中）

1. 实验装置

喷管实验装置如图 3.4.3 所示，主要由实验本体、真空泵及测试仪表等组成，其中实验本体由进气管段、喷管实验段（包括渐缩喷管和缩放喷管）、真空罐及支架等组成，采用真空泵作为气源设备，安装在喷管的排气侧。喷管入口的气体状态用测压计 6 和温度计 7 测量。气体流量用风道上的孔板流量计测量。喷管排气管道中的压力 p_2 用真空表 11 测量。转动探针移动机构 4 的手轮，可以移动探针测压孔的位置，测量的压力值由真空表 12 读取。

实验中要求喷管的入口压力保持不变。风道上安装有调节阀门 3，可根据流量增大或减小时孔板压差的变化适当开大或关小调节阀。应仔细调节，使实验段 1 前的管道中的压力维持在实验选定的数值。喷管排气管道中的压力 p_2 由调节阀门 3 控制，真空罐 13 起稳定排气管压力的作用。当真空泵运转时，空气由实验本体的吸气口进入并依次通过进气管段、孔板流量计、喷管实验段和真空罐体，然后排到室外。

喷管各截面上的压力采用探针测量，如图 3.4.4 所示，探针可以沿喷管的轴线移动，具体的压力测量方法：用一根直径为 1.2mm 的不锈钢制的探针贯通喷管，其右端与真空表相通，左端为自由端（其端部开口用密封胶封死），在接近左端端部处有一个 0.5mm 的测压

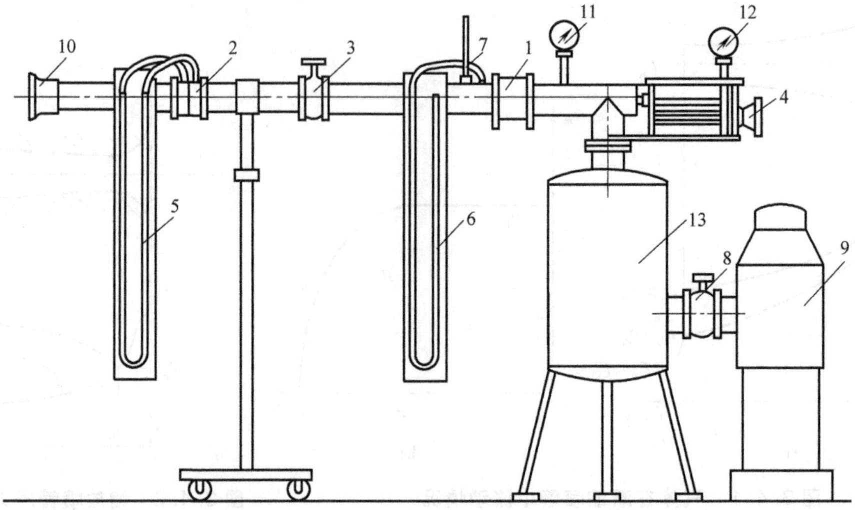

图 3.4.3 喷管实验装置图

1—喷管 2—孔板 3、8—调节阀 4—探针移动机构 5—孔板流量计 6—喷管入口压力计 7—水银温度计 9—真空泵 10—风道 11—背压真空表 12—探针真空表 13—真空罐

孔。真空表上显示的数值为测压孔所在截面的压力，若移动探针（实际上是移动测压孔）则可确定喷管内各截面的压力。

实验台渐缩喷管和缩放喷管的具体尺寸见图 3.4.5。

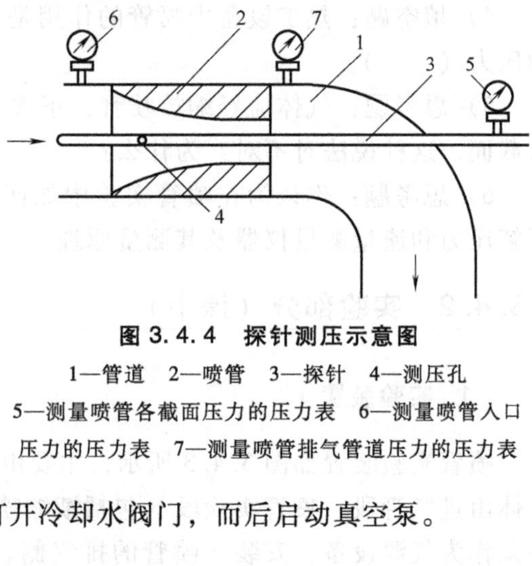

图 3.4.4 探针测压示意图

1—管道 2—喷管 3—探针 4—测压孔 5—测量喷管各截面压力的压力表 6—测量喷管入口压力的压力表 7—测量喷管排气管道压力的压力表

2. 实验操作

1）安装所需的喷管，将“坐标校准器”调好，即指针对准“位移坐标板”零刻度时，探针的测压孔正好在喷管的入口处。

2）打开罐前的调节阀，将真空泵的飞轮转动 1~2 转，一切正常后，打开罐后调节阀，打开冷却水阀门，而后启动真空泵。

3）测量喷管内轴向压力 p_x 的分布情况。

① 用真空罐前调节阀调节背压至一定值，并记下该数值。

② 转动手轮使测压探针由入口向出口方向移动，每移动一定的距离（一般为 5mm）便停顿一下，记下该测点的坐标位置及相应的压力值，一直测至喷管出口之外，可得到一条在此背压下的喷管的压力分布曲线。

4）测量喷管内质量流量 q_m 的变化情况。

① 转动手轮使测压探针测压孔移至喷管的出口截面之外，打开罐后调节阀，关闭罐前调节阀，而后启动真空泵。

② 用罐前调节阀改变背压值，使背压值每变化 0.01MPa 便停顿一下，同时将背压值和 U 形管压力计的差值记录下来，以便代入流量公式进行计算。当背压为某一值时 U 形管压力计的液柱便不再变化（即流量已达到最大值），此后尽管不断地降低背压，但是 U 形管压

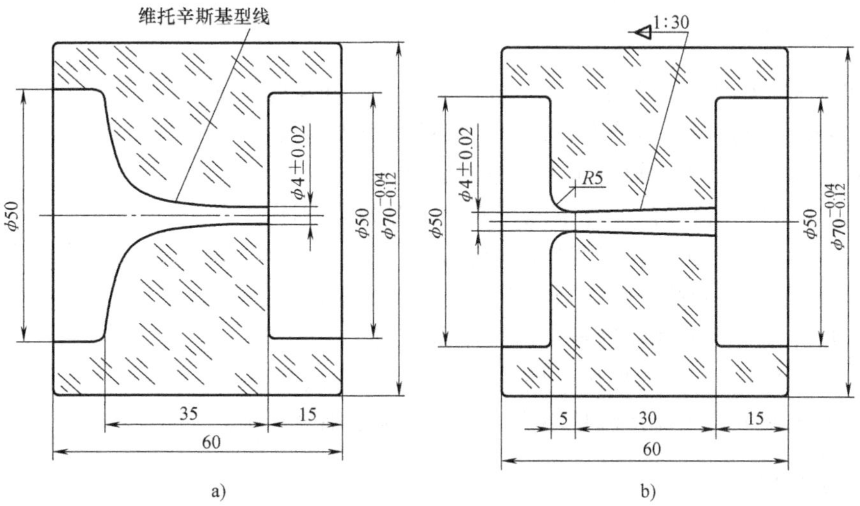

图 3.4.5　实验台所用喷管尺寸

a）渐缩喷管结构图　b）缩放喷管结构图

力计的液柱高度仍保持不变，此时再测 2~3 个值即可。

5）打开罐前调节阀，关闭罐后调节阀，让真空罐充气；3min 后关闭真空泵，立即打开罐后调节阀，让真空泵充气（防止回油）；1min 后关闭罐前调节阀和罐后调节阀。

6）关闭冷却水阀门，关闭设备电源。

3. 注意事项

1）启动真空泵前，对真空泵传动系统、油路、水路进行检查，检查无误后，打开背压调节阀，转动真空泵飞轮一周，去掉气缸内过量的油气，启动电动机，当转速稳定后开始进行实验。

2）由于测压探针内径较小，测压时存在滞后现象，当以不同速度摇动手轮时，压力分布曲线不重合。因此，为了取得准确的压力值，摇动手轮必须足够慢。同理，绘制流量曲线时，开关调节阀的速度也不宜过快。

3）停机前，先关真空罐出口调节阀，让真空罐充气，关真空泵后，立即打开此阀，让真空泵充气，防止真空泵回油，也有利于真空泵下次启动。

4. 实验工况

在实验中需要测量 4 个变量，即测压孔在喷管内的不同截面位置 x、不同截面处压力 p_x、喷管背压 p_b、喷管流量 q_m，这些量可分别用位移探针的位置、探针真空表、背压真空表以及 U 形管压力计的读数来显示。实验工况如下：

1）测定不同工况下，沿渐缩喷管不同位置 x 的压力变化情况。

2）测定不同工况下，气流在渐缩喷管内质量流量 q_m 的变化情况。

3）测定不同工况下，沿缩放喷管不同位置 x 的压力变化情况。

4）测定不同工况下，气流在缩放喷管内质量流量 q_m 的变化情况。

5）可自行设计不同背压下，缩放喷管内外压力分布的实验工况。

5. 分组研讨

正式实验前，学生通过分组研讨，确定实验方案和实验工况。

1）测定喷管内轴向压力分布情况时，实验工况如何设计。

提示：主要考虑背压对轴向压力分布的影响。

2）测定喷管气体流量的变化情况，实验工况如何设计。

提示：主要考虑背压变化对气体流量的影响。

3）讨论渐缩喷管和缩放喷管对以上两个实验方案设计的影响。

提示：渐缩喷管和缩放喷管最小出口压力不同。

4）除理论计算可获得临界压力外，是否有其他方法获得？

提示：通过调节背压保持流量不变方法，可确定临界压力。

6. 实验数据

（1）喷管入口温度 t_1 和入口压力 p_1 的确定 入口温度 t_1 为室温 t_a。由于在进气管中装有孔板流量计，气流流过孔板时有压力损失，喷管入口压力 p_1 将略低于大气压力 p_a，流量越大，二者相差越大。根据经验公式和实测，可由下式确定入口压力 p_1（单位取 mbar）：

$$p_1 = p_a - 0.97\Delta p$$

式中，Δp 为孔板流量计 U 形管差压，若 U 形管压力计读数为 Δh（单位为 mmH_2O），大气压力计读数为 p_a（单位为 mbar），则

$$p_1 = p_a - 0.97 \times 0.0981\Delta h$$

$$p_1 = p_a - 0.095\Delta h \tag{3.4.1}$$

（2）孔板流量计计算质量流量公式

$$q_m = 1.373 \times 10^{-4}\sqrt{\Delta h}\,\alpha\beta\gamma \tag{3.4.2}$$

式中，α 是流量膨胀系数，$\alpha = 1 - 1.373 \times 10^{-4}\dfrac{\Delta h}{p_a}$；$\beta$ 是气态修正系数，$\beta = 0.0538\sqrt{\dfrac{p_a}{t_a + 273.15}}$；$\gamma$ 是几何修正系数（标定值），按 1.0 计算；Δh 是 U 形管压力计读数，单位为 mm；p_a 是大气压力计读数，单位为 Pa；t_a 是环境温度，单位为℃；q_m 是质量流量，单位为 kg/s。

（3）喷管临界压力（单位为 mbar）**的计算**

$$p_{cr} = 0.528p_1 = 0.528(p_a - 0.095\Delta h) = 0.528p_a - 0.05\Delta h \tag{3.4.3}$$

临界压力时真空表上的读数（单位为 mbar）为

$$\begin{aligned} p_{v,cr} &= p_a - p_{cr} = p_a - 0.528(p_a - 0.095\Delta h) \\ &= 0.472p_a + 0.05\Delta h \end{aligned}$$

式中，p_a 是大气压力计读数，单位为 mbar；Δh 是 U 形管压力计读数，单位为 mmH_2O。

（4）喷管流量 q_m 的理论计算值 在稳定流动中，任何截面上的质量均相等，流量大小（单位为 kg/s）可由下式确定：

$$q_m = A_2\sqrt{\frac{2\kappa}{\kappa - 1}\frac{p_1}{v_1}\left[\left(\frac{p_2}{p_1}\right)^{2/\kappa} - \left(\frac{p_2}{p_1}\right)^{\kappa + 1/\kappa}\right]} \tag{3.4.4}$$

式中，κ 是定熵指数，无量纲；A_2 是出口截面面积，单位为 m^2；v_1 是进口截面气体的比体积，单位为 m^3/kg；p_1、p_2 是进、出口截面上气体的压力，单位为 Pa。

当出口截面压力等于临界压力 p_{cr} 时，即

$$p_2 = p_{cr} = \left(\frac{2}{\kappa+1}\right)^{\frac{\kappa}{\kappa-1}} p_1 = 0.528 p_1$$

$$q_m = q_{m,\max} = A_2 \sqrt{\frac{2\kappa}{\kappa+1}\left(\frac{2}{\kappa+1}\right)^{\frac{2}{\kappa-1}} \frac{p_1}{v_1}}$$

对于空气，代入 $\kappa = 1.4$，$R_g = 287.1 J/(kg \cdot K)$ 有

$$q_m = q_{m,\max} = 0.685 A_{\min} \sqrt{\frac{p_1}{v_1}} = 0.040 A_{\min} p_1 \sqrt{\frac{1}{T_1}} \tag{3.4.5}$$

式中，$A_{\min}$ 是喷管最小截面面积，单位为 m^2，尺寸见图 3.4.5。

(5) 实验数据表格　按照三个实验工况：背压低于临界压力工况、背压等于临界压力工况、背压高于临界压力工况进行实验，将实验数据填入表 3.4.3 和表 3.4.4 中（每个实验工况为一个表格）。

表 3.4.3　渐缩喷管内压力分布实验数据

实验工况：　　背压　　于临界压力工况，$p_b =$ 　　MPa

x/mm	0	5	10	15	20	25	30	35	40
p_v/MPa									
$p_x = p_1 - p_v$/MPa									
p_x/p_1									

表 3.4.4　缩放喷管内压力分布实验数据

实验工况：　　背压　　于临界压力工况，$p_b =$ 　　MPa

x/mm	0	5	10	15	20	25	30	35	40
p_v/MPa									
$p_x = p_1 - p_v$/MPa									
p_x/p_1									

按照不同背压下的实验工况进行实验，将渐缩喷管和缩放喷管流量的实验数据分别填入表 3.4.5 和表 3.4.6 中。

表 3.4.5　渐缩喷管流量实验数据

p_v/MPa									
$p_b = p_1 - p_v$/MPa									
p_b/p_1									
$\Delta h/mmH_2O$									
$q_m/10^{-3}kg/s$									

表 3.4.6　缩放喷管流量实验数据

p_v/MPa									
$p_b=p_1-p_v$/MPa									
p_b/p_1									
$\Delta h/mmH_2O$									
$q_m/10^{-3}$kg/s									

(6) 实验数据处理　测定不同工况下（$p_b>p_{cr}$，$p_b=p_{cr}$，$p_b<p_{cr}$），喷管不同位置 x 处压力变化情况，绘制 x-$\frac{p_x}{p_1}$关系曲线，分析比较临界压力 p_{cr} 的计算值和实测值。

测定不同工况下（$p_b>p_{cr}$，$p_b=p_{cr}$，$p_b<p_{cr}$），气流在喷管内流量 q_m 的变化情况，绘制 q_m-$\frac{p_b}{p_1}$关系曲线，分析比较最大流量 $q_{m,\max}$ 的计算值和实测值。

3.4.3　拓展部分（课后）

1. 思考问题

1）喷管背压 p_b 和出口压力 p_2 有何区别？

2）喷管的流量大小取决于哪些因素？

3）实验中临界压比是否为理论值 0.528？如果不是分析原因。

2. 实验拓展

1）实验中孔板流量计的工作原理是什么？为什么 U 形管压力计会产生液柱差？（与“工程流体力学”课程相关）

2）实验中真空泵的工作原理是什么？查阅资料了解真空泵的类型与特点，并思考如何防止真空泵回油。

3）在测定渐缩喷管临界压力时，除通过调节背压保持流量不变的方法外，是否还有其他方法可用于确定临界压力？

4）对于缩放喷管，如果出口背压大于设计压力时，喷管的渐扩段可能产生正冲击波，查阅文献了解相关情况。设计缩放喷管内产生冲击波的实验工况，了解此时喷管压力分布情况和喷管流量情况。

3. 知识拓展

1）实验中观察发现缩放喷管喉部位置有黑色沉淀物，查阅资料分析产生该现象的原因。

2）一般情况下，飞机较难突破声速，主要是声障的缘故，查阅资料对该现象进行了解。

3）通过查阅文献了解喷管在不同领域的应用情况，对喷管的发展及最新技术进行调研。

3.5 饱和蒸汽压力和温度关系实验

3.5.1 理论部分（课前）

1. 实验目的

饱和蒸汽压力和温度关系实验又称为水蒸气饱和压力与饱和温度关系测定实验，实验主要目的：

1）通过测定饱和蒸汽压力和温度的关系，加深对饱和状态的理解。

2）通过对实验数据的整理，掌握饱和蒸汽 p-t 关系曲线的绘制方法。

3）掌握电接点压力表、玻璃液体温度计、调压器等热工仪表的使用方法。

4）观察小容积容器中水的核态沸腾现象。

5）加深对热力学状态、饱和状态、饱和压力、饱和温度、汽液平衡等基本概念的理解。

重要概念的理解：饱和压力与饱和温度是一一对应的关系。饱和压力增加，对应的饱和温度升高；饱和压力降低，对应的饱和温度也降低。

2. 涉及知识点

（1）饱和状态　如图3.5.1所示，在密闭容器中，水分子脱离液体表面的汽化过程同时伴有水分子回到液体中的凝结过程。在一定温度下，起初汽化过程占优势，随着汽化的分子增多，空间中水蒸气的浓度变大，使水分子返回液体中的凝结过程加快。到一定程度时，虽然汽化和凝结都在进行，但处于动态平衡中，空间中蒸汽的分子数目不再增加，即液态水的汽化速度和气态水蒸气的凝结速度相等时，系统处于一种动态平衡的状态，这种状态称为饱和状态。

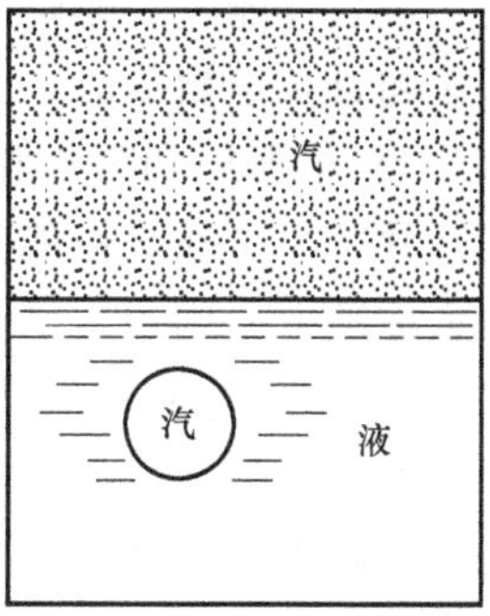

图3.5.1　水的饱和状态示意图

（2）饱和压力与饱和温度　饱和状态下的温度称为饱和温度，用 t_s 表示；由于处于这一状态的蒸汽分子动能和分子总数不再改变，因此压力也确定不变，称为饱和压力，用 p_s 表示。在饱和状态下，饱和压力与饱和温度是一一对应的，不是相互独立的状态参数：饱和压力增加，对应的饱和温度升高；饱和压力降低，对应的饱和温度也降低。例如，当水的饱和压力是1atm时，其对应的饱和温度是100℃；反之，当水的饱和温度是100℃时，其对应的饱和压力是1atm。处于饱和状态下的液态水称为饱和水；处于饱和状态下的汽水混合物称为湿饱和蒸汽；处于饱和状态下的气态蒸汽称为干饱和蒸汽，或称为饱和蒸汽。

（3）汽化和沸腾　汽化是指物质从液态变为气态的相变过程。汽化包括蒸发和沸腾两种形式。蒸发是发生在液体表面的汽化现象，蒸发在任何温度下都能发生，液体蒸发时需要吸热，温度越高，蒸发越快，此外表面积大、通风好也有利于蒸发。沸腾是当液体温度达到饱和温度时，在液体表面和内部同时进行的剧烈汽化现象，液体沸腾时需要吸热，沸腾时的温度称为沸点，其和饱和温度相等。蒸发与沸腾在相变上并无根本区别，都是从液相变为气相，二者都需要吸收热量。

（4）案例知识 火电厂锅炉汽包的“虚假水位”：锅炉汽包内的汽水混合物处于饱和状态，当汽包压力由于各种原因突然降低时，对应的饱和温度也相应降低，而汽包中的水温度变化滞后，高于饱和温度，因此汽包内的水自行汽化，水中的气泡增加，体积膨胀，使水位上升，形成虚假水位；当汽包压力突然升高时，对应的饱和温度提高，水中的气泡减少，体积收缩，促使水位下降，同样形成虚假水位。

本案例主要涉及两个知识点：一是水蒸气的饱和压力与饱和温度之间的对应关系，饱和压力提高，饱和温度也随之提高，反之亦然；二是温度和压力的特点不同，压力变化速度快，而温度变化滞后于压力变化。

（5）前沿知识 饱和蒸气压力是物质的基础热力学数据，在能源、环境、石油、化工、冶金、航空、航天、医药等领域都有着广泛的应用。以石油行业为例，管输原油饱和蒸气压是原油稳定设计和输送管道设计的重要参数，蒸气压是表示油品蒸发性能、起动性能、生成气阻的倾向及储运时损失轻馏分多少的重要指标之一。

1）根据饱和蒸气压，可判断油品挥发性的大小。油品的饱和蒸气压越大，则挥发性也越大，所含的低分子烃类也越多，越容易汽化，与空气混合也越均匀。发动机油品蒸气压大，意味着进入气缸内的混合气燃烧得越完全，可保证发动机顺利工作，同时减少机件磨损，降低耗油量。

2）根据饱和蒸气压，可判断油品有无形成气阻的倾向。一般饱和蒸气压越大，形成气阻的倾向越大。蒸气压过高，油品会在管路中汽化，形成气阻，中断供油。相反，蒸气压过低，蒸发性能差，燃烧时来不及汽化，燃烧不完全，还会增加油品的消耗量。车用汽油的蒸气压超过规定数值时，易在输油管中形成气阻，从而会因不进油使发动机不能正常工作。

3）根据饱和蒸气压，可判断油品起动性能的好坏。蒸气压过低会影响油料的起动性能，并减少了燃烧性能良好的轻组分。因此根据不同的季节分别规定了对蒸气压的要求，如国家标准中分别规定了汽油在冬季和夏季的蒸气压指标。

4）根据饱和蒸气压，可判断油品储存和运输时的损失。一般饱和蒸气压越大，在储存时的蒸发损失也越大。若油品含轻组分越多，其蒸气压越高，在储存运输和使用过程中蒸发损失也越大。当储存、灌注及运输汽油时，轻质馏分总会有损失，根据饱和蒸气压可判断出轻质馏分的损失程度。汽油的蒸气压越大，在储存时的蒸发损失也越大。这不仅造成损失大，还污染环境，而且增大了着火的危险性。

3. 实验原理

本实验是通过电加热器对密闭容器中的水加热，使容器中的水达到饱和状态。饱和状态时水的汽化和凝结两个过程处于动态平衡，单位时间里离开液体的汽化分子数目等于凝结分子的数目，无论是水还是蒸汽的量都保持恒定不变。此时容器中的水处于饱和态，称为饱和水；水面以上的空间产生具有一定压力的蒸汽，称为饱和蒸汽。在饱和状态时，气、液两相具有相同的温度，称为饱和温度，气相的压力称为饱和压力。通过课前知识点的学习，可了解到饱和温度与饱和压力是一一对应的关系。

实验过程中改变电加热器的电压，使容器的加热量发生变化，从而产生不同压力下的饱和蒸汽。当密闭容器中为真空状态时（即不存在水蒸气外的其他气体），水沸腾后即处于饱和状态。通过本实验，可观察水蒸气的产生过程以及压力和温度对饱和状态的影响规律，测定水蒸气饱和压力与饱和温度的关系，理解液体温度达到对应于液面压力的饱和温度时，沸腾便会发生的基本概念。同时加深对蒸发、沸腾、汽化、液化、饱和状态、饱和温度、饱和压力、饱和水、饱和蒸汽等物理概念的理解。

4. 实验前测试

1）判断题：当干饱和蒸汽的压力确定时，可确定其状态。（　　）

2）判断题：当干饱和蒸汽的温度确定时，可确定其状态。（　　）

3）判断题：当湿饱和蒸汽的压力确定时，可确定其状态。（　　）

4）填空题：（　　）和（　　）是汽化的两种形式，（　　）是发生在液体表面的汽化现象，而（　　）是发生在液体内部的汽化现象。

5）思考题：对于饱和水和干饱和蒸汽，确定其状态需要几个独立参数？

6）思考题：同一压力下的饱和温度与沸腾温度（沸点）是否相同？饱和状态是否等同于沸腾状态？

3.5.2 实验部分（课中）

1. 实验装置

如图 3.5.2 所示，实验装置主要由加热密封容器（可视蒸汽发生器）、电接点压力表、可控数显温度仪、电压调节器、数显电压表、透明保护视窗等组成。采用电接点压力表的目的，除了观测压力外还可以限制压力的意外升高，起到安全保护作用。

实验过程中，打开电加热器对密闭容器中的水加热，当密闭容器中为真空状态时（即不存在水蒸气以外的其他气体），水沸腾后即处于饱和状态，其饱和压力与饱和温度是一一对应的。饱和蒸汽的压力由电接点压力表调节，温度由数显温度仪读出。

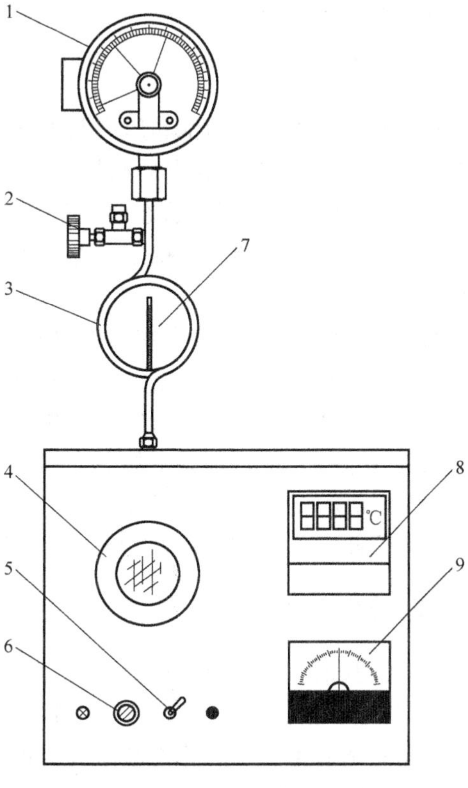

图 3.5.2　饱和蒸汽压力和温度关系实验装置图

1—电接点压力表　2—排气阀　3—缓冲器　4—可视蒸汽发生器　5—电源开关　6—电压调节器　7—温度计　8—可控数显温度仪　9—电流表

2. 实验操作

1）熟悉实验装置的工作原理、性能和使用方法。

2）将电压调节器旋钮调节至零位，然后接通电源。

3）调节电接点压力表的设定压力指针，对饱和蒸汽压力进行设定（注意压力应低于加热容器的最大允许压力）。当蒸汽压力达到

“设定压力”时，将自动切断加热器电流，停止加热。

4）缓慢旋转调压旋钮，调整输出电压为200V左右，使温度逐渐上升，再逐步将输出电压提高，待蒸汽压力升至接近设定压力时，将电压降至20～50V。由于热惯性，压力会继续上升。当压力达到设定值时，再适当调整电压，使工况稳定（在1min内温度上升或下降不超过0.2℃）。记录此时饱和蒸汽的压力和温度。

5）重复上述实验，在加热容器最高压力允许的范围内，取不少于10个压力值作为实验点，注意实验点应尽可能均匀分布。同时实验过程中仔细观察可视蒸汽发生器中发生的沸腾现象。

6）实验完毕后，将电压调回零位，断开电源。

7）记录实验环境的温度和大气压力。

3. 注意事项

1）实验装置通电后，需随时观察实验参数变化，不得离开。

2）加热过程应缓慢进行，电压调节器旋转时不宜幅度过大。

3）开启排气阀放气时，人应远离阀门防止被高温蒸汽烫伤。

4）实验台容器内部存在高压，并且有一定的承压范围，实验中压力不得超过容器的最大允许压力。

4. 实验工况

本实验进行水蒸气的饱和压力与饱和温度关系测定，所测参数主要是压力和温度，实验过程中需要至少10个实验点的测量，实验工况如下：

1）当密闭容器为真空状态时（即没有空气存在），容器中的汽水混合物随时处于饱和状态。此时只要压力和温度稳定，即可测定其饱和压力与饱和温度，注意观察实验过程中的核态沸腾现象。

2）当密闭容器为非真空状态时（即有空气存在），容器中的空气会影响正常实验结果，正常实验时应排除容器中的空气。首先对容器中的水进行加热，水沸腾后打开压力表下方的排气阀放气，待容器中的蒸汽压力下降至略高于环境压力时关闭排气阀。重复以上操作，通过两次放气过程，可将容器中的空气排除干净。

3）当密闭容器中有空气存在时，可作为一组非正常实验工况，测定饱和压力和饱和温度关系的实验数据，并将实验数据与正常实验工况的数据进行比较，分析两者误差产生的原因。

5. 分组研讨

正式实验前，学生通过分组研讨，确定实验方案和实验工况。

1）讨论正常工况下（无空气）水蒸气饱和压力和饱和温度的关系。

提示：随着饱和压力的逐渐增大，饱和温度逐步升高。

2）讨论非正常工况下（有空气）水蒸气饱和压力和饱和温度的关系。

提示：二者仍然是对应关系，但空气对实验结果有影响。

3）讨论容器中无空气和有空气时，容器中水的加热过程特点。

提示：无空气时加热过程近似为湿饱和蒸汽区的定容加热过程；有空气时，前期为压力和体积都增大的过程，后期近似为定容过程。

6. 实验数据

（1）实验数据表格　将实验测得的饱和压力与饱和温度数据填入表 3.5.1 中。

表 3.5.1　饱和蒸汽压力和温度关系实验数据

实验序号	饱和压力/MPa			饱和温度/℃		绝对误差	相对误差
	压力表读数 p_g	大气压力 p_b	绝对压力 $p=p_g+p_b$	温度计读数 t'	理论值 t	$\Delta t=t-t'$	$\frac{\Delta t}{t}\times 100\%$
1							
2							
3							
⋮							

将实验数据与附表 5 中的理论数据相对比，计算绝对误差与相对误差，并分析产生误差的原因。

（2）实验数据处理　绘制饱和压力与饱和温度的 p-t 关系曲线，将实验数据点标记在坐标图上，清除偏离点，绘制曲线，并获得实验数据的拟合关系式。

在对数坐标下，饱和蒸汽压力和温度近似满足线性关系，饱和蒸汽压力和温度的关系可近似用以下经验公式进行关联拟合：

$$t=mp^n$$

$$\ln t=\ln m+n\ln p \tag{3.5.1}$$

式中，t 是温度，单位为℃；p 是绝对压力，单位为 MPa；m 和 n 是由实验数据得到的拟合参数。

将实验曲线绘制在双对数坐标图上，$\ln p$-$\ln t$ 关系基本呈一条直线，水蒸气饱和压力与饱和温度的关系式可近似整理成经验公式：

$$t=100p^{0.25} \tag{3.5.2}$$

查找实验对应的工质饱和蒸气压状态方程，与实验所做的数据进行拟合方程，进行对比误差分析。

水和水蒸气的科学标准（IAPWS95 方程）中，其饱和蒸气压的状态方程为

$$\ln p_r=[-7.85951783(1-T_r)+1.84408259(1-T_r)^{1.5}-11.7866497(1-T_r)^3+$$
$$22.6807411(1-T_r)^{3.5}-15.9618719(1-T_r)^4+1.80122502(1-T_r)^{7.5}]/T_r$$

式中，$p_r=p/p_{cr}$，p 为饱和蒸气压力，单位为 MPa，p_{cr} 为临界压力，取 22.064MPa；$T_r=T/T_{cr}$，T 为饱和蒸气温度，单位为 K，T_{cr} 为临界温度，取 647.096K。

利用饱和蒸气压方程式计算所做实验压力下的饱和水温度，简述计算程序或计算原理，计算结果保留 6 位有效数字。

3.5.3　拓展部分（课后）

1. 思考问题

1）大气压力变化对实验有何影响？如何减少测量误差？

2）密闭容器中如果有空气，对实验结果有何影响？

3）通过实验中压力和温度的调节过程，观察两个参数具有什么特点。

2. 实验拓展

1）查阅文献分析不凝结气体对饱和状态的影响，分析实际加热过程的特点并在 p-V、T-s 图上表示，分析实验数据和水蒸气表理想数据存在误差的主要原因。

2）除实验中采用的饱和蒸汽温度、压力测定装置外，查阅资料了解其他实验装置，与本实验装置相比有哪些改进？

3. 知识拓展

1）查阅资料深度理解饱和状态，分析不凝结气体对饱和状态的影响。

2）实验中密闭容器中的沸腾现象属于小容积核态沸腾，通过“传热学”课程中沸腾换热的相关内容，分析实验中沸腾过程的主要特点。

3.6 饱和蒸气 p-t 关系测定及超临界相态实验

3.6.1 理论部分（课前）

1. 实验目的

饱和蒸气 p-t 关系测定及超临界相态实验的主要目的：

1）通过不同工质饱和蒸气压力和温度关系实验，加深对饱和状态的理解。

2）通过对实验数据的整理，掌握不同工质饱和蒸气 p-t 关系曲线编制方法。

3）通过对不同工质临界状态和超临界相态的观测，掌握跨临界区工质的主要特性。

4）观察临界状态下的气液界面模糊不清现象和临界乳光现象，观察超临界相态下流体的超流动特性。

5）加深对三相点、饱和状态、饱和压力、饱和温度、临界状态等基本概念的理解。

重要概念的理解：物质的饱和压力与饱和温度是一一对应的关系；不同物质的临界温度、临界压力等参数不同且唯一确定；处于临界状态、超临界相态的物质具有特殊的性质，包括大比热容特性、临界乳光现象、临界慢化现象、超临界流动现象等。

2. 涉及知识点

（1）三相点 任何一种物质都存在三种相态——气相、液相、固相，图 3.6.1 所示为常见物质的相态图，如图所示，三相平衡态共存的点叫三相点，气、液两相相界面消失的状态点叫临界点。在临界点时的温度和压力称为临界温度和临界压力，不同物质临界点的压力和温度各不相同但唯一确定。

（2）临界状态 在气液临界状态点附近，物质的密度、黏度、比热容、压缩性等物理性质会发生巨大变化。同时，处于临界状态、超临界相态的物质会发生很多独特的现象，包括临界乳光现象、临界慢化现象、超临界流动现象等。对这些现象的研究有利于掌握物质临界和超临界下的特殊性质并在各领域中进行研究和应用。例如，处于临界状态的 CO_2 在长距离管道中的输送技术，超临界技术在工业节能、天然物萃取、微细颗粒制备、聚合反应、催化过程、超临界色谱等领域的应用，临界乳光现象在地震预报中的前瞻性研究等。

单组分流体在临界状态具有以下三个典型特征：①液相与气相间的性质差异逐渐消失，二者的密度相同，为均一相态；②压缩系数发散，表现为等温压缩系数值逐渐趋于无穷大；③临界乳光现象，即可见光的散射使流体颜色发生变化的现象。

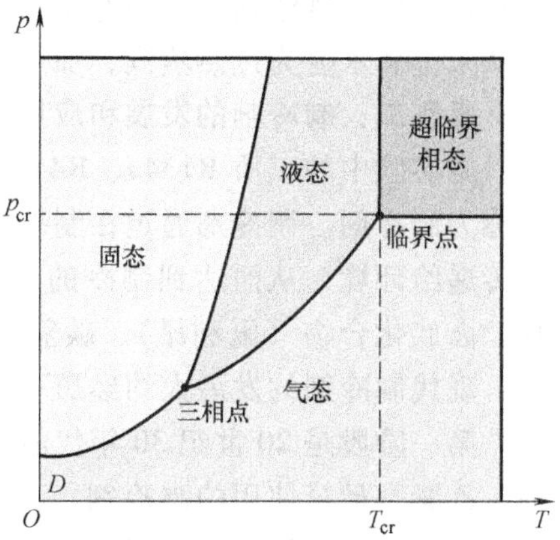

图 3.6.1　常见物质的相态图

虽然临界状态点在相态图上只是一个孤立的点，但是发生在它附近的现象却非常丰富，统称之为临界现象，这些现象中就包括独特的临界乳光现象。

(3) 临界乳光现象　在透明的物体中，如果物质分子的密度没有涨落，光就只有折射和反射，而不会有分子散射，所以分子散射实际上是一种涨落现象。在一般的情况下，物质分子的密度涨落很小，所以由于散射而使光减弱的程度也很小，此时不足以引起气体或液体发生相变。但当物质接近临界状态时，密度的涨落变得特别大，当涨落大到一定程度时就会发生相变。

由涨落现象引发的强烈散射使原来透明的物质变混浊，光线照射在其上，就会发生强烈的分子散射。散射强度对波长的依赖变弱，原来透明的气体或液体在接近临界点时变得浑浊起来，呈现不透明的乳白色现象，这种现象称为临界乳光现象。

(4) 案例知识

案例一：亚临界电厂和超临界电厂水的加热过程。

火电厂主蒸汽是通过水在锅炉内定压加热汽化过程而产生的。水蒸气的产生经历三个阶段：预热阶段为未饱和水→饱和水；汽化阶段为饱和水→湿饱和蒸汽→干饱和蒸汽；过热阶段为干饱和蒸汽→过热蒸汽。

亚临界电厂和超临界电厂水的汽化过程不同，电厂锅炉的形式也完全不同。亚临界电厂锅炉中水的加热经历了汽化阶段，从饱和水变为湿饱和蒸汽再变为干饱和蒸汽，即加热过程中有湿饱和蒸汽（汽水混合物）存在；而超临界电厂锅炉中水的加热过程是直接从未饱和水变为过热蒸汽，即没有湿饱和蒸汽（汽水混合物）存在。

通过图 3.6.2 水的定压加热过程，可明显看出两者的不同。亚临界压力下的加热过程为曲线 ab，水的加热经历汽化阶段，即 1-2-3 过程，经历饱和水 1→湿饱和蒸汽 2→干饱和蒸汽 3，即加热过程存在湿饱和蒸汽；超临界压力下的加热过程为曲线 mn，水的加热无汽化阶段，直接为 4-5 过程，从未饱和水 4→过热蒸汽 5，即加热过程不存在湿饱和蒸汽。因此亚临界电厂锅炉和超临界电厂锅炉的形式亦不同，亚临界电厂锅炉称为汽包炉，水在锅炉水冷壁汽化后首先进入汽包（亦称为锅筒）对汽水混合物进行分离，分离后的干饱和蒸汽进入过热器加热为过热蒸汽，分离后的饱和水通过下降管

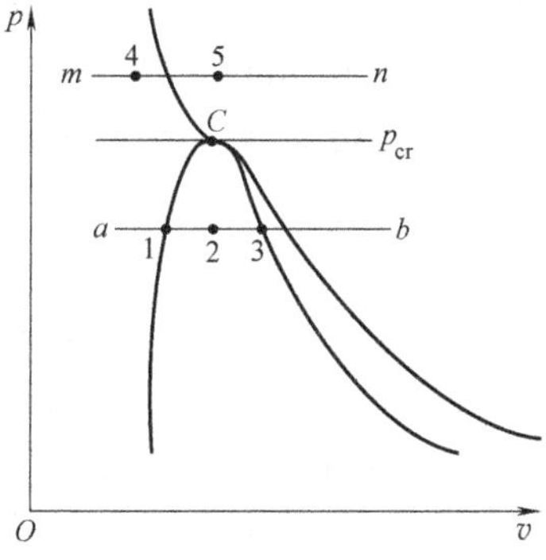

图 3.6.2　水的定压加热过程

回到水冷壁中继续加热。而对于超临界电厂，不存在汽包进行汽水分离，水在锅炉加热后直接从未饱和水变为过热蒸汽，加热过程属于整体相变过程，无汽水混合物的逐渐汽化阶段。

案例二：制冷剂的发展和应用。

本实验中的工质 R134a、R410a、R600a、R236fa、CO_2 都可作为制冷循环的工作介质，亦称为制冷剂。制冷剂通过在制冷装置的蒸发器中汽化并吸收热量，在冷凝器内凝结并将热量传递给环境，从而达到制冷的目的。根据制冷剂的化学成分，可将制冷剂分为无机化合物、卤族化合物（氟利昂）、碳氢化合物和共沸混合物四种。

现代制冷剂的发展大约经历了三个阶段：

第一阶段是 20 世纪 30 年代前，主要以无机化合物如空气、二氧化碳、氨、水作为制冷剂。乙醚是最早使用的制冷剂，其缺点是易燃、易爆、蒸发压力低于标准大气压；1866 年威德豪森提出使用二氧化碳作为制冷剂；1870 年卡尔・林德采用氨作为制冷剂；1874 年拉乌尔・皮克特采用二氧化硫作为制冷剂。

第二阶段是 20 世纪 80 年代前，以氟利昂系列制冷剂作为代表，氟利昂是饱和烃卤代物的总称，主要分为三类，包括氯氟烃类、氢氯氟烃类、氢氟烃类。氯氟烃类，简称 CFC，主要包括 R11、R12、R13、R14、R15、R500、R502 等；氢氯氟烃类，简称 HCFC，主要包括 R22、R123、R141、R142 等。20 世纪 80 年代，科学家确认 CFC 和 HCFC 是引起臭氧层破坏和温室效应的危害物质，开始了 CFCs（氯氟烃）和 HCFCs（氢氯氟烃）的限制与替代工作。

第三阶段是 20 世纪 80 年代至今，进入了以 HFCs（氢氟烃）为主的时期，以 R134a 等替代工质作为标志。氢氟烃类，简称 HFC，主要包括 R134a（R12 的替代制冷剂）、R125、R32、R407C、R410a（R22 的替代制冷剂）、R152 等，这些替代工质的臭氧消耗潜能 ODP 值为 0，但气候变暖潜能 GWP 值仍较高。

制冷剂的环境指标主要包括两个方面：

臭氧消耗潜能 ODP（ozone depletion potential）值：是用来评价化合物破坏臭氧层能力的指标。是以 R11（即 CFC-11）的 ODP = 1 为基准，所有其他化合物 ODP 值代表相对于 R11 损耗臭氧的程度。

全球变暖潜能 GWP（global warming potential）值：制冷剂的温室效应也得到了关注，GWP 值也是在一个相对的基础上计算出来的，以 CO_2 的 GWP 值为 1，可获得其他温室气体的相对 GWP 值。

新型环保替代工质应选用 ODP 值为 0（即不含氯）、GWP 值尽可能小的物质。从目前的研究看，R32、R125、R134a、R143a、R152a、CO_2 和 HCs 类物质（碳氢化合物，如丙烷 R290、丁烷 R600、异丁烷 R600a 等）以及它们的混合物都是较好的替代工质。为实现低碳经济，低温室效应的制冷剂获得了广泛的重视和应用，天然工质如 CO_2、碳氢化合物已成为新一代制冷剂。

(5) 前沿知识 超临界流体（super critical fluid）是指温度和压力均高于其临界状态点参数的流体，常用来制备的超临界流体有二氧化碳、水、氨、乙烯、丙烷、丙烯等。与一般流体相比，超临界流体具有一些特殊性质，主要体现在以下几个方面。

1）优良的物性：超临界流体具有与气体接近的黏度、扩散性质，与液体相近的密度、热传递性质以及对高沸点物质的溶解能力。与常温、常压下的气体以及液体的物理性质相比，接近液体密度使超临界流体具有很强的溶解能力。同时，黏度与气体接近、扩散系数大于液体，表征超临界流体具有很好的传质性能。此外，超临界流体没有气液分界面，表面张力为 0，有利于其进入多孔物质。

2）参数敏感性：超临界流体的密度和其他性质随着温度或压力的微小变化而出现大幅度改变，在临界点附近尤为显著。因此，可以通过调节体系的温度和压力控制其热力学性质、传热性质、传质性质以及化学性质（反应速率、选择性和转化率等）。

3）物理化学性质：相比于常温常压下的流体，超临界流体的物理化学性质发生了很大的变化。例如，和常温常压时相比，超临界水的氢键作用明显减弱，介电常数明显减小，极性降低，更加接近甲醇、乙烷等有机溶剂，因此有机物在超临界水中的溶解度很大。与有机物的高溶解度相比，无机盐在超临界水中的溶解度非常低，并且随水的介电常数减小而减小，当温度大于 475℃时，无机物在超临界水中的溶解度急剧减小，呈盐类析出或以浓缩盐水的形式存在。

利用超临界流体的特殊性质，可以在萃取技术、材料制备、化学反应、超临界色谱等方面实现常规流体很难实现的一些功能，因此超临界流体有着广阔的应用空间与前景。

3. 实验原理

本实验是通过电加热器对密闭容器中的工质加热，使容器中的工质达到亚临界状态、临界状态、超临界状态。由于容器是完全真空状态，因此在临界压力以下工质始终处于饱和状态，可测定其饱和压力与饱和温度之间的关系。在饱和状态时，气、液两相具有相同的温度，称为饱和温度，气相的压力称为饱和压力，饱和温度与饱和压力是一一对应的关系。本实验与 3.5 节饱和蒸汽压力和温度关系实验不同之处主要有以下几个方面：

1）实验工质不同：本实验工质为低沸点的制冷剂工质，包括 R134a、R410a、R600a、R236fa、CO_2 等，而实验 3.5 的工质是水蒸气。

2）实验参数不同：本实验中工质的特点是临界参数都比较低，有利于可视化观测其临界状态和超临界相态，实验 3.5 虽然可测定饱和压力与饱和温度之间的关系，但由于水的临界压力比较高（22.064MPa），目前还无法对其临界状态进行可视化观测。

3）实验目的不同：实验 3.5 主要是测定水蒸气的饱和压力与饱和温度的关系，而本实验除测定饱和蒸气的压力和温度关系外，还需要观测临界状态和超临界相态下的实验现象。

4. 实验前测试

1）判断题：饱和蒸汽与饱和蒸气的含义完全相同。（　　）

2）判断题：二氧化碳可作为制冷装置中的制冷剂。（　　）

3）填空题：在临界状态点附近存在（　　）、（　　）、（　　）现象。

4）思考题：本实验和实验 3.5 饱和蒸汽压力和温度关系实验的不同点是什么？

5）思考题：本实验中选用制冷剂而不是水作为工质对其临界状态及超临界相态进行实验研究，为什么？

3.6.2　实验部分（课中）

1. 实验装置

实验装置如图 3.6.3 所示，主要包括蒸气发生系统和数据采集系统两部分，蒸气发生系统包括可视高压蒸气发生器、加热器、冷却水套、半导体制冷、排液阀、实验工质；数据采集系统包括温度传感器、压力传感器、调压器、上位机（触摸屏）。本实验装置可做多种工质（R134a、R410a、R600a、R236fa、CO_2 等）的饱和蒸气压力和温度关系及超临界相态实验，加热温度最高可达 150℃，系统承压最高可达 10MPa。

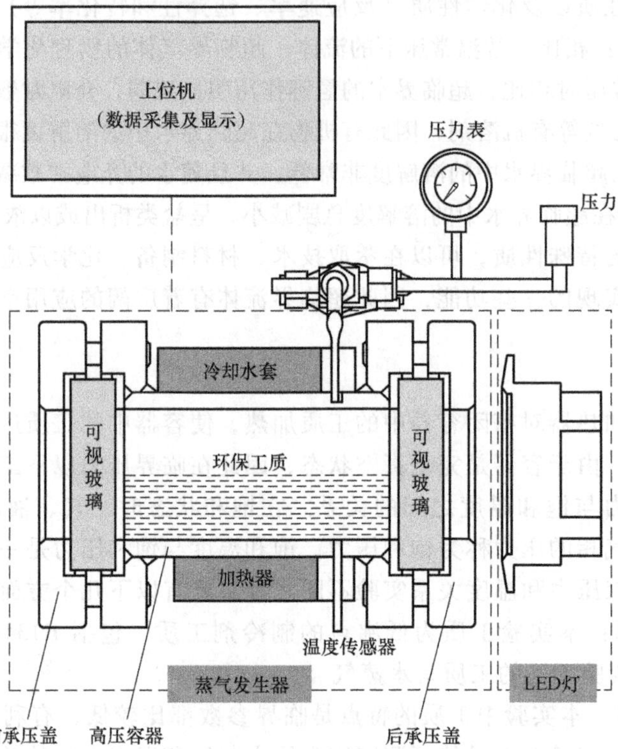

图 3.6.3　超临界相态实验装置图

2. 实验操作

1）接通电源，检查可视窗口内工质状态和液位高度是否正常。点击触摸屏“*p-t* 实验”，进入实验界面。

2）在触摸屏上选择加热控制方式，可输入加热电压（推荐 80~100V）或设定加热温度，使工质温度升高到某温度（不低于 30℃）。达到此温度后，将加热电压降低为 20V 左右缓慢加热，恒定 5min 后的数据可作为稳定工况数据。

3）待气相和液相之间的温差小于设定值，点击“采集数据”，作为当前工况下的稳定工况数据。在亚临界压力和温度范围内，取不少于 10 个压力值作为实验点，注意实验点应尽可能均匀分布。

4）调整加热电压（推荐 20~60V），继续加热工质，待工质压力逐渐升高到临界压力附近时，观测临界状态现象。当工质压力超过临界压力后，观测超临界相态，并记录超临界压力和温度数据。

5）工质达到超临界以后，在触摸屏上开启冷却水降温开关，将工质压力降低到亚临界压力，观测降温过程中的临界状态现象。

6）通过数据采集 USB 端口复制本次实验数据，在触摸屏上点击“数据导出”储存实验数据。

7）实验完毕后，触摸屏上打开“冷却水降温开关”约 10min，使工质冷却到接近室温。

8）在触摸屏上点击“结束实验”和“关机”键，随后关闭电源开关。

3. 注意事项

1）实验前需点击“开始实验”，否则不会记录原始数据。

2）实验装置通电后，需随时观察实验参数变化，不得离开。

3）实验台容器内部存在高压，若超压报警，应及时通水冷却。

4. 实验工况

本实验进行多种工质（R134a、R410a、R600a、R236fa、CO_2 等）在亚临界、超临界、临界状态范围的可视化实验，所测参数主要是压力和温度，主要实验工况如下：

1）不同工质亚临界压力下饱和压力与饱和温度关系测定实验，需要至少 10 个实验点的测量。

2）对不同工质在临界状态和超临界相态下的现象进行观察，包括临界乳光现象、超临界流动现象等。

3）对不同工质亚临界至超临界升温过程的实验现象，以及超临界至亚临界降温过程的实验现象进行比较分析。

5. 分组研讨

正式实验前，学生通过分组研讨，确定实验方案和实验工况。

1）讨论饱和压力与饱和温度关系测定实验工况的参数条件。

提示：亚临界参数具有饱和状态，超临界参数无饱和状态存在。

2）工质临界状态和超临界相态现象观测时需要注意的事项。

提示：主要考虑升温条件以及降温条件对现象观测的影响。

3）不同工质实验，实验参数设定和实验加热过程是否不变。

提示：不同工质的临界压力和临界温度不同，因此实验参数设定不同。加热过程的设定也不同，如 CO_2 气体的临界温度比较低，因此加热过程需缓慢进行，防止温度上升过快。

6. 实验数据

（1）实验数据表格　按照不同工质进行实验，将每种工质的饱和温度和饱和压力的实验数据填入表 3.6.1 中（每种工质为一个表格）。

将实验数据与附表 6 中的理论数据相对比，计算绝对误差与相对误差，并分析产生误差的原因。

（2）实验数据处理　绘制不同工质的饱和温度与饱和压力的 p-t 关系曲线，将实验数据标记在坐标图上，清除偏离点，绘制曲线，并获得实验数据的拟合关系式。

在对数坐标下，饱和蒸气压力和温度近似满足线性关系，饱和蒸气压力和温度的关系可近似用以下经验公式进行关联拟合：

表 3.6.1 饱和蒸气温度压力关系实验数据

工质名称：　　　临界压力：　　MPa　　临界温度：　　℃

实验序号	饱和压力/MPa		饱和温度/℃		绝对误差	相对误差
	压力读数 p'	绝对压力 $p=p'$	温度读数 t'	理论值 t	$\Delta t=t-t'$	$\frac{\Delta t}{t}\times 100\%$
1						
2						
3						
⋮						

$$t=mp^n$$

$$\ln t=\ln m+n\ln p \tag{3.6.1}$$

式中，t 是温度，单位为℃；p 是绝对压力，单位为 MPa；m 和 n 是由实验数据得到的拟合参数。

根据式（3.6.1），将实验曲线绘制在双对数坐标图上，$\ln p$-$\ln t$ 关系基本呈一条直线，同样可获得对数坐标下的实验数据拟合关系式。

3.6.3 拓展部分（课后）

1. 思考问题

1）实验过程中为什么气相和液相之间有一定的温差？

2）不同工质的饱和蒸气压测量的不确定度来源有哪些？

3）为什么临界乳光现象从产生到消失的温度区间非常小？

2. 实验拓展

1）分析实验容器中的加热过程是什么过程？在 p-v 图和 T-s 图上如何表示该过程？

2）实验中所测压力为绝对压力还是相对压力？查阅资料了解压力传感器的类型和特点。

3）查找实验对应工质的饱和蒸气压状态方程，与实验所做的数据进行拟合方程，进行对比误差分析，分析误差产生原因。

3. 知识拓展

1）通过对临界乳光现象、超临界流动现象的观测，查阅相关文献，对现象进行分析和解释，并了解其在工程中的应用情况。

2）查阅相关文献，了解超临界流体在天然物萃取、微细颗粒制备、聚合反应、催化反应过程、超临界色谱等领域的应用情况。

3）通过“工程热力学”实验已经初步了解了超临界工质的一些性质。查阅相关文献，对跨临界工质性质研究的学科前沿课题进行深入调研，写一篇小论文。

3.7 空气绝热节流效应测定实验

3.7.1 理论部分（课前）

1. 实验目的

空气绝热节流效应测定实验的主要目的：

1）巩固和验证空气节流过程的基本理论。

2）掌握微分节流效应和积分节流效应的联系和不同。

3）掌握节流实验装置的主要原理和实验设计方法。

4）通过对实验数据的处理，掌握绝热节流效应曲线的绘制方法。

5）加深对回转曲线、回转温度、冷效应区、热效应区等基本概念的理解。

重要概念的理解：空气节流后压力下降，节流后温度的变化规律取决于空气的状态，节流后可为冷效应、热效应或零效应；绝热节流效应可分为微分节流效应和积分节流效应两种形式，二者的实验测定方法不同；焦耳-汤姆孙（也译作汤姆逊）系数用于判断节流后温度的变化情况，其由微分节流效应测定。

2. 涉及知识点

（1）绝热节流　流体流经阀门、孔板等设备以及制冷机中制冷剂流过毛细管时，由于局部阻力，使流体压力降低的现象称为节流。如果节流过程中没有热量交换，称为绝热节流。图 3.7.1 所示为绝热节流过程及参数变化情况。

绝热节流过程的特点：①流体在阀门附近有强烈的扰动和涡流，流体处于极度不平衡状态，因此节流过程是典型的不可逆过程；②阀门附近虽然处于不平衡状态，但离阀门前后不远处的流体是处于稳定流动的平衡状态，节流前后流体的焓相等 $H_1=H_2$，但节流过程并不是定焓过程；③节流后流体压力下降 $p_2<p_1$，即节流过程有压力损失；节流过程是典型的不可逆过程，过程中因为有熵产，因此节流过程是熵增过程 $S_2>S_1$。

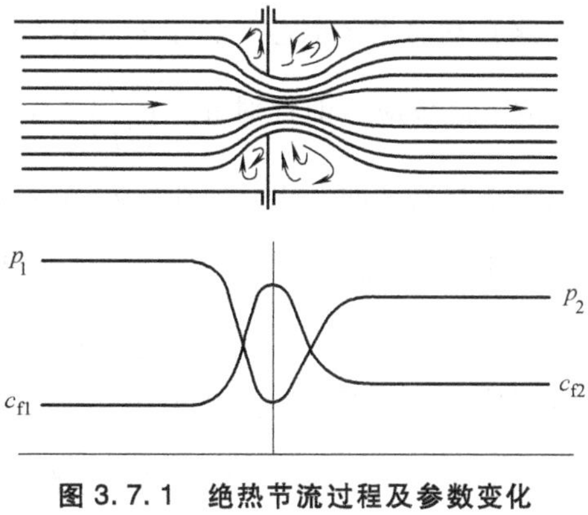

图 3.7.1　绝热节流过程及参数变化

（2）焦耳-汤姆孙系数　焦耳-汤姆孙系数用于判断节流后温度如何变化，其表达式为

$$\mu_J=\left(\frac{\partial T}{\partial p}\right)_h=\frac{T\left(\frac{\partial v}{\partial T}\right)_p-v}{c_p}$$

$T\left(\frac{\partial v}{\partial T}\right)_p-v>0$ 时，$\mu_J>0$，$dT<0$，节流后温度降低，称为节流冷效应。

$T\left(\frac{\partial v}{\partial T}\right)_p-v<0$ 时，$\mu_J<0$，$dT>0$，节流后温度升高，称为节流热效应。

$T\left(\frac{\partial v}{\partial T}\right)_p - v = 0$ 时，$\mu_J = 0$，$dT = 0$，节流后温度不变，称为节流零效应。

理想气体绝热节流后温度保持不变，而实际气体绝热节流后温度可能升高、降低或保持不变。

(3) 回转曲线和回转温度 任意选定某种实际气体进行绝热节流实验，使实际气体通过节流阀进行节流，实验过程的 T-p 图如图 3.7.2 所示。保证气体在节流前的状态 p_1、T_1 不变，改变调节阀的开度，改变节流后的压力 p_2，使其依次降到 p_{2a}、p_{2b}、p_{2c}、p_{2d}、p_{2e}，记录相应的温度读数 T_{2a}、T_{2b}、T_{2c}、T_{2d}、T_{2e}。这样就在 T-p 图上得到由 1、2a、2b、2c、2d、2e 所组成的一条等焓曲线。改变节流前入口气流的温度和压力，重新按上述步骤进行实验，可获得若干条不同焓值的等焓曲线。

注意：绝热节流前后气体的焓值相等，但并不意味着绝热过程是一个定焓过程，因为中间经历的状态都是非平衡态。而 T-p 图中实验数据点都是节流前或节流后的状态点，因此绘制出的曲线是等焓线。

对于等焓线有一温度的极值点（最大值），将这些极值点连接起来可获得一条曲线（即图 3.7.2 中虚线），这条曲线称为回转曲线。回转曲线把 T-p 图分为两个区间：当节流发生在曲线右侧时，节流之后流体的温度升高，称为热效应区；当节流发生在曲线左侧时，节流之后流体的温度降低，称为冷效应区。

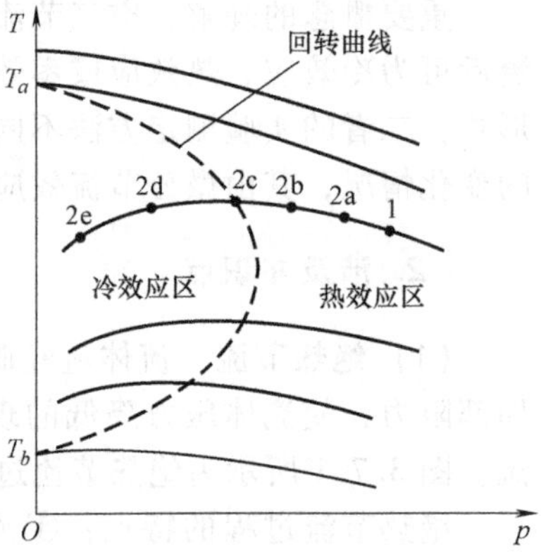

图 3.7.2 绝热节流过程 *T*-*p* 图

回转曲线与纵坐标有两个交点 a 及 b，点 a 的温度 T_a 称为最大回转温度，点 b 温度 T_b 称为最小回转温度，流体温度大于 T_a 或小于 T_b 时，节流将不能产生冷效应。

(4) 积分节流效应 以上对绝热节流的分析是针对微分时的节流效应，即针对 $\mu_J = \left(\frac{\partial T}{\partial p}\right)_h$ 而言，说明压力变化为无限小时温度的变化。但在实际节流过程中压力的降低为有限值 Δp，则此时温度的变化是 $\Delta T = T_2 - T_1$，而 $\Delta T = \int_{p_1}^{p_2} \mu_J \mathrm{d}p$，这种情况称为积分节流效应。

如图 3.7.2 中，点 1 虽然在热效应区，其微分节流效应系数 μ_J 小于 0，但如果从点 1 绝热节流后变化为点 2e，即压力由 p_1 降低到 p_{2e}，而温度由 T_1 降到 T_{2e}，其节流效应系数 $\mu_J \approx \left(\frac{\Delta T}{\Delta p}\right)_h$ 大于 0，温度并不是升高而是降低，即此时产生了节流积分的冷效应。

(5) 案例知识 绝热节流在工程中有很多应用，如节流在热网运行、气体输运、军事探测等方面的应用，利用节流的冷效应是低温制冷、气体液化的常用方法。

案例一：节流制冷在低温制冷方面的应用。

在低温制冷方面，利用节流的冷效应进行制冷主要是基于绝热节流原理，在焦耳-汤姆孙系数为正值的状态下，利用冷效应区来实现低温制冷的目的。以压缩蒸气制冷装置为例，主要设备由压缩机、冷凝器、节流阀、蒸发器组成。其工作过程为：①低温制冷剂在蒸发器中吸收热量，汽化为蒸气进入压缩机；②压缩机对低压蒸气进行压缩后形成高压蒸气，随后进入冷凝器；③高压蒸气在冷凝器进行放热，将热量排放至环境大气后形成液态制冷剂，随后进入节流阀；④节流阀亦称为膨胀阀，其作用是使制冷剂膨胀，在降低压力的同时降低温度，获得低温制冷剂，再次进入蒸发器中吸热汽化，达到循环制冷的目的。这样，制冷剂在系统中经过蒸发、压缩、冷凝、节流四个基本过程完成一个制冷循环。图 3.7.3 所示为压缩蒸气制冷装置工作原理图。

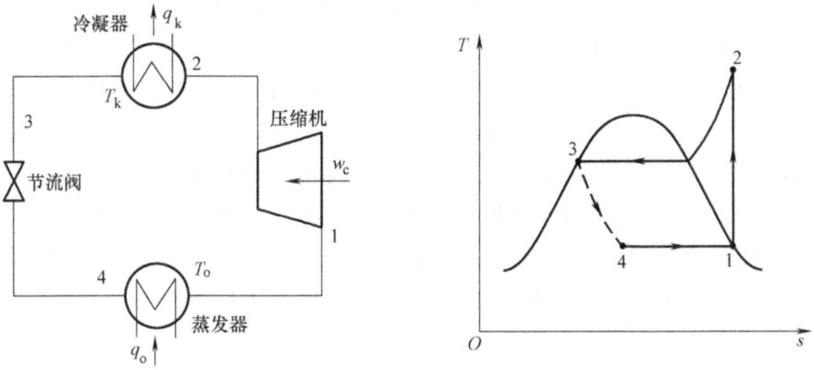

图 3.7.3　压缩蒸气制冷装置工作原理图

制冷装置中的节流元件主要有毛细管、节流孔板、手动节流阀、热力膨胀阀、电子膨胀阀等。在日常生活中的冰箱、空调常用毛细管作为节流元件，同样可实现降压降温的作用。

案例二：节流制冷在气体液化方面的应用。

节流的冷效应也常用于气体液化，早期的节流效应制冷器多用于液化沸点极低的气体工质（如氢气、氦气等）和对其液化后的存储。

以一次节流制冷液化装置为例，主要设备由压缩机、回热器、节流阀、储液器组成。其工作过程为：①气体在压缩机中进行等温压缩，形成高压气体，进入回热器；②高压气体在回热换热器中通过与低温气体进行逆流换热，预冷后进入节流阀；③节流阀中气体进行节流膨胀，温度进一步降低并液化为液态工质；④液态工质进入储液器中储存，储液器中蒸发的低压气体再次进入回热器的低压通道与高压气体进行换热，随后再次进入压缩机中压缩。这样，气体在系统中经过压缩、放热、节流、加热四个基本过程完成整个循环。此循环称为一次节流液化循环，是人类工业史上最早采用的液化循环，其由德国科学家卡尔·冯·林德和英国科学家威廉·汉普逊于 1895 年提出，也称为林德-汉普逊循环。图 3.7.4 所示为一次节流制冷液化装置的设备简图。

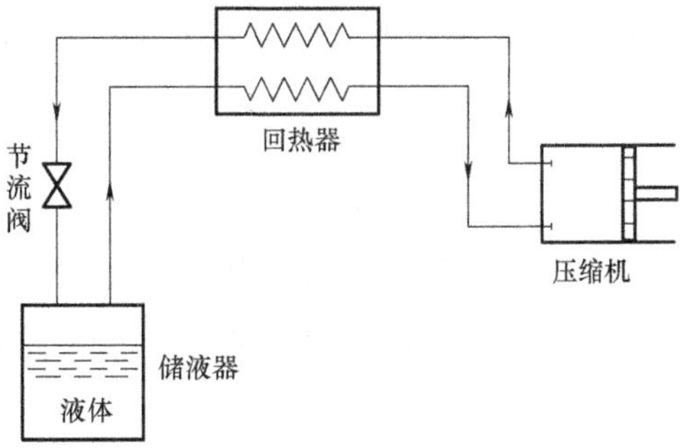

图 3.7.4　一次节流制冷液化装置的设备简图

(6) 前沿知识　近年来微型节流制冷器被广泛应用于军事、航空、航天、气象、医疗等高科技领域，可用作红外探测、激光制导、热成像技术、冷冻手术刀、电子设备冷却等的制冷器件。微型节流制冷器具有结构紧凑、降温迅速、无振动、噪声低、可靠性高等优点，其制冷温度可低至液氦温度（热力学温度为 46K），制冷量从几毫瓦至几百瓦。随着电子产品日益小型化，微型节流制冷器成为低温医学、低温电子学和军事国防等领域的关键技术。

3. 实验原理

1852年，英国科学家焦耳和汤姆孙（即开尔文）为进一步研究气体的热力学能，对焦耳气体自由膨胀实验做了改进，发现气体在通过多孔塞后，气体压力下降、体积膨胀、温度发生变化的现象。同时发现当高压气体通过截面突然缩小的断面（如管道上的针形阀、孔板等）时，由于局部阻力，气体的压力将会降低，温度同样会发生变化。

气体通过多孔塞或节流阀膨胀的过程称为绝热节流膨胀。节流过程中温度随压强变化的现象称为焦耳-汤姆孙效应（Joule-Thomson effect），指气体通过多孔塞或节流阀膨胀后所引起的温度变化现象。气体在节流前后温度一般要发生变化，同一种气体在不同条件（不同温度与压力范围）下，节流后温度可以升高，可以降低，也可能不变。

焦耳-汤姆孙实验中（实验原理见图3.7.5），气流在水平管中从高压端经多孔塞进行稳定绝热流动，多孔塞的作用是使气流承受阻塞，降低压力，实验管道外壁加装保温材料使实验符合绝热的要求，即维持气体与周围环境没有热交换的条件下对气体节流，测量其绝热节流前后的压力和温度。

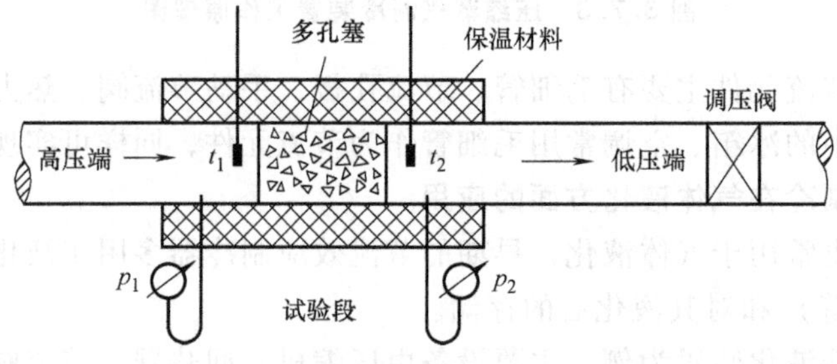

图3.7.5 焦耳-汤姆孙实验原理图

绝热节流效应分为两种形式，一种是微分节流效应，另一种是积分节流效应。其中微分节流效应指的是当节流前后流体压降无限小时引起的温度变化情况，此时节流前后温度随压力下降的变化率的微分值称为微分节流效应系数（即焦耳-汤姆孙系数）。

$$\mu_J = \left(\frac{\partial T}{\partial p}\right)_h \tag{3.7.1}$$

一般情况下，气体因节流引起的温度变化相对于气体的温度值来说是很小的量。如果将式（3.7.1）中的温度和压力的微分量用有限差值代替，所得结果与其结果十分接近。于是微分节流效应系数可以根据式（3.7.2）近似测定：

$$\mu_J \approx \frac{\Delta T}{\Delta p} \tag{3.7.2}$$

积分节流效应指的是节流前后流体压降比较大时引起的温度变化情况，积分节流效应可用节流前后的温度变化（T_2-T_1）表示，可以引入微分节流效应系数的积分值计算。积分节流效应（T_2-T_1）与微分节流效应系数 μ_J 的关系如下：

$$T_2 - T_1 = \int_{p_1}^{p_2} \mu_J \mathrm{d}p \tag{3.7.3}$$

或表示为

$$T_2 - T_1 = \sum_{p_1}^{p_2} \mu_J \Delta p \tag{3.7.4}$$

式中，p_1、T_1 是节流前气体的压力和温度，单位为 Pa 和 K；p_2、T_2 是节流后气体的压力和温度，单位为 Pa 和 K。

实验过程中，根据直接测定的不同压力降时的温度变化数据，在 T-p 图上可画出一条等焓线，等焓线的斜率即为式（3.7.1）所表示的微分节流效应系数。改变节流前气体的状态（节流前温度和压力）可获得不同焓值的等焓线，从而求得微分节流效应与温度和压力的关系曲线。积分节流效应测定有两种方法，一是利用微分节流效应数据，直接取较大压降范围内的温差值（T_2-T_1）；二是通过实验，测定节流前后压降较大时的温差值（T_2-T_1）。

4. 实验前测试

1）判断题：空气的绝热节流过程是定焓过程。（　　）

2）判断题：绝热节流过程是典型的不可逆过程。（　　）

3）判断题：微分节流效应和积分节流效应相同。（　　）

4）选择题：微分节流效应系数 μ_J 的定义式为（　　）。

A. $\mu_J = \partial T / \partial p$　　　　B. $\mu_J = \Delta T / \Delta p$

C. $\mu_J = T / p$　　　　D. $\mu_J = \mathrm{d}T / \mathrm{d}p$

5）选择题：实验中每一组工况的数据对应一条（　　）。

A. 等熵线　　　　B. 等焓线

C. 等温线　　　　D. 等压线

6）选择题：某工质节流效应系数为正值，可以利用节流现象制作（　　）。

A. 制冷机　　　　B. 加热器

C. 热泵　　　　D. 没有利用价值

7）填空题：当温度高于最大回转温度时只存在（　　　）效应区，低于最小回转温度时只存在（　　　）效应区。

8）思考题：理想气体经绝热节流过程后，温度、压力、比体积、热力学能、焓、熵等状态参数发生了什么变化？

3.7.2　实验部分（课中）

1. 实验装置

空气绝热节流实验装置主要包括绝热节流器本体、压力控制及调节器、压力传感器、温度传感器、数据采集和显示系统、恒温控制器和气源设备等。实验台可做空气绝热节流效应测定实验，同时可对实验台进行改造，做其他气体的绝热节流实验，加热温度最高可达 80℃，实验最高压力可达 1.0MPa。

图 3.7.6 所示为空气绝热节流实验装置图。空气压缩机 2 压缩的空气进入储气罐 1 后稳定压力，首先经过干燥器 7 除去空气中的水分，再进入恒温器（恒温水箱）8 中。恒温器为内部布置铜管构成的换热器，用于加热和稳定控制进入节流器 9 的空气温度。节流前的气体压力由进口阀门 6 调节，节流后的气体压力由出口阀门 11 调节，安装于节流器进气管道上

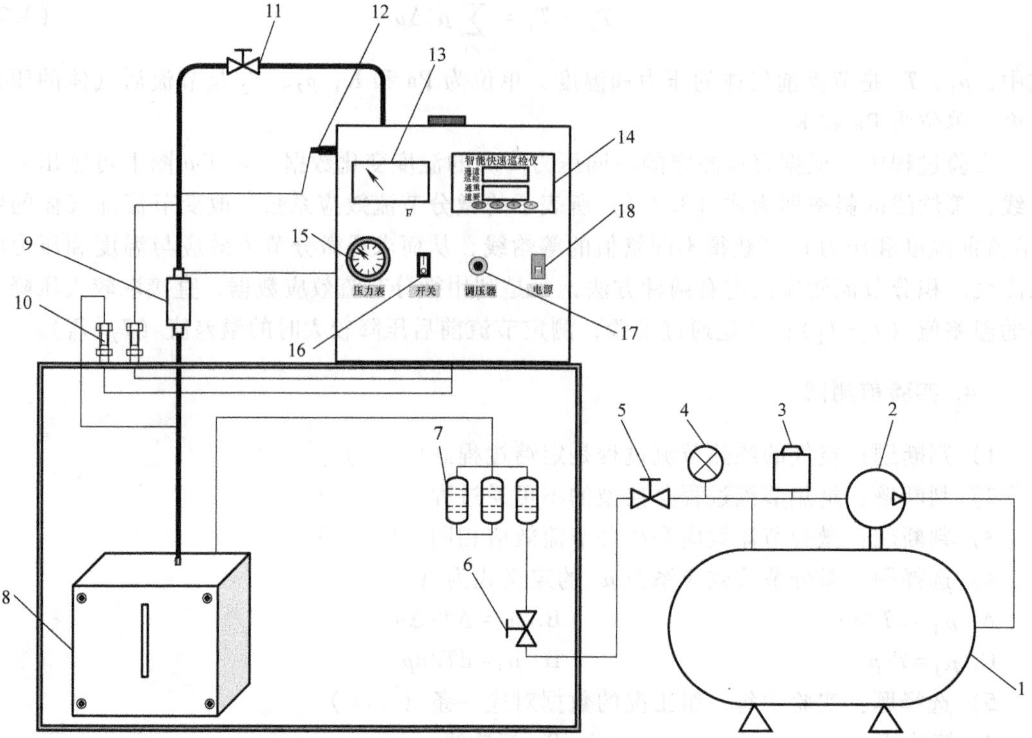

图 3.7.6　空气绝热节流实验装置图

1—储气罐　2—空气压缩机　3—空压机开关　4—空压机压力表　5—空压机阀门　6—进口阀门
7—干燥器　8—恒温器　9—节流器　10—压力传感器　11—出口阀门　12—温度传感器
13—电压表　14—巡检仪　15—压力表　16—加热开关　17—调压旋钮　18—电源开关

和排气管道上的压力传感器 10 用于测量气体的压力，检测数值由巡检仪显示。节流器 9 整体处于绝热材料中，进口测温热电阻和出口测温热电阻（温度传感器 12）用于检测进出口的空气温度，检测数值由巡检仪显示。

实验过程中，由于微分节流效应和积分节流效应实验测定方法不同，可通过改变节流器元件的形式或改变节流器内的填充材料，以应对不同的实验工况。

2. 实验操作

1）实验前由水箱后部的加水管加入蒸馏水，使水位达到标准显示线。在计算机上安装实验程序软件，同时将通信转换器插入计算机接口。

2）在电接点压力表上设置压力最大值，在巡检仪设置恒温器加热温度。打开恒温器加热开关，调节加热电压，对恒温水箱中的水进行加热。当恒温器达到设定温度时，打开空气压缩机开始实验。

3）首先打开节流器进口阀门，使空气进入节流器中。缓慢调节进口阀门开度，设定节流阀进口压力。

4）缓慢调节出口阀门开度，设定节流阀出口压力。待参数稳定后，记录节流阀进口和出口的压力和温度数值。

5）重复实验步骤 4），在保持节流阀进口压力和温度不变的条件下，共记录至少 6 组实验数据。

6）通过设定恒温器温度从而改变节流阀进口温度，重复步骤 4）和 5），做 3 组不同进口温度下的实验。

7）实验台连接计算机后，可通过数据采集软件直接读出测量值及计算值。

8）实验结束，关闭空气压缩机，将加热电压调为零，关闭加热开关，关闭电源总开关。

3. 注意事项

1）实验装置通电后，需随时观察实验参数变化，不得离开。

2）加热过程应缓慢进行，电压调节器旋转时不宜幅度过大。

3）注意压气机的良好通风和散热，防止压气机连续工作超温。

4）实验台容器内部存在高压，并且有一定的承压范围，实验中压力不得超过容器的最大允许压力。

4. 实验工况

本实验进行空气在不同初始参数下的绝热节流实验，实验中所测参数主要是压力和温度，主要实验工况如下：

1）节流前进口温度和进口压力确定时，不同出口压力下的微分节流效应实验。需要至少 8 个实验点的测量。

2）改变节流前进口压力时，不同出口压力下的微分节流效应实验。改变 3 组进口压力，每组实验至少做 8 个实验点。

3）改变节流前进口温度时，不同出口压力下的微分节流效应实验。改变 3 组进口温度，每组实验至少做 8 个实验点。

4）根据实验获得的微分节流效应数据以及计算获得的节流效应系数，绘制空气节流过程的 T-p 图，获得不同实验工况下的积分节流效应。

5. 分组研讨

正式实验前，学生通过分组研讨，确定实验方案和实验工况。

1）讨论空气绝热节流效应测定实验工况如何设计。

提示：实验过程中有 4 个参数，节流前、节流后的温度和压力。每组实验工况需要先确定节流前的温度和压力，再测定节流后的温度和压力。

2）讨论设计不同实验工况时，节流前温度和压力是否需要同时改变。

提示：不需要同时改变，每组实验只需要一个参数变化即可。当其中一个初始参数变化时，在 T-p 图上形成一条新的等焓线。

3）讨论如何测定气体的微分节流效应及积分节流效应。

提示：根据微分节流效应系数的计算公式，要求实验过程中的压降为较小值；而积分节流效应要求实验过程中的压降为较大值。

6. 实验数据

(1) 微分节流效应实验测定 实验时保持节流前的温度和压力不变，调节出口阀门，逐次改变节流后压力，每组实验均需在实验工况达到稳定后再记录节流前后的压力和温度。由于微分节流效应要求节流前后压力差尽量小，因此实验中要求节流器前后的压力差不超过0.05MPa。对于节流前温度变化的实验工况，初始节流前温度可为室温，随后每次可提高节流前温度10~20℃，再按上述步骤进行操作和测量。

对于微分节流效应，由于节流前后压降较小，节流器中填料可选取毛毡、棉絮、多孔泡沫等阻力较小的材料作为节流元件，测定其微分节流效应。

(2) 积分节流效应实验测定 实验时保持节流前的温度和压力不变，调节出口阀门，逐次改变节流后压力，每组实验均需在实验工况达到稳定后再记录节流前后的压力和温度。由于积分节流效应要求节流前后压力差较大，因此实验中要求节流器前后的压力差取为较大的压降值。

对于积分节流效应，由于节流前后压降较大，节流器可选取节流阀门、多孔陶瓷管等阻力较大的材料作为节流元件测定其积分节流效应。

(3) 实验数据表格 按照不同节流前温度和节流前压力的实验工况进行实验，将每个工况下的实验数据填入表3.7.1中（每个实验工况为一个表格）。

表3.7.1 空气绝热节流效应测定实验数据

实验工况：　　节流前温度：　　℃　　节流前压力：　　MPa

实验序号	节流前压力/MPa	节流前温度/℃	节流后压力/MPa	节流后温度/℃	绝热节流系数 μ_J
1					
2					
3					
⋮					

(4) 实验数据处理 对于微分节流效应，根据实测的节流前后压力和温度的各组数据，根据式（3.7.2）计算出空气微分节流效应系数的数值，通过以下两种方式表示出微分节流效应的实验结果：

1）通过列表的形式（表3.7.1）表示空气绝热节流前后压力和温度的关系，并计算微分节流效应系数μ_J。

2）通过T-p图的形式表示空气绝热节流前后温度和压力的关系。以节流前温度和压力为初始点，将实验数据点标记在坐标图上，绘制节流过程的等焓线，并通过数据拟合的形式，获得实验关联式。同时在等焓线上作出数据点的切线，求出空气在不同状态下微分节流效应系数的数值。

用列表（表3.7.1）和作图（T-p图）两种形式获得绝热节流系数的数值，将实验结果进行比较分析，获得微分节流效应实验的最终结论。

对于积分节流效应，根据实测的节流前后压力和温度的各组数据，通过列表的形式表示空气绝热节流前后压力和温度的关系，并计算积分节流效应下节流前后的温差值（T_2-T_1）。

根据微分节流效应的T-p图，比较微分节流效应和积分节流效应的联系和不同之处。分析空气经绝热节流后，其微分节流效应和积分节流效应是否始终保持一致，即微分节流效应和积分节流效应都是冷效应或热效应。

3.7.3　拓展部分（课后）

1. 思考问题

1）实验装置中，恒温器（恒温水箱）的作用是什么？

2）实验过程中，节流前的温度和压力需要同时变化吗？

3）通过理论部分学习，了解到空气属于理想气体，节流后温度保持不变，为什么还要做空气绝热节流实验，测定其冷效应或热效应？

2. 实验拓展

1）分析绝热节流过程的热力学特性，如何在 T-s 图和 h-s 图上表示该过程？

2）查阅资料，分析空气绝热节流的热效应、冷效应和零效应的发生条件。

3）可对实验工况进行扩展，如改变实验工质测定 CO_2 气体的节流效应，需要对实验装置做哪些改造？

3. 知识拓展

1）焦耳-汤姆孙系数是工质重要的物性参数，在研究物质的热力学性质方面有重要作用。查阅文献，了解焦耳-汤姆孙系数作为物性参数，在研究物质的热力学性质方面的作用。

2）绝热节流效应在工程上有很多应用，如节流在热网运行、气体输运、军事探测等方面的应用，利用节流的冷效应是低温制冷、气体液化的常用方法。通过查阅文献，对绝热节流的理论研究和工程应用进行深入调研，写一篇小论文。

3.8　活塞式压气机性能测定实验

3.8.1　理论部分（课前）

1. 实验目的

活塞式压气机性能测定实验又称为压气机综合性能实验，实验的主要目的：

1）了解活塞式压气机的工作原理和主要构造。

2）掌握压气机工作过程及在示功图上的表示方法。

3）掌握两种实验测试方法的装置、原理及不同数据处理方法。

4）能够对不同工况、不同测试方法的实验结果进行分析比较。

5）加深对压缩耗功、多变指数、定温效率、余隙容积、容积效率等基本概念的理解。

重要概念的理解：活塞式压气机存在余隙容积，使有效进气容积降低；随着增压比的增大，容积效率下降，生产量降低；可利用示功图获得压气机消耗功、多变指数、容积效率等性能参数。

2. 涉及知识点

(1) 压气机及其分类 压气机是生产压缩气体的设备，压气机应用广泛，种类繁多，但其工作原理都是消耗机械能（或电能）而产生压缩气体。按构造和工作原理不同，压气机可分为活塞式压气机和叶轮式压气机。活塞式压气机的结构为往复式活塞，特点是产生气体的压头较高，但产气流量较小；叶轮式压气机的结构为回转式叶轮，特点是产气流量较大，但产生气体的压头较低。本实验中所采用的压气机为活塞式压气机。

(2) 压气机工作原理 活塞式压气机主要由气缸、活塞、进气阀和排气阀组成，如图 3.8.1 所示。单级活塞式压气机的理想工作过程包括进气、压缩、排气 3 个阶段。①进气：首先是进气阀开启，活塞被机轴带动自左向右移动，外界气体经进气阀进入气缸，如图 3.8.1 线段 4-1 所示。②压缩：当活塞运动到“下止点”（往复运动的最右端位置）而开始回行时，进气阀立即关闭，活塞向左运动，对气缸中的气体进行压缩，如线段 1-2 所示。③排气：当气缸内气体的压力达到最终压力 p_2 时，压缩过程结束，排气阀开启，活塞继续左行将气体压出气缸，如线段 2-3 所示。④当活塞运动到“上止点”（往复运动的最左端位置）时排气阀关闭，活塞向右运行，又开始新一轮进气、压缩和排气过程。随着活塞不断往复运动，不断地将压力为 p_1 的气体压缩成压力为 p_2 的气体并排出。

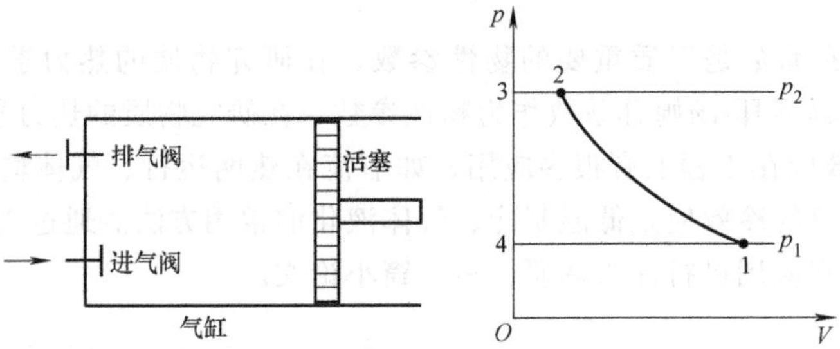

图 3.8.1 单级活塞式压气机工作过程

(3) 压气机性能参数 压气机的多变指数、定温效率和容积效率等参数是衡量压气机性能先进与否的重要参数。

1）多变指数（压缩指数）：活塞式压气机的压缩过程可看作理想气体的多变过程，满足以下方程式：

$$pV^n = 定值$$

式中，n 是多变指数，多变指数变化范围为 $1<n<\kappa$。

2）定温效率（压气机效率）：对于活塞式压气机，应尽可能使压缩过程接近于定温压缩，因此工程上采用定温效率作为活塞式压气机的性能指标。当压缩前后气体的初压 p_1 和终压 p_2 都相同时，可逆定温压缩过程消耗的功 $W_{C,T}$ 和实际压缩过程所消耗的功 $W_C{}'$ 之比，称为压气机的定温效率：

$$\eta_{C,T} = \frac{W_{C,T}}{W_C{}'}$$

3）容积效率：对于活塞式压气机，由于要布置安装进气阀、排气阀等零件，同时由于金属气缸的受热膨胀、制造公差等原因，活塞在排气过程中，运行到上止点位置时，活塞和气缸间仍存有少部分空隙，这部分空隙的体积称为余隙容积。图 3.8.2 中的 V_3 即为余隙容积。

余隙容积存在时，压气机的工作过程为进气 4-1、压缩 1-2、排气 2-3、膨胀 3-4 过程。同时由于余隙容积的存在，气缸的实际进气量小于理论进气量。容积效率的定义即为气缸有效进气量占气缸排量的比例，即实际进气量与理论进气量之比。

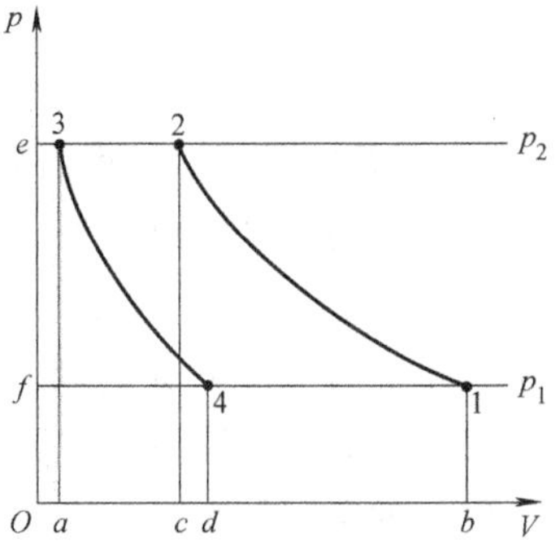

图 3.8.2　余隙容积存在时压气机工作过程

$$\eta_V=\frac{\text{有效进气量}}{\text{气缸排量}}=\frac{V_e}{V_d}=\frac{V_1-V_4}{V_1-V_3}$$

（4）霍尔式传感器　霍尔式传感器分为线型霍尔式传感器和开关型霍尔式传感器两种。开关型霍尔式传感器亦称为霍尔开关，传感器内含一种磁敏元件，可通过磁性感应器实现内部开关的开启或关闭。霍尔式传感器的检测对象必须是磁性物体，当接近磁性物体时，传感器内部磁敏元件因产生霍尔效应而使开关内部的电路状态发生变化，进而控制开关的通或断，同时传感器电路内产生脉冲信号并可对外输出。

压气机性能实验装置安装有开关型霍尔式传感器，用以确定压气机活塞的位置。对应压气机的一个工作周期，霍尔开关产生一个脉冲信号，数据采集板在脉冲信号的激发下，以预定的频率采集压力信号。霍尔开关可实现高速压力信号和活塞位移信号的同步自动采集，保证了压气机实际压缩过程的真实性和完整性。

（5）案例知识　压气机属于通用设备，广泛应用于能源、电力、机械、冶金、石油、交通、航空等各个领域。压气机可将气体体积缩小，压力增高，压缩后的气体具有一定的动能，可作为机械动力或其他多种用途。如火电厂锅炉的送风机和引风机、燃气轮机装置的压气机、压缩制冷装置的压缩机等都属于压气机的范畴。

压气机可按照其工作原理分为活塞式压气机和叶轮式压气机和叶轮式压气机又可分为离心式压气机和轴流式压气机。按照气缸中气体压缩次数可分为单级压气机、两级压气机、多级压气机。按照产生气体的压力范围可分为低压压气机（气体压力为 0.3～1.0MPa）、中压压气机（气体压力为 1.0～10.0MPa）、高压压气机（气体压力为 10～100MPa）、超高压压气机（气体压力为 100MPa 以上）。

3. 实验原理

本实验主要在不同增压比、采样频率的工况下，获得压气机的实际耗功、压气机效率、容积效率、平均压缩指数等性能参数。实验中采用两种方法获得实验数据：一是通过传统测量技术，测试压气机主要运行参数，包括压气机进出口压力、进出口温度、出口流量、电动机转速等；二是采用现代测试技术，实时测试压气机内压力变化的动态数据。通过对获得数据的处理和计算，从而获得压气机的不同性能参数。

（1）传统测量技术获得压气机性能参数

1）实际耗功 P_C'：此处压气机的实际耗功指实际压缩过程中所消耗的轴功率。压气机的电动机装有称重传感器，用于测量压气机工作时的力矩，进而计算其实际轴功率。

$$P_C{}'=M\omega=FL\frac{2\pi n}{60}=(G-G_0)L\frac{2\pi n}{60} \tag{3.8.1}$$

式中，$P_C{}'$是实际压缩过程消耗的轴功率，单位为 W；M 是感应力矩，单位为 N·m；ω 是电动机旋转角速度，单位为 rad/s；n 是电动机转速，单位为 r/min；F 是力臂作用力，单位为 N；L 是力臂长度，单位为 m，参见所用称重传感器尺寸；G 是电动机转动时称重传感器重量，单位为 N；G_0 是电动机未转动时称重传感器重量，单位为 N。

式（3.8.1）中，G、G_0、n 为实验测量参数，L 为称重传感器尺寸参数，通过计算可获得压气机的实际轴功率。

2）压气机效率 $\eta_{C,T}$：压气机可逆定温压缩过程消耗的功与实际压缩过程所消耗的功之比。

$$\begin{cases}\eta_{C,T}=\dfrac{P_{C,T}}{P_C{}'}=\dfrac{q_m w_{C,T}}{P_C{}'}\\ q_m=\dfrac{p_2}{R_g T_2}q_V\times10^{-3}\\ w_{C,T}=R_g T_1\ln\dfrac{p_2}{p_1}\end{cases} \tag{3.8.2}$$

式中，$P_{C,T}$ 是定温压缩过程消耗的轴功率，单位为 W；$P_C{}'$是实际压缩过程消耗的轴功率，单位为 W；$w_{C,T}$ 是单位质量气体定温压缩过程消耗的功，单位为 J/kg；q_V 是出口流量计流量，单位为 L/s，为压气机出口状态下体积；q_m 是压气机气体质量流量，单位为 kg/s；p_1 是压气机进口气体压力，单位为 Pa；p_2 是压气机出口气体压力，单位为 Pa；T_1 是压气机进口气体温度，单位为 K；T_2 是压气机出口气体温度，单位为 K；R_g 是气体常数，单位为 J/(kg·K)。

式（3.8.2）中，T_1、T_2、p_1、p_2、q_V、$P_C{}'$为实验测量参数，R_g 为气体常数，通过计算可获得压气机的定温效率。

3）容积效率 η_V：压气机的有效进气量与气缸排量之比。

$$\begin{cases}\eta_V=\dfrac{V_e}{V_d}\\ V_e=\dfrac{p_2}{p_1}\times\dfrac{T_1}{T_2}\times\dfrac{60}{n}\times q_V\\ V_d=\dfrac{\pi}{4}D^2S\times10^{-3}\end{cases} \tag{3.8.3}$$

式中，V_e 是气缸有效进气量，单位为 L/r，为压气机进口状态下体积；V_d 是压气机气缸排量，单位为 L/r，为压气机进口状态下体积；q_V 是出口流量计流量，单位为 L/s，为压气机出口状态下体积；D 是压气机气缸直径，单位为 cm，参见压气机尺寸；S 是气缸的活塞行程，单位为 cm，参见压气机尺寸；n 是压气机的电动机转速，单位为 r/min。

式（3.8.3）中，p_1、T_1、p_2、T_2、q_V、n 为实验测量参数，D 和 S 为压气机尺寸参数，通过计算可获得压气机的容积效率。

4）平均压缩指数 n：压缩指数为压气机压缩过程的多变指数。

$$\begin{cases} P_{\mathrm{C}}{}'=q_m w_{\mathrm{C},n} \\ q_m=\dfrac{p_2}{R_{\mathrm{g}}T_2}q_V\times 10^{-3} \\ w_{\mathrm{C},n}=\dfrac{n}{n-1}R_{\mathrm{g}}T_1\left[\left(\dfrac{p_2}{p_1}\right)^{\frac{n-1}{n}}-1\right] \end{cases} \tag{3.8.4}$$

式中，$P_{\mathrm{C}}{}'$是实际压缩过程消耗的轴功率，单位为 W；q_m 是压气机气体质量流量，单位为 kg/s；$w_{\mathrm{C},n}$ 是单位质量气体压缩过程消耗的功，单位为 J/kg；n 是压缩过程的平均多变指数，无量纲。

式（3.8.4）中，p_1、T_1、p_2、T_2、q_V、$P_{\mathrm{C}}{}'$为实验测量参数，R_{g} 为气体常数，通过计算可获得平均压缩指数。

（2）现代测试技术获得压气机性能参数　实验中压气机的工作过程可由图 3.8.2 表示，示功图（p-V 图）反映的是压气机气缸中的气体压力随体积变化的实时过程，并可在图中表示出压缩过程所消耗的功。实验中采用压力传感器实时测试气缸中的压力，采用霍尔开关确定压气机活塞的位置。通过实验获得压气机的示功图后，通过计算可进一步获得压气机的实际耗功、压气机效率、容积效率、平均压缩指数等性能参数

1）实际耗功 $W_{\mathrm{C}}{}'$和 $P_{\mathrm{C}}{}'$：根据压气机工作过程图 3.8.2，压气机完成一个进气、压缩、排气、膨胀工作进程（此时曲轴旋转一圈）所消耗功的大小即为示功图中 12341 曲线所包围的面积。

$$W_{\mathrm{C}}{}'=AK_1K_2\times 10^{-6}$$

$$K_1=\frac{\pi D^2 S}{4\overline{ab}}$$

$$K_2=\frac{p_2-p_1}{\overline{ef}}$$

式中，$W_{\mathrm{C}}{}'$是压气机完成一个工作进程消耗功量，单位为 J/r；A 是示功图中工作过程包围面积，单位为 mm^2；K_1 是示功图单位长度代表体积，单位为 cm^3/mm；K_2 是示功图单位长度代表压力，单位为 Pa/mm；D 是压气机气缸直径，单位为 cm，参见压气机尺寸；S 是气缸的活塞行程，单位为 cm，参见压气机尺寸；p_1 是压气机进口气体压力，单位为 Pa；p_2 是压气机出口气体压力，单位为 Pa；$\overline{ab}$ 是示功图气缸排量对应的线段长度，单位为 mm；$\overline{ef}$ 是示功图进出口压差对应的线段长度，单位为 mm。

实际压缩过程消耗功率（即压气机实际轴功率）可按式（3.8.5）计算：

$$P_{\mathrm{C}}{}'=\frac{nW_{\mathrm{C}}{}'}{60} \tag{3.8.5}$$

式中，$P_{\mathrm{C}}{}'$是实际压缩过程消耗的轴功率，单位为 W；n 是压气机的电动机转速，单位为 r/min。

2）压气机效率 $\eta_{\mathrm{C},T}$：根据压气机效率公式及通过示功图获得的实际轴功率 $P_{\mathrm{C}}{}'$，由式（3.8.6）可计算压气机效率，其中 p_1、T_1、p_2、T_2、q_V 为传统实验方法所测量的参数。

$$\begin{cases}\eta_{C,T}=\dfrac{P_{C,T}}{P_C{}'}=\dfrac{q_m w_{C,T}}{P_C{}'}\\ q_m=\dfrac{p_2}{R_g T_2}q_V\times10^{-3}\\ w_{C,T}=R_g T_1\ln\dfrac{p_2}{p_1}\end{cases}\tag{3.8.6}$$

3）容积效率 η_V：在示功图上，有效进气过程线段 $\overline{db}$ 长度与活塞行程线段 $\overline{ab}$ 长度的比值即为容积效率

$$\eta_V=\frac{有效进气量}{气缸排量}=\frac{\overline{db}}{\overline{ab}}\tag{3.8.7}$$

4）平均压缩指数 n：多变过程的技术功是过程功的 n 倍，示功图上压缩过程线 1-2 和纵坐标轴围成的面积与压缩过程线 1-2 和横坐标轴围成的面积之比，即

$$n=\frac{曲线\ 12ef1\ 包围的面积}{曲线\ 12cb1\ 包围的面积}\tag{3.8.8}$$

4. 实验前测试

1）判断题：活塞式压气机的理想工作过程是定温过程。（　　）

2）判断题：活塞式压气机的实际工作过程是多变过程。（　　）

3）判断题：活塞式压气机的特点是产生气体压头高、流量大。（　　）

4）判断题：叶轮式压气机的特点是产生气体压头低、流量大。（　　）

5）填空题：活塞式压气机运行主要参数包括（　　）、（　　）、（　　）。

6）填空题：余隙容积存在使压气机的生产量（　　）、理论耗功（　　）。

7）思考题：在 p-V 图上如何表示活塞式压气机的技术功以及压缩功？两者之间有什么关系？

8）思考题：活塞式压气机余隙容积的存在，使得压气机的生产量、理论耗功、实际耗功有什么变化？

3.8.2 实验部分（课中）

1. 实验装置

压气机实验装置如图 3.8.3 所示，由活塞式压气机（包括压气机本体、电动机、带轮、储气罐、节流阀等）、实验测试系统（包括压力传感器、温度传感器、霍尔式传感器、称重传感器、涡轮流量计、电动机转速计等）、数据采集系统（包括数据采集板、巡检仪、计算机、稳压电源等）组成。

实验装置的压气机气缸盖处安装有导引管，与压力传感器连接，输出气缸内的瞬态压力信号。在气缸顶端位置安装有开关型霍尔式传感器，对应的感应器安装在飞轮内侧，飞轮每旋转一周会产生一个脉冲信号，作为控制压力采集的起止信号，以实现压力信号和活塞位置信号的同步。脉冲信号作为活塞位移的标志位，两次脉冲信号之间的时间间隔刚好对应活塞

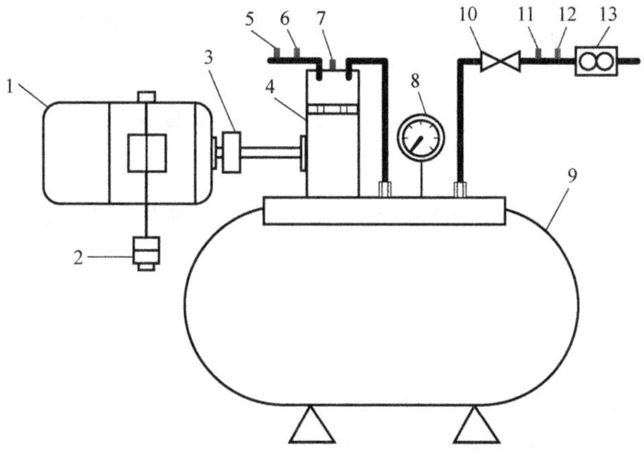

图 3.8.3　压气机实验装置图

1—电动机　2—称重传感器　3—转速计　4—气缸　5—进口压力测点　6—进口温度测点
7—气缸实时压力测点　8—储气罐压力测点　9—储气罐　10—出口节流阀
11—出口压力测点　12—出口温度测点　13—出口涡轮流量计

在气缸内往返运行一次，期间压气机完成了吸气、压缩、排气及膨胀四个过程，由此获得压气机工作一个周期内的实时压力数据。压力传感器的实时信号和霍尔式传感器的脉冲信号同时经数据采集板传入计算机，经实验软件处理后即可获得压气机工作过程实时压力对应的活塞位移数据，再通过计算可获得压气机实际耗功、容积效率、压缩指数等性能参数。

除测定气缸内实时压力数据外，实验装置还包括8个常规实验参数的测量：压气机进口气体压力、压气机进口气体温度、压气机出口气体压力、压气机出口气体温度、压气机出口气体流量、储气罐气体压力、电动机转速、称重传感器力矩。其中温度采用Pt100铂电阻测量，压力采用压力传感器测量，流量采用涡轮流量计测量，转速采用专用转速计测量，力矩采用称重传感器测量。通过以上实验参数，同样可计算获得压气机实际耗功、容积效率、压缩指数等性能参数。

2. 实验操作

1）安装压气机软件并运行，进行数据接口通信设置，同时进行排气压力、采样频率、采样时间的设置。

2）检查压气机油位，起动压气机，观察储气罐压力表，待压力基本稳定时，点击计算机软件中的“开始实验”。

3）调节储气罐上的节流阀，使压气机出口压力为设置的排气压力，并使出口压力保持稳定2~3min。

4）打开计算机软件操作界面，软件自动绘制和记录压气机工作过程实时压力曲线，包括压力与体积、压力与曲轴转角的关系曲线。

5）记录压气机进出口气体压力、进出口气体温度、出口气体的流量、电动机转速、称重传感器力矩等运行参数。

6）调节出口节流阀开度，改变排气压力并使其稳定，重复步骤4）和步骤5），做至少5个工况下的实验。

7）改变采样频率重新进行测定，重复步骤4）至步骤6），分析采集频率对实验结果的影响。

8）实验结束，关闭压气机和计算机的电源开关，同时将压气机储气罐中的气体缓慢排空。

3. 注意事项

1）实验装置通电后，需随时观察实验参数变化，不得离开。

2）注意压气机的良好通风和散热，防止压气机连续工作超温。

3）压气机铭牌有压力限值，实验过程中不得超过最大允许压力。

4）电动机及所连带轮为高速旋转设备，实验过程中禁止触碰，防止受伤。

4. 实验工况

本实验针对活塞式压气机性能进行测定，实验中所测参数包括压气机气缸内实时压力、进出口气体压力、进出口气体温度、出口气体流量、电动机转速等。实验中需要进行变工况下的实验数据测量。主要实验工况如下：

1）排气压力变化实验工况：改变5组排气压力，注意要保持数据稳定后方可进行数据采集。

2）采样频率变化实验工况：改变2组采样频率，注意要保持数据稳定后方可进行数据采集。

5. 分组研讨

正式实验前，学生通过分组研讨，确定实验方案和实验工况。

1）讨论排气压力变化时，对实验过程和实验结果的影响。

提示：根据理论分析，增压比增大时进气量减小，理论耗功不变。对实际耗功的影响如何，需要根据实验结果进一步讨论。

2）讨论采样频率变化时，对实验过程和实验结果的影响。

提示：采样频率主要影响压气机气缸内压力测试的实时数据，并影响计算结果的精度，对其他常规参数没有影响。

3）讨论采用两种测试技术进行实验及实验数据处理的特点。

提示：讨论两种方法的主要优缺点，主要从理论计算、实验装置、测试精度、数据处理等方面展开讨论。

6. 实验数据

（1）实验数据表格 将两种方法的实验数据分别记入表3.8.1和表3.8.2。

表 3.8.1　压气机性能实验数据（实验方法一）

压气机气缸直径（D）：　　cm，行程（S）：　　cm

实验序号	进口温度/℃	出口温度/℃	进口压力/Pa	出口压力/Pa	储罐压力/Pa
1					
2					
3					
⋮					

实验序号	电动机转速 /(r/min)	体积流量 /(L/s)	质量流量 /(kg/s)	称重重量 /N	称重力矩 /N · m
1					
2					
3					
⋮					

实验序号	实际耗功量 /J	实际耗功率 /W	压气机效率 (%)	容积效率 (%)	平均压缩指数 n
1					
2					
3					
⋮					

表 3.8.2　压气机性能实验数据（实验方法二，采样频率：　　Hz）

实验序号	示功图面积 A/mm^2	单位长度体积 K_1/(cm^3/mm)	单位长度压力 K_2/(Pa/mm)	气缸排量线段 $\overline{ab}$/mm	气缸排量线段 $\overline{ef}$/mm
1					
2					
3					
⋮					

实验序号	电动机转速 /(r/min)	进口压力 /Pa	出口压力 /Pa	体积流量 /(L/s)	进口温度 /℃
1					
2					
3					
⋮					

实验序号	实际耗功量 /J	实际耗功率 /W	压气机效率 (%)	容积效率 (%)	平均压缩指数 n
1					
2					
3					
⋮					

(2) 实验数据处理 可采用测面仪测量示功图曲线所包围的面积，用直尺测量有效进气线段 $\overline{db}$ 的长度和活塞行程线段 $\overline{ab}$ 的长度。面积和长度也可利用 Excel 软件处理，获得相应的面积和长度数据。

将传统测试方法和现代测试方法获得的实际功率、容积效率、压缩指数等实验结果进行比较，分析其中差异及原因。

3.8.3 拓展部分（课后）

1. 思考问题

1）分析实验结果，指出影响压气机性能的主要因素有哪些。

2）实测压气机示功图与理论示功图 3.8.2 有什么不同？为什么？

3）改变工况对实验结果有何影响？余隙容积主要影响哪些结果？

2. 实验拓展

1）通过查阅资料，了解实验装置所采用的数据采集器的工作原理和相应的软件开发过程。

2）除实验采用的装置外，查阅资料了解其他活塞式压气机性能测定的实验装置，它们与本实验装置相比有哪些特点？

3. 知识拓展

1）查阅网站资料，访问相关的压气机性能虚拟仿真实验平台，对虚拟仿真实验进行了解和探究。

2）压缩空气的用途非常广泛，是仅次于电力的第二大动力能源，因此空气压缩机作为通用设备，在各个行业领域得到广泛的应用。目前活塞式压气机主要以大容量、高压力、低能耗、高效率、高可靠性等为发展方向。查阅资料，了解活塞式压气机在动力、制冷、冶金、采矿、石化、纺织、制药等领域的应用情况及最新发展趋势。

3.9 凝汽器的综合性能测定实验

3.9.1 理论部分（课前）

1. 实验目的

凝汽器的综合性能测定实验又称为凝汽器传热和流动性能实验，实验的主要目的：

1）了解凝汽器实验台的构造、工作原理和操作步骤。

2）了解凝汽器工作原理，了解凝汽器真空形成的原理和形成的过程。

3）掌握换热器的热平衡计算和传热计算原理和过程。

4）测定文丘里流量计流量和压差的关系，掌握流量测量仪表的工作原理。

5）加深对汽化潜热、传热系数、能量平衡关系式等基本概念的理解。

重要概念的理解：根据能量平衡关系式，凝汽器内蒸汽的放热量等于冷却水的吸热量；凝汽器属表面式换热器，可计算换热器的传热量和传热系数；热工设备稳定工况运行时，系统处于稳定状态，工质各项参数不随时间发生变化。

2. 涉及知识点

(1) 显热、潜热、汽化潜热

显热：物质在加热过程中，温度升高但不改变其原有相态时所需吸收的热量称为显热。例如，物质升温时吸收显热，物质降温时放出显热。

潜热：物质在加热时发生相变，在温度不发生变化时而引起物质相态变化的热量称为潜热。例如，液体汽化时吸收潜热，气体凝结时放出潜热。

显热的特点是吸收或放出热量时，物质的温度变化但不发生相变；潜热的特点是吸收或放出热量时，物质发生相变但温度保持不变。

汽化潜热：单位质量的液体汽化为同温度下的饱和蒸气所吸收的热量，称为汽化潜热，单位为 kJ/kg。

(2) 凝汽器工作原理　汽轮机排汽（即乏汽）进入凝汽器后被循环水冷却，凝结为液态水，将乏汽凝结成液态水的设备为凝汽器，亦称为冷凝器。凝汽器是凝汽式或抽汽凝汽式发电机组的重要设备，其运行情况直接影响到整个机组的正常运行。图 3.9.1 所示为火电厂凝汽器工作原理图。

凝汽器的主要传热部件为冷却水管，材质一般为铜管或不锈钢管，部分采用海水冷却的电厂采用钛管作为冷却水管。凝汽器主要采用表面式换热器，由金属表面将冷热液体分隔开，以管壳式凝汽器为例，循环冷却水在圆管内流动，乏汽在圆管外和管壳间凝结。乏汽与凝汽器金属管外表面接触时，因受到管内循环水的冷却，放出汽化潜热变成凝结水，所放潜热通过金属管壁传至循环冷却水并被带走，热水通过冷却塔等设备将热量排放至低温环境，放热后温度较低的冷水重新进入凝汽器，吸收汽轮机排汽放出的热量。

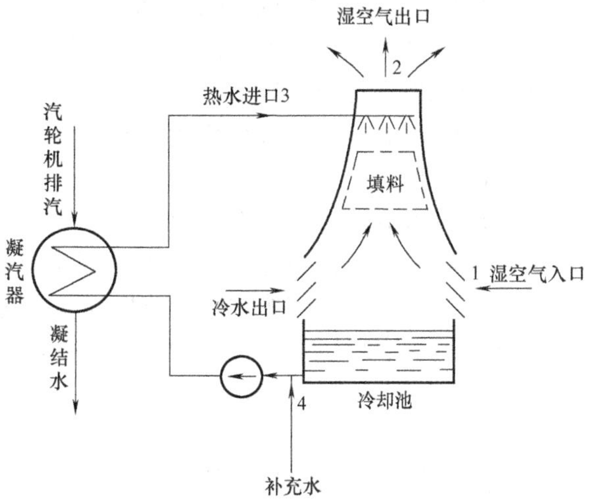

图 3.9.1　火电厂凝汽器工作原理图

(3) 能量平衡关系式　根据“工程热力学”热力学第一定律，热力系统内的能量保持守恒，可获得系统的能量平衡关系式，即

$$\text{进入系统的能量}-\text{离开系统的能量}=\text{系统储存能量的增量}$$

对于锅炉、凝汽器、回热器等换热器，只和外界交换热量，因此其能量平衡关系式可表示为

$$\text{换热器内冷流体的吸热量}=\text{换热器内热流体的放热量}$$

(4) 案例知识

案例一：凝汽器真空

凝汽器除了将汽轮机排汽凝结为水外，还可在汽轮机排汽口建立和保持一定的真空，使汽轮机出口背压保持为负压状态，使进入汽轮机的过热蒸汽膨胀到尽可能低的压力，增大蒸汽在汽轮机中的可用焓降，提高循环的热效率。凝汽器真空形成的原理是凝汽器内的汽水处于饱和状态，蒸汽的饱和温度较低时，决定了其饱和压力也较低，低于环境大气压，因此凝汽器处于真空状态。机组起动时，凝汽器真空的建立主要依靠真空泵将凝汽器中的不凝结气体排出；机组运行时，凝汽器真空的建立主要依靠进入凝汽器中的蒸汽受到循环水的冷却不断凝结为水，其比体积急剧减小，原来由蒸汽充满的容器空间就形成了高度真空。

凝汽器真空是表征凝汽器工作特性的主要指标，是影响汽轮机经济运行的主要因素之一。在相同的蒸汽流量和蒸汽参数情况下，提高凝汽器真空即降低了机组的背压，使蒸汽在汽轮机中的可用焓降增大，提高了汽轮机的输出功率；但是在提高真空的同时，凝汽器冷却需要的循环水量增大，增加了循环水泵的电耗。由于凝汽器真空的提高，使汽轮机功率增加与循环水泵多耗功率的差值为最大时的真空值称为凝汽器的最佳真空，或称为凝汽器的经济真空。

案例二：凝汽器清洗

当凝汽器金属换热器表面结垢时，对换热器的传热性能和凝汽器内的真空度、凝汽器的端差都会产生严重的影响，因此必须对凝汽器进行清洗，使凝汽器换热管保持较高的清洁状态。凝汽器清洗方法主要包括以下几种：

1）物理清洗法，即由人工清洗凝汽器换热表面水垢，采用钢丝刷+毛刷等机械方法清洗，机械清洗的缺点是时间长，劳动强度大，且清洗效果一般。

2）化学清洗法，即用酸性溶液溶解去除硬质水垢，能有效去除水垢，但需要采取措施防止金属管的酸腐蚀。

3）通风干燥法，凝汽器有软垢污泥时，可采用通风干燥法处理，其原理是通热风使管内的软垢污泥龟裂后再通水冲走，其特点是能够有效去除软垢但对硬垢的去除效果不理想。

4）胶球清洗法，采用特制的海绵橡胶球连续通过凝汽器冷却水管来清洗管内壁污垢的方法。清洗时将密度接近水的胶球投入循环水中，在循环水压力作用下通过冷却水管，清洗金属管内松软的沉积物。胶球清洗的特点是可在机组运行时进行，清洗效果较好，目前为多数火电厂所采用。

当机组正常运行时主要采用胶球清洗法清洗，可有效减少管内结垢；当机组低负荷运行时可采用凝汽器单只解列，通过压缩空气通风吹扫方法除垢；当机组停机时可采用化学清洗法，通过酸洗对换热面进行彻底除垢。

(5) 前沿知识 对于沿海的火力发电厂及核电厂，一般采用海水对汽轮机排汽进行冷却，即凝汽器的循环冷却水为海水。由于海水中盐分含量高，同时含有大量的悬浮物质、海洋生物及腐蚀性物质，如果以铜合金管作为凝汽器换热器管材，其腐蚀性非常严重，很容易使凝汽器铜管泄漏，造成凝汽器真空下降，汽轮机排汽压力升高，导致机组发电功率下降。因此，目前沿海电厂凝汽器金属受热面常采用最新的钛合金技术。钛是一种物理性能优良、化学性能稳定的金属，钛及其合金具有强度高、密度小、耐海水腐蚀的特点，在海洋工程方面具有非常大的应用前景。

中国具有完全自主知识产权的第三代核电技术“华龙一号”，其凝汽器关键部件采用的管材为高性能钛焊管，具有耐腐蚀、寿命长、可靠性高的特点，完全自主设计和制造，突破了国外对核电凝汽器用钛焊管的技术垄断。

3. 实验原理

本实验主要测定蒸汽在凝汽器中的热量交换和热量平衡情况，用以评价凝汽器的传热和流动性能。实验中采用电加热锅炉蒸汽发生装置产生蒸汽，由于实验装置中没有汽轮机设备，因此将电加热锅炉内产生的蒸汽经绝热节流阀降压后，进入凝汽器中进行凝结放热。凝汽器采用循环水进行冷却，对冷端的循环水流量以及进出口温度进行测量，可获得循环水在凝汽器中的总吸热量

$$Q_{\mathrm{cold}}=c_{\mathrm{w}}q_{\mathrm{w}}(t_{\mathrm{out}}-t_{\mathrm{in}})$$

式中，Q_{cold} 是循环冷却水的总吸热量，单位为 kW；c_{w} 是循环冷却水的比热容，等于 4.1868kJ/(kg·℃)；q_{w} 是循环冷却水流量，单位为 kg/s；t_{in} 是循环冷却水进口温度，单位为℃；t_{out} 是循环冷却水出口温度，单位为℃。

实验中同时对凝汽器热端的蒸汽流量、蒸汽温度、冷凝水压力和冷凝水温度进行测量，可获得蒸汽在凝汽器中的总放热量为

$$Q_{\mathrm{hot}}=q_{\mathrm{s}}(h_{\mathrm{in}}-h_{\mathrm{out}})$$

式中，Q_{hot} 是蒸汽总放热量，单位为 kW；q_{s} 是蒸汽流量，单位为 kg/s；h_{in} 是蒸汽比焓，单位为 kJ/kg；h_{out} 是冷凝水比焓，单位为 kJ/kg。

蒸汽在凝汽器的放热量理论上应等于冷却水在凝汽器中的吸热量。但在实际运行过程中，蒸汽在凝汽器放热时有部分热量散失到环境中，可通过两者的数量关系获得散热量，建立起凝汽器系统的能量平衡关系式。同时可根据冷端热量获得凝汽器换热器的传热系数，根据冷端和热端流体压降可获得换热器流动阻力等设计和运行参数。

$$Q_{\mathrm{cold}}=kA\Delta t_{\mathrm{m}}$$

式中，k 是凝汽器传热系数，单位为 kW/(m^2·℃)；A 是凝汽器换热面积，单位为 m^2；Δt_{m} 是凝汽器换热平均温差，单位为℃，可利用对数平均温差法计算。

4. 实验前测试

1）判断题：凝汽器出口冷凝水一定是饱和水的状态。（　　）

2）判断题：蒸汽在凝汽器中的放热过程为定压过程。（　　）

3）判断题：饱和蒸汽绝热节流后状态可变为过热蒸汽。（　　）

4）判断题：凝汽器中蒸汽在管内流动，冷却水在管外流动。（　　）

5）填空题：本实验中的凝汽器类型属于（　　）式换热器。

6）填空题：本实验中电加热锅炉产生的蒸汽为（　　）蒸汽。

7）思考题：什么是换热器的气阻和水阻？如何减小换热器阻力？

8）思考题：凝汽器真空形成的原理是什么？如何维持凝汽器真空？

3.9.2 实验部分（课中）

1. 实验装置

实验装置主要由蒸汽锅炉、凝汽器、循环泵，以及参数测量、数据采集、控制面板等设备组成，实验装置可进行凝汽器的传热和流动性能实验。图 3.9.2 所示为凝汽器实验装置图，图 3.9.3 所示为凝汽器实验装置控制面板图。

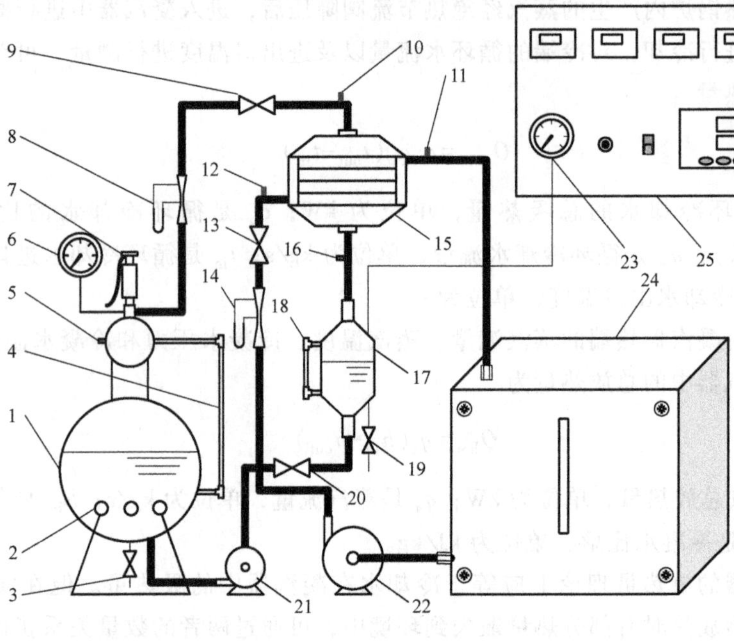

图 3.9.2 凝汽器实验装置图

1—蒸汽锅炉　2—锅炉加热器　3—锅炉放水阀　4—锅炉水位计　5—锅炉出口温度测点
6—锅炉压力表　7—锅炉放气阀　8—蒸汽流量计　9—蒸汽节流阀门　10—凝汽器进口温度测点
11—冷却水出口温度测点　12—冷却水入口温度测点　13—冷却水阀门　14—冷却水流量计
15—凝汽器　16—冷凝水温度测点　17—冷凝水储罐　18—冷凝水储罐水位计
19—冷凝水放水阀　20—冷凝水阀门　21—冷凝水泵　22—冷却水泵
23—凝汽器真空表　24—冷却水箱　25—控制面板

凝汽器实验装置工作过程如下：蒸汽锅炉 1 内的水加热后产生蒸汽，蒸汽经蒸汽流量计 8 测量流量和蒸汽节流阀门 9 降压后，沿管路进入凝汽器 15。同时冷却水经冷却水流量计 14 测量流量和冷却水阀门 13 调节流量后进入凝汽器。凝汽器内蒸汽通过金属管受热面将热量传递给冷却水，冷却水在圆管内流动，蒸汽在圆管外和管壳内冷却并凝结为冷凝水，流入冷凝水储罐 17。凝汽器 15 内部和冷凝水储罐 17 内部处于负压状态。冷凝水储罐 17 内的水由冷凝水泵 21 压缩后进入蒸汽锅炉 1 内重新加热，从而完成汽侧循环。冷却水在凝汽器吸收热量后进入冷却水箱 24 向环境散热，随后经冷却水泵 22 压缩后继续进入凝汽器吸收热量，从而完成水侧循环。

实验参数测定方面，实验装置共可测 12 个参数，包括锅炉蒸汽温度、锅炉蒸汽压力、凝汽器进口温度、凝汽器出口温度、凝汽器压力、冷却水进口温度、冷却水出口温度、蒸汽流量、冷却水流量、加热电压、加热电流、环境温度。各参数测量数值可由巡检仪的 12 个通道自动显示。

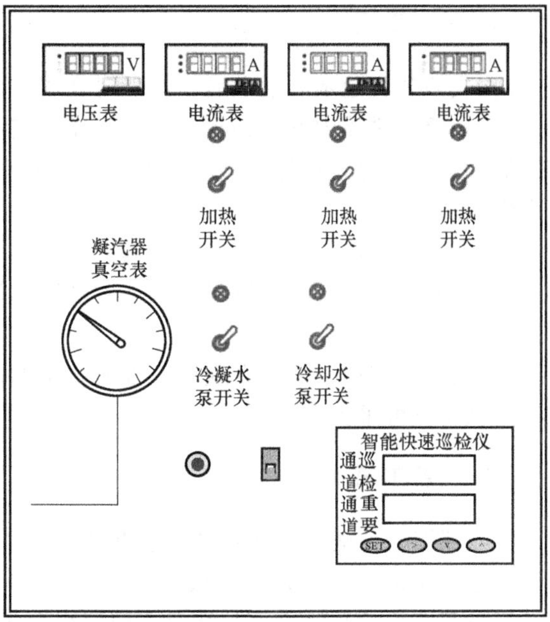

图 3.9.3　凝汽器实验装置控制面板图

2. 实验操作

1）首先将蒸汽锅炉 1 进水，注意观察锅炉水位计 4，水位高度需超过水位计的 1/2 位置。

2）调节锅炉压力表 6 的压力指针，对锅炉蒸汽压力进行设定，注意压力应低于锅炉的最大允许压力。当蒸汽压力达到设定压力时，将自动切断加热器电流，停止加热。

3）开启锅炉加热器 2，打开控制面板 25 的加热开关，开始时由于水温较低，建议开启 5 组加热器。

4）加热 20~30min 后，锅炉内水沸腾后有蒸汽产生。为保证凝汽器换热效果和凝汽器真空度，需要将锅炉中空气排除，打开锅炉顶部放气阀 7 放气，待容器中的蒸汽压力下降至略高于环境压力时关闭排气阀。重复以上操作，通过两次放气过程，可将容器中的空气排除干净。

5）当锅炉中蒸汽达到设定压力时，开启蒸汽节流阀门 9 和冷凝水放水阀 19，待冷凝水放水阀有蒸汽流出并持续 1min 左右，关闭冷凝水放水阀门。此操作目的是将凝汽器中的空气排除。

6）开启冷却水泵 22，凝汽器中的蒸汽将不断凝结并进入冷凝水储罐 17，此时冷凝水储罐水位计 18 的水位不断升高，凝汽器真空此时为负压，表示凝汽器内为负压运行。

7）待冷凝水储罐水位计 18 水位上升到 3/4 以上时，开启冷凝水泵 21，此时冷凝水储罐水位计水位将下降。调节冷凝水阀门 20 的开度，使冷凝水储罐 17 的冷凝水量和冷凝水泵 21 的流量相等。如果过程中冷凝水储罐的水位下降接近于 0 时，需关闭冷凝水泵 21。

8）通过调节控制面板的加热电流、冷却水阀门 13 开度、冷凝水阀门 20 开度，对加热功率、冷却水流量、冷凝水流量进行调节，直到实验系统达到稳定状态，此时蒸汽流量、冷却水流量、冷却水进出口温度、凝汽器进出口温度都基本保持稳定。此时通过数据采集系统采集并记录相关实验数据。

9）调节蒸汽节流阀门 9 开度，改变进入凝汽器 15 的蒸汽压力和蒸汽温度，重复实验步骤 8），直到系统达到稳定状态时，记录实验数据。做至少 5 组实验。

10）实验结束时，首先关闭加热器 2，随后关闭冷凝水泵 21。保持冷却水泵 22 再运转 10min，待实验系统内的蒸汽全部凝结后关闭总电源。

3. 注意事项

1）实验装置通水和通电后，需随时观察实验参数变化，不得离开。

2）实验台罐体内部均存在一定的高压，实验过程中锅炉压力表 6 所测压力不得超过容器的最大允许压力。若超过允许压力，应迅速关闭电源停止加热，并打开锅炉放气阀 7 缓慢放汽降压。

3）开启锅炉放气阀 7 时，人应远离阀门防止被高温蒸汽烫伤。

4）实验设备长时间运行时，应注意观察锅炉水位计 4 水位，避免干烧造成电加热锅炉的损坏。

5）实验过程中，需认真观察仪表所显示的温度、压力、流量计压差，待数据波动较小即接近稳态时再采集数据。

4. 实验工况

凝汽器综合性能实验涵盖“工程热力学”“传热学”“工程流体力学”三门课程的基础知识，包括能量平衡计算、传热参数计算、流动阻力计算等，实验所测参数包括压力、温度、流量等多个参数测点，是涉及多门课程、多知识点的综合性实验。主要实验工况如下：

1）系统热平衡实验工况：根据测得的参数进行凝汽器和整个系统的热平衡计算，进行至少 5 组实验。

2）传热性能实验工况：根据热平衡实验数据，计算凝汽器传热系数，并对 5 组实验下的数据进行对比分析。

3）流动性能实验工况：根据实验测量压力数据，计算凝汽器汽侧和水侧的流动阻力并提出减小阻力的改进方案。

5. 分组研讨

正式实验前，学生通过分组研讨，确定实验方案和实验工况。

1）讨论实验过程中改变实验工况时主要调节的参数。

提示：参考实验步骤，改变工况时主要调节的设备。

2）讨论实验过程中调节加热功率、冷却水泵、冷凝水泵的目的。

提示：参考实验步骤，调节的目的并不是改变实验工况。

3）讨论实验装置中没有汽轮机，如何调节进入凝汽器的蒸汽压力。

提示：参考实验装置图，凝汽器前的蒸汽节流阀门可调节压力。

4）讨论离开凝汽器的冷凝水是否一定为饱和水的状态。为什么？

提示：不一定，需要根据凝汽器出口压力和温度判断其状态。

6. 实验数据

（1）文丘里流量计测量流量

$$q_V = \xi q_{V1} = \frac{1}{4}\pi\xi d_2^{\ 2} \frac{1}{\sqrt{1-\left(\dfrac{d_2}{d_1}\right)^4}}\sqrt{\frac{2\Delta p}{\rho}} \tag{3.9.1}$$

式中，q_V 是电磁流量计或涡轮流量计的标准体积流量，单位为 m^3/s；q_{V1} 是文丘里流量计的体积流量，单位为 m^3/s；ξ 是文丘里流量计的流量系数，本实验设备取为 0.98；d_1 是文丘里管的通径，本实验设备取为 0.014m；d_2 是文丘里管喉部直径，本实验设备取为 0.008m；Δp 是文丘里管两端压差，单位为 Pa；ρ 是流体的密度，单位为 kg/m^3。

（2）凝汽器换热面积　凝汽器金属受热面的管程共 46 根圆管，每根管子长度为 250mm，直径为 10mm，蒸汽冷凝换热器换热面积为 $0.3613m^2$。

（3）实验数据表格　将实验数据填入表 3.9.1 中。

表 3.9.1　凝汽器综合实验数据

实验序号	锅炉蒸汽压力 /MPa	锅炉蒸汽温度 /℃	凝汽器进口温度 /℃	凝汽器出口温度 /℃	凝汽器真空度 /MPa
1					
2					
3					
⋮					
实验序号	**蒸汽流量计压差 /mmH_2O**	**蒸汽流量 /(m^3/s)**	**冷却水流量计压差 /mmH_2O**	**冷却水流量 /(m^3/s)**	**环境温度 /℃**
1					
2					
3					
⋮					
实验序号	**冷却水进口温度 /℃**	**冷却水出口温度 /℃**	**加热器电压 /V**	**加热器电流 /A**	**加热器功率 /kW**
1					
2					
3					
⋮					
实验序号	**蒸汽比焓 /(kJ/kg)**	**冷凝水比焓 /(kJ/kg)**	**蒸汽放热量 /kW**	**冷却水吸热量 /kW**	**凝汽器传热系数 /[kW/(m^2·℃)]**
1					
2					
3					
⋮					

（4）实验数据处理　根据表 3.9.1 的实验数据计算凝汽器蒸汽在热端的放热量，以及冷却水在冷端的吸热量，比较不同工况下两者之间的差异及原因。

根据表 3.9.1 的实验数据以及凝汽器换热面的设计数值，计算凝汽器传热系数并计算不同工况下传热系数的平均值（去除不合理数据）。

3.9.3 拓展部分（课后）

1. 思考问题

1）实验中凝汽器水管内如果结垢对实验结果的影响如何？如何清洗？

2）什么是凝汽器端差？对实验结果有何影响？如何降低凝汽器端差？

3）凝汽器出口冷凝水如果是过冷水的状态，对凝汽器运行有何影响？

2. 实验拓展

1）实验中凝汽器的流动阻力对实验结果有何影响？如何测量汽侧和水侧的流动阻力？需要增加哪些测点？

2）实验中如何设定凝汽器的真空度？如何调整真空度的大小？

3）查阅参考文献［65］，了解空冷凝汽器传热性能测定的现场试验情况。

3. 知识拓展

1）根据实验结果，画出整个实验系统的能量平衡关系图并给出相关数据。

2）查阅资料，了解电厂凝汽器真空是如何建立和维持的？了解凝汽器最佳真空和极限真空的概念。

3）请提出关于实验课程教学模式和教学方法的建议，可借鉴其他大学实验或中学实验。你希望通过实验获得哪些能力？你觉得如何才能提高实验能力？写一篇心得报告。

3.10 朗肯循环（含发电机）综合实验

3.10.1 理论部分（课前）

1. 实验目的

朗肯循环（含发电机）综合实验又称为蒸汽动力循环装置实验，实验主要目的：

1）通过朗肯循环实验，实现热能—机械能—电能的转换，加深对朗肯循环基本热力过程的理解。

2）测定朗肯循环的基本特性参数，如循环热效率、发电效率、汽耗率、乏汽干度等参数，加深对朗肯循环基本概念和参数的理解。

3）测定不同工况下的系统摩擦损失，理解可逆过程和不可逆过程、可逆循环和不可逆循环的不同，掌握相对内效率等概念。

4）通过朗肯循环相关实验，巩固和验证蒸汽动力循环、热电联产循环、绝热节流过程等涉及的基本理论和知识点。

5）本实验为综合型、设计型及自主型实验，包含多个子实验，学生需了解实验装置的原理和实验设计思路，自主进行实验设计和实验操作，同时引导学生的科研实验思维，强化学生的科学实践能力。

重要概念的理解：理想朗肯循环是蒸汽动力装置最基本的循环；火力发电厂和核电厂的基本循环都是朗肯循环；朗肯循环属于正向循环，其经济性指标为热效率，此外循环参数还包括汽耗率、热耗率、煤耗率等；通过本实验装置可进行多个“工程热力学”实验，涉及多个知识点，如饱和压力与饱和温度关系、绝热节流效应、系统摩擦损失、湿饱和蒸汽干度、热电联产循环电热比、汽轮机相对内效率、循环热效率计算方法等。

2. 涉及知识点

(1) 朗肯循环　理想朗肯循环是蒸汽动力装置最基本的循环，热力发电厂各种复杂蒸汽动力循环包括再热循环和回热循环都是在基本朗肯循环基础上发展而来的。目前针对朗肯循环的研究仍然受到重视，包括超临界朗肯循环、卡琳娜循环、有机工质循环等都是对朗肯循环的拓展和应用。朗肯循环是各种复杂动力循环的基础，也是“工程热力学”课程的重点内容。

理想朗肯循环是最简单、最基本的动力装置循环，朗肯循环的主要设备包括锅炉、汽轮机、凝汽器和给水泵。图 3. 10. 1 和图 3. 10. 2 所示分别为朗肯循环的设备图和 T-s 图。

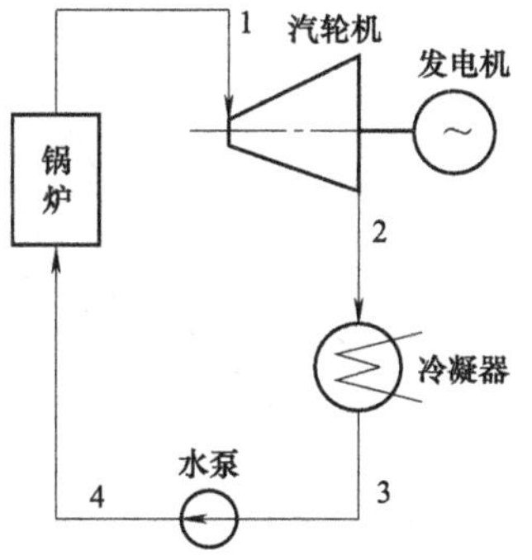

图 3. 10. 1　朗肯循环设备图

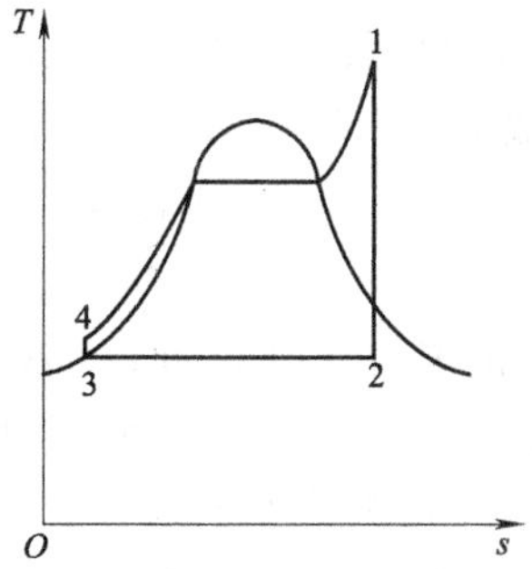

图 3. 10. 2　朗肯循环 T-s 图

根据设备图和 T-s 图，朗肯循环各设备中的基本热力过程为：1-2 为过热蒸汽在汽轮机中定熵膨胀做功过程；2-3 为乏汽在冷凝器中的定压放热过程；3-4 为冷凝水在水泵中的定熵压缩过程；4-1 为给水在锅炉内的定压加热汽化过程。

朗肯循环各状态点的名称及所处状态：1 为主蒸汽，状态为过热蒸汽；2 为乏汽，状态为湿饱和蒸汽；3 为冷凝水，状态为饱和水；4 为锅炉给水，状态为未饱和水。

朗肯循环主要参数为：

1）朗肯循环热效率 η_t：

$$\eta_t=\frac{w_{net}}{q_1}=\frac{(h_1-h_2)-(h_4-h_3)}{h_1-h_4}$$

2）循环汽耗率 d_0[单位为 kg/(kW · h)]：

$$d_0=\frac{3600}{w_{net}}=\frac{3600}{h_1-h_2}$$

3）循环热耗率 q_0[单位为 kJ/(kW · h)]：

$$q_0=d_0q_1=\frac{3600}{\eta_t}$$

4）标准煤耗率 b_0[单位为 g/(kW·h)]：

$$b_0=\frac{123}{\eta_t}$$

(2) 汽轮机相对内效率 汽轮机的相对内效率用来表示汽轮机的实际做功过程和理想可逆做功过程的差别，定义为汽轮机实际过程所做技术功与理想可逆过程所做技术功的比值。

$$\eta_{T,ri}=\frac{w_t'}{w_t}=\frac{h_1-h_2'}{h_1-h_2}$$

大型汽轮机的相对内效率一般在85%~92%之间，而本实验中所采用的小型汽轮机（涡轮）的相对内效率较低，可通过实验测定其相对内效率。

(3) 水蒸气的节流过程 水蒸气节流后温度降低，可以从水蒸气 h-s 图中得到结论，这与空气节流后温度可能升高、降低或保持不变是不同的。以图 3.10.3 为例，1 点的干饱和蒸汽进行绝热节流，由于节流前后焓值相等，因此节流后的状态点为 2 点，2 为过热蒸汽状态，其压力 p_2 低于节流前的压力 p_1，温度 t_2 也低于节流前的温度 t_1。同时节流后蒸汽从节流前的饱和蒸汽状态 1 变为节流后的过热蒸汽状态 2。

(4) 湿饱和蒸汽的干度 湿饱和蒸汽中干饱和蒸汽的质量分数称为干度，用符号 x 表示干度。

$$x=\frac{m_{\text{干饱和蒸汽}}}{m_{\text{饱和水}}+m_{\text{干饱和蒸汽}}}$$

x 变化范围为 0~1 之间，x 越接近于 1 代表蒸汽的干度越高，$x=1$ 代表蒸汽为干饱和蒸汽。

为保证汽轮机的安全运行，汽轮机的排汽（乏汽）干度一般要求超过 0.88。本实验中由于进入涡轮的蒸汽是饱和蒸汽，因此涡轮出口排汽干度较低，可通过实验测定其干度。

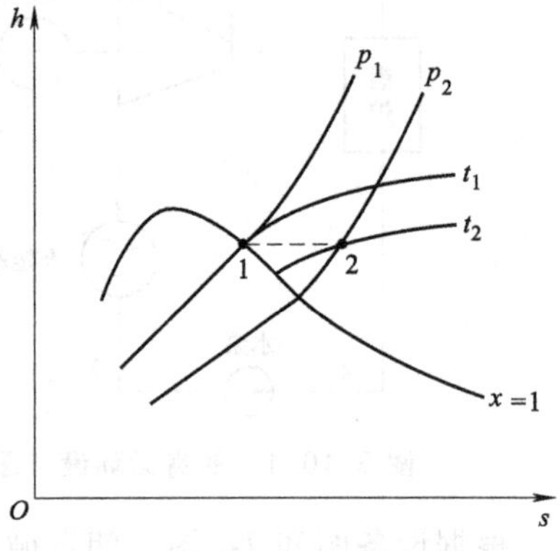

图 3.10.3 水蒸气的节流过程

(5) 案例知识

案例一：再热循环和回热循环

火电厂再热循环和回热循环都是在朗肯循环的基础上发展起来的，两者都以朗肯循环为基本循环。其中再热循环的主要目的是提高火电机组汽轮机排汽的干度，回热循环的主要目的是提高火电机组的热效率。

再热循环在朗肯循环的基础上在锅炉中增加了再热器的受热面，此外汽轮机分为高压缸和低压缸两个部分。高压缸做完功的蒸汽全部送回锅炉中的再热器中进行加热，经再热器加热后的蒸汽重新送入汽轮机的低压缸做功。图 3.10.4 所示为再热循环的设备图和 T-s 图，在 T-s 图中可看出，再热循环增加了 b-a 的再热段，此外汽轮机的做功过程分为高压缸 1-b 和低压缸 a-2 两个阶段。采用再热循环后，汽轮机排汽（乏汽）的状态点从朗肯循环的 c 点变化为再热循环的 2 点，干度得到了提高。

回热循环也称为抽汽加热循环，在朗肯循环的基础上，从汽轮机中抽出少量做过部分功的蒸汽，送入回热器中加热低温的冷凝水，在回热器中加热后的冷凝水温度升高，随后进入锅炉加热。图 3.10.5 所示为一级回热循环的设备图和 T-s 图，从 T-s 图中可看出，b-a 为抽

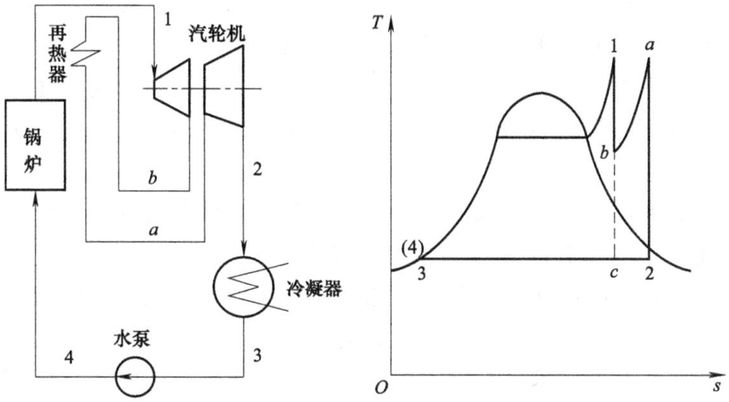

图 3.10.4　再热循环设备图和 T-s 图

汽在回热器的放热过程，4-a 为低温冷凝水在回热器中的吸热过程，a-1 为锅炉中的加热过程。采用抽汽回热循环后，锅炉给水温度升高，提高了锅炉的平均吸热温度，因此提高了朗肯循环的热效率。

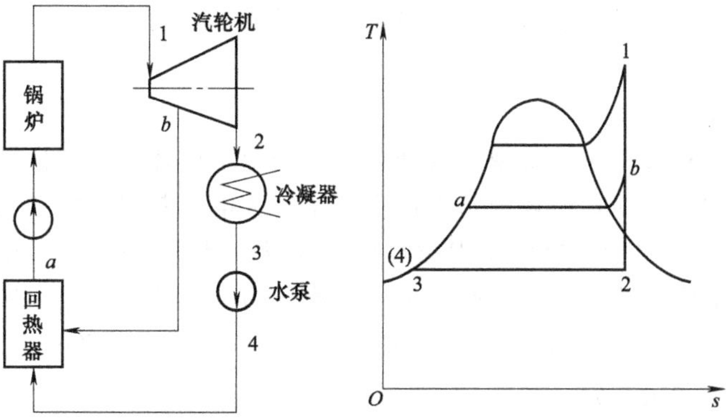

图 3.10.5　回热循环设备图和 T-s 图

案例二：超临界机组朗肯循环

近年来，超临界机组发展迅速，目前我国 1000MW 及以上超临界机组超过 100 台。超临界机组是指主蒸汽压力高于临界压力 22.064MPa，主蒸汽温度高于临界温度 373.99℃，由于超临界机组参数较高，因此循环热效率较高。对于超临界机组，其基本循环同样为朗肯循环，由于压力超过临界压力，因此水的加热过程不经过湿饱和蒸汽区，不存在汽水两相物质，因此超临界电厂的锅炉为直流锅炉。图 3.10.6 所示为超临界机组基本朗肯循环的 T-s 图。

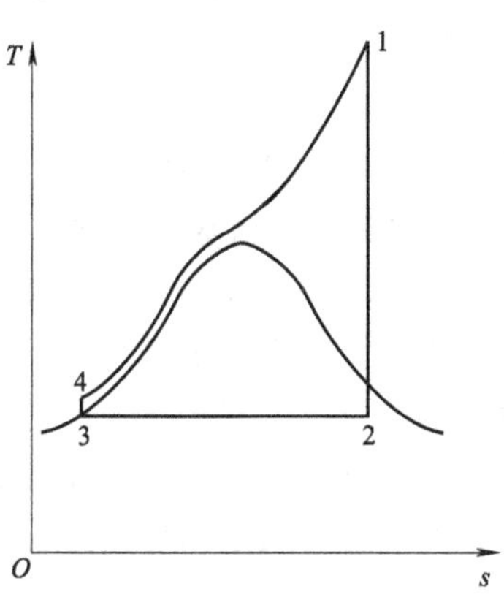

图 3.10.6　超临界机组基本朗肯循环 T-s 图

(6) 前沿知识　有机朗肯循环（organic Rankine cycle，ORC）是在朗肯循环的基础上使用低沸点有机物代替水蒸气作为工质。有机工质朗肯循环主要设备包括蒸发器、透平（涡轮机）、冷凝器和工质泵，与传统朗肯循环的设备锅炉、汽轮机、冷凝器、水泵的功能完全相同。其工作过程为低压液态有机工质经工质泵增压，随后进入蒸发器从高温热源吸收热量，转变为高温高压的过热蒸气，随后过热蒸气进入透平做功向外输出机械能，做功后的低压蒸气进入冷凝器向低温热源放热，凝结为液态有机工质，再进入工质泵压缩，形成完整的循环。

由于有机工质的沸点较低，有机工质朗肯循环能够有效利用低温余热，具有将低品位热能转换为电能的优点，因此被广泛应用于工业余热回收、太阳能热发电、生物质能发电领域。有机工质朗肯循环发电可利用的低品位能主要包括工业余热、地热能、太阳能、生物质能等，此外还可用于液化天然气的冷能回收等场合。

有机工质朗肯循环发电技术具有以下优点：①循环效率高，由于有机工质沸点低，因此对较低温度热源的利用具有更高的效率；②有机工质密度大，比体积小，所需通流面积较小，因此透平尺寸、管道直径都较小；③使用干流体时，蒸发器可不设置过热器，工质直接以饱和蒸气进入透平做功，对透平叶片不会造成侵蚀和损坏；④有机工质冷凝压力高，冷凝器一般在接近或略高于环境大气压下运行，不需设置真空维持系统；⑤功率配置灵活，可实现小型至大型发电装置，单机容量可从几千瓦到几千千瓦；⑥循环系统构成相对简单，不需要设置除氧、除盐、排污及疏放水设备，设备和运行成本降低。

3. 实验原理

朗肯循环实验是在实验室中实现蒸汽动力装置的基本循环——朗肯循环。利用本实验装置不仅可在实验室中演示朗肯循环的基本过程，了解火电厂基本设备和工作原理，同时可进行多个“工程热力学”实验，包括朗肯循环演示实验、水蒸气饱和压力与温度关系测定实验、通过绝热节流测定主蒸汽品质实验、不同排汽压力下系统摩擦损失实验、不同排汽压力下湿蒸汽干度测定实验、不同排汽压力下循环电热比测定实验、汽轮机相对内效率测定实验、朗肯循环热效率测定实验。

子实验 1：朗肯循环演示实验

朗肯循环演示实验是在实验室进行朗肯循环基本热力过程，通过主要实验设备锅炉、汽轮机（实验中为涡轮机）、冷凝器、给水泵、发电机，实现热能到机械能到电能的转换过程，演示火力发电厂的生产过程。掌握各设备中进行的理想热力过程：锅炉中的定压加热过程，汽轮机中的定熵膨胀过程，冷凝器中的定压放热过程，给水泵中的定熵压缩过程。同时了解实验室各设备中所进行的实际过程与理想过程的不同之处。

子实验 2：水蒸气饱和压力与温度关系测定实验

本实验与实验 3.5 饱和蒸汽压力和温度关系实验的实验原理基本相同。由于朗肯循环实验装置的锅炉为密闭容器，不存在水蒸气外的其他气体，因此在锅炉加热阶段，锅炉中的水和水蒸气处于饱和状态，此时水和水蒸气具有相同的温度，为饱和温度，产生的水蒸气的压力为饱和压力。随着锅炉加热的进行，对工质的加热量不断增加，从而产生不同压力下的饱和蒸汽。通过测定锅炉内的饱和压力及饱和温度数据，可获得两者的关系，并绘制饱和压力与饱和温度的 p-t 关系曲线。

子实验 3：通过绝热节流测定主蒸汽品质实验

根据饱和压力与饱和温度关系实验，锅炉提供的是饱和蒸汽。理想情况下，蒸汽进入汽轮机前会由一个过热器进行过热，以确保涡轮叶片不被液滴侵蚀，并提高涡轮机功率输出值。由于本实验装置的锅炉采用电加热，未安装过热器，蒸汽离开锅炉时为干饱和蒸汽。如果锅炉和涡轮间存在任何散热损失，饱和蒸汽会发生冷凝现象，主蒸汽以湿饱和蒸汽的状态进入涡轮，即少部分蒸汽将以液滴的形态进入涡轮中。

而对于湿饱和蒸汽，无法通过测量的压力和温度直接确定其干度，因此无法获得其焓值。但如果湿饱和蒸汽通过节流阀，膨胀为较低的压力值时，蒸汽有可能变化为过热状态，通过测定节流前后蒸汽的压力和温度参数，可获得节流前蒸汽的干度，从而确定主蒸汽的状态。

对于朗肯循环实验装置，锅炉出口装有蒸汽节流阀，用于调节从锅炉出口进入涡轮中的蒸汽流量，同时可对涡轮进口蒸汽压力进行调节。利用节流阀既可测定进入涡轮的主蒸汽品质，也可同时做蒸汽绝热节流实验，测定其微分节流效应和积分节流效应。当节流前后的压力差值较大时，体现的是积分节流效应；当节流前后的压力差值不大时，体现的是微分节流效应。

本实验与实验 3.7 空气绝热节流效应测定实验同为绝热节流实验，与实验 3.7 的不同之处在于：一是实验工质不同：实验 3.7 的工质为空气，本实验工质为水蒸气，空气节流后温度可升高、降低或不变，而水蒸气节流后温度会降低；二是实验目的不同：实验 3.7 主要目的是测定绝热节流效应包括微分效应和积分效应，而本实验除测定绝热节流效应外，还需要对进入涡轮的主蒸汽品质进行测定。

实验工况一：绝热节流效应测定实验工况

本实验锅炉节流阀的节流过程如图 3.10.8 中的 1-2′过程（2′-2 过程为涡轮节流阀的节流过程），分别测量锅炉节流阀前后的温度和压力数值，并按式 3.10.1 计算绝热节流系数，对于微分节流效应压差取较小值（不超过 0.05MPa），积分节流效应压差取较大值。

$$\mu_J = \frac{\partial T}{\partial p} \approx \frac{\Delta T}{\Delta p} \tag{3.10.1}$$

实验工况二：主蒸汽品质测定实验工况

根据图 3.10.7 水蒸气节流过程的 *h-s* 图，首先根据节流后过热蒸汽的压力 p_2 和温度 t_2 获得节流后的状态点 2。根据节流前后焓值相等，而节流前的压力 p_1 已知，因此从 2 点作一条等焓线（注意节流过程为不可逆过程，因此等焓线用虚线表示），等焓线与压力线 p_1 有一个交点，该交点即为节流前的状态点 1，进而可从水蒸气的 *h-s* 图中查出其干度。

子实验 4：不同排汽压力下系统摩擦损失实验

除涡轮处存在一定的做功能力损失外，朗肯循环实验装置还存在一定的系统摩擦损失，包括轴承摩擦、密封压盖摩擦、旋转皮带摩擦、流体和各旋转部件间的黏性阻力等损失。不同排汽压力下的系统摩擦损失实验通过测量在不同工况下涡轮的摩擦损失，考察实验系统的摩擦损失总体情况。实验中可通过移除用电载荷，通过涡轮在不同背压下的自减速实验来测量和计算摩擦损失：

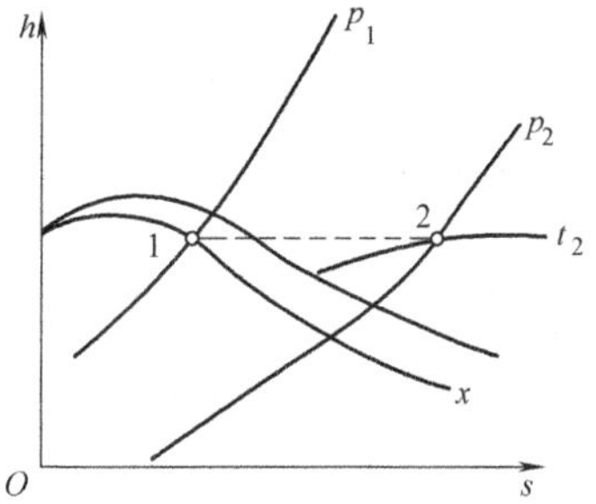

图 3.10.7　水蒸气节流过程的 *h-s* 图

摩擦力矩　$$M_f = J\alpha_f = \frac{\Delta\omega}{\Delta\tau} \tag{3.10.2}$$

摩擦功率
$$P_f = M_f \omega = M_f \frac{2\pi n}{60} \tag{3.10.3}$$
式中，α_f 是角减速度，单位为 rad/s^2；ω 是角速度，单位为 rad/s；$\Delta\omega$ 是角速度变化量，单位为 rad/s；$\Delta\tau$ 是时间变化量，单位为 s；n 是涡轮转速，单位为 r/min；J 是旋转部件的惯性矩，等于 49.7×10^{-6}kg·m^2。㊀

通过涡轮转速表求出给定转速变化的时间间隔 $\Delta\tau$，可计算出角减速度 α_f，进而求出摩擦功率 P_f。

根据实验结果，涡轮摩擦损失功率远大于轴输出功率，并且随着转速的降低而降低。涡轮处的摩擦损失在涡轮总的损失中占了很大的比例。

子实验 5：不同排汽压力下湿蒸汽干度测定实验

汽轮机出口处的蒸汽状态为湿饱和蒸汽，为具有一定干度的汽水混合物。对于汽轮机来说，乏汽的干度是汽轮机的重要指标之一，大型汽轮机一般要求乏汽干度不低于 0.88。实验中乏汽进入冷凝器放热，通过对冷凝器建立能量平衡关系式，从而获得乏汽的干度数值。

根据能量平衡关系式，乏汽在冷凝器中的放热量等于焓降：
$$Q = \Delta H = H_3 - H_5 = q_m(h_3 - h_5) \tag{3.10.4}$$
式中，q_m 是冷凝水流量，单位为 kg/s；h_3 是涡轮出口乏汽焓，单位为 kJ/kg；h_5 是出口冷凝水焓值，单位为 kJ/kg。

乏汽放热量等于冷凝器中冷却水带走的热量和冷凝器向环境散热量之和：
$$Q = Q_{冷却水} + Q_{散热} = 4.1868\times q_{m,w}(t_{out} - t_{in}) + 3.2\times(t_3 - t_a) \tag{3.10.5}$$
式中，$q_{m,w}$ 是冷却水流量，单位为 kg/s；t_{out} 是冷却水出口温度，单位为℃；t_{in} 是冷却水入口温度，单位为℃；t_3 是乏汽温度，单位为℃；t_a 是环境温度，单位为℃。

根据能量平衡关系式可计算出公式中的未知量乏汽焓值 h_3，乏汽为湿饱和蒸汽，其焓值可根据相同压力下的饱和水焓和饱和蒸汽焓计算，由此可计算出涡轮出口排汽的干度数值：
$$h_3 = xh'' + (1-x)h' \tag{3.10.6}$$
式中，x 是乏汽的干度，无量纲；h'是饱和水焓值，单位为 kJ/kg；h''是饱和蒸汽焓，单位为 kJ/kg。

子实验 6：不同排汽压力下循环电热比测定实验

对于火电厂，其产品为电能，汽轮机的形式是纯凝式，蒸汽在汽轮机中一直膨胀到接近环境温度；而对于热电厂，其产品既包括电能也包括热能。热电联产循环主要分为两种类型，一种最简单的方式是采用背压式汽轮机，蒸汽在汽轮机中膨胀到某一较高的压力和温度（依热用户的要求而定），然后将汽轮机排汽直接提供给热用户。

热电联产循环的评价指标之一为电能生产率或叫电热比，用 ω 表示，其定义为循环发出的电能 W_e 与循环提供的热能 Q_H 的比值，即 $\omega = \dfrac{W_e}{Q_H}$。

电热比 ω 计算方法有两种，第一种方法是循环电功率直接按输出到电负载的功率计算：
$$\omega = \frac{W_e}{Q_H} = \frac{W_e}{q_m(h_3 - h_5)} \tag{3.10.7}$$

㊀ 作者实验设备数据。

第二种方法是获得各个状态点的状态参数温度和压力，从而获得各状态点的焓值进行计算，公式中乏汽的焓值 h_3 参考子实验 5 的计算方法：

$$\omega=\frac{W_e}{Q_H}=\frac{q_m(h_2-h_3)}{q_m(h_3-h_5)}=\frac{h_2-h_3}{h_3-h_5} \tag{3.10.8}$$

实验中可通过改变涡轮排汽压力，测量和计算实验装置提供的电能和热能，获得不同背压下的电热比数值。

子实验 7：汽轮机相对内效率测定实验

汽轮机的相对内效率用来表示汽轮机实际做功过程和理想做功过程的差别，是评价汽轮机性能的重要指标。大型汽轮机的相对内效率在 85%～92%之间，而本实验中所采用的小型汽轮机（涡轮）相对内效率较低。

涡轮相对内效率的测定实验可根据涡轮实际输出功率与理论输出功率的比值获得。从朗肯循环实验装置的 *T-s* 图（图 3.10.8）中可看出，涡轮的理想做功过程 2-4，为可逆绝热（定熵）过程；而实际做功过程 2-3，为不可逆过程，过程中有熵产，意味着做功能力下降。

涡轮相对内效率计算公式：

$$\eta_{ri}=\frac{\text{涡轮实际输出功率}}{\text{涡轮理论输出功率}}=\frac{q_m(h_2-h_3)}{q_m(h_2-h_4)}=\frac{h_2-h_3}{h_2-h_4} \tag{3.10.9}$$

式中，h_3 是涡轮出口乏汽实际焓值，单位为 kJ/kg；h_4 是涡轮出口乏汽理论焓值，单位为 kJ/kg。

公式中各状态点的焓值可根据各点的温度和压力查得。

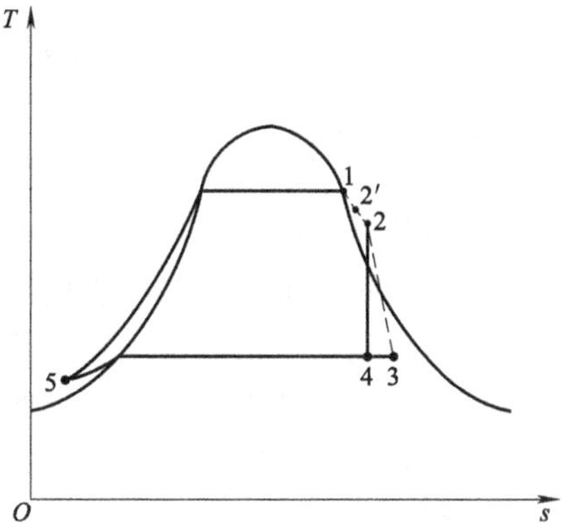

图 3.10.8　朗肯循环实验装置 *T-s* 图

根据实验结果，涡轮的相对内效率远低于电厂汽轮机的相对内效率。实验中采用的涡轮是单级轴流式脉冲型，其能量损失包括节流损失、排汽压力损失、级内损失、外部损失等。节流损失是由于涡轮入口带有一个单级收缩扩张喷嘴，喷嘴内的摩擦造成蒸汽节流损失；排汽压力损失是由于蒸汽在排汽管道中流动时存在摩擦、撞击和涡流等各项损失，使蒸汽压力降低，造成排汽压力损失；涡轮级内损失主要包括喷嘴损失、余速损失、叶高损失、扇形损失、部分进汽损失、摩擦鼓风损失、漏汽损失、湿汽损失；外部损失是指涡轮因与外部接触，向外界环境散热，进而造成热损失。在涡轮所有损失中，尤其以涡轮高速旋转所造成的摩擦损失（属于级内损失）较严重，是造成涡轮相对内效率较低的主要原因。

子实验 8：朗肯循环热效率测定实验

循环热效率是动力装置最重要的指标，通过朗肯循环热效率测定实验，测定朗肯循环实验装置将热能转化为机械能的效率，对实验装置的经济性进行评价。实验中有三种方法测定朗肯循环的热效率。

实验方法一：根据朗肯循环热效率计算公式获得热效率，即

$$\eta_t=\frac{W_{net}}{Q_1}=\frac{\text{循环净输出功率}}{\text{锅炉提供热功率}} \tag{3.10.10}$$

实验中循环净输出功率 W_{net} 为输出到电负载的功率与给水泵消耗功率的净差值，锅炉提供热功率 Q_1 理论上为电加热锅炉的加热功率。

实验方法二：考虑到锅炉加热过程为间歇加热过程，利用锅炉电功率计算输入功率存在一定的误差，因此实验中可利用蒸汽流量与锅炉提供的蒸汽焓差来计算锅炉提供的热功率，蒸汽流量根据冷凝水流量进行测量。

$$\eta_t=\frac{W_{net}}{Q_1}=\frac{W_{net}}{q_m(h_1-h_5)} \tag{3.10.11}$$

式中，q_m 是冷凝水流量，单位为 kg/s；h_1 是锅炉出口蒸汽焓，单位为 kJ/kg；h_5 是锅炉进口给水焓，单位为 kJ/kg。

实验方法三：实验中可根据循环过程中水和蒸汽的焓值计算循环热效率。在忽略给水泵耗功的情况下，循环净输出功率 W_{net} 近似等于汽轮机输出功率，其等于蒸汽流量与汽轮机蒸汽焓降的乘积。

$$\eta_t=\frac{W_{net}}{Q_1}=\frac{q_m(h_2-h_3)}{q_m(h_1-h_5)}=\frac{h_2-h_3}{h_1-h_5} \tag{3.10.12}$$

式中，h_2 是涡轮进口蒸汽焓，单位为 kJ/kg；h_3 是涡轮出口乏汽焓，单位为 kJ/kg。

4. 实验前测试

1）判断题：朗肯循环是蒸汽动力装置的基本循环。(　　)

2）判断题：干饱和蒸汽散热后会有水蒸气凝结现象。(　　)

3）判断题：干饱和蒸汽发生节流后将变为过热蒸汽。(　　)

4）判断题：朗肯循环背压降低时，循环热效率将减小。(　　)

5）判断题：相同压力下的湿饱和蒸汽和干饱和蒸汽温度相同。(　　)

6）填空题：本实验中关于涡轮机性能的评价指标为（　　）。

7）填空题：本实验中关于基本朗肯循环的评价指标为（　　）。

8）填空题：本实验中关于热电联产循环的评价指标为（　　）。

9）填空题：朗肯循环主要设备包括（　　）、（　　）、（　　）、（　　）。

10）选择题：朗肯循环热效率的表达式为（　　）。(多选题)

A. $\eta_t=w_{net}/q_1$　　B. $\eta_t=q_2/q_1$

C. $\eta_t=1-q_2/q_1$　　D. $\eta_t=w_{net}/q_2$

11）选择题：微分节流效应系数 μ_J 的定义式为（　　）。

A. $\mu_J=\partial T/\partial p$　　B. $\mu_J=\Delta T/\Delta p$

C. $\mu_J=T/p$　　D. $\mu_J=\mathrm{d}T/\mathrm{d}p$

12）选择题：确定湿饱和蒸汽的焓值需要以下参数（　　）。

A. 温度 T　　B. 压力 p

C. 温度 T 和压力 p　　D. 压力 p 和干度 x

13）思考题：汽轮机理想做功过程和实际做功过程的不同点是什么？

14）思考题：本实验中节流实验和 3.7 节流实验的不同点是什么？

15）思考题：运行中的冷凝器中为负压状态，实验中如何维持冷凝器负压？可从实验前和实验中两个阶段考虑。

3.10.2 实验部分（课中）

1. 实验装置

朗肯循环实验装置由给水泵、锅炉、涡轮机、凝汽器、发电机、辅助设备及参数测量、数据采集等设备组成。实验装置分为三个主要部分，即涡轮机单元、锅炉单元和发电机单元，如图3.10.9、图3.10.10、图3.10.11所示。实验过程实现了最大的可视化，包括循环主要设备及连接线路、蒸汽管路、给水线路、排水线路、温度测试线路、压力测试线路等，此外储水塔中的给水过程、冷凝器中的蒸汽冷凝过程都做了最大的可视化，非常便于观察实验现象和分析实验流程。

为了提高实验的安全性，实验中采用的锅炉为电加热锅炉，功率为6kW，可将水加热成压力为0.7MPa、温度为165℃的饱和蒸汽。涡轮机是单级轴流式冲动型涡轮，直径为45mm，转速可达40000r/min。涡轮机带有一个单级缩放喷嘴（拉瓦尔型）加速蒸汽，蒸汽进入涡轮机膨胀做功后，推动涡轮机转子旋转，将热能转变为机械能。做功后的涡轮机排汽（乏汽）进入带有玻璃观察窗的水冷式冷凝器，由循环水冷却，将热量排放至环境。冷凝器真空度可在-20~-80kPa之间调节，冷凝器凝结水随后进入给水泵，经压缩后进入锅炉加热。给水泵压头最高可达主蒸汽压力0.7MPa，给水量为20L/min。发电单元主要用于实验装置产生电能的演示及发电功率的测量，通过涡轮机带动发电机旋转，将涡轮产生的机械能转化为电能。

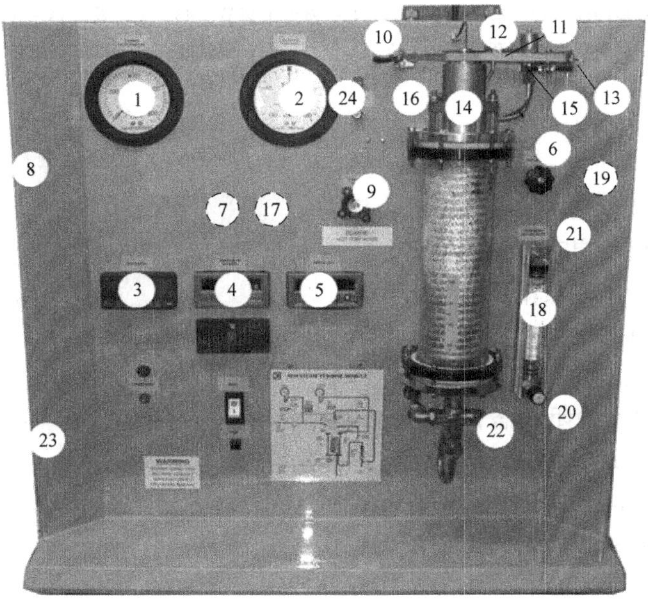

图3.10.9 涡轮机单元实验装置图

1—主蒸汽压力表 2—冷凝器压力表 3—转速计和超速保护 4—温度显示器 5—制动负载显示器 6—冷却水控制闸 7—蒸汽电磁阀 8—锅炉蒸汽进口 9—蒸汽节流阀 10—测力传感器 11—带式制动器 12—转速计光传感器 13—负载调节器 14—冲动式涡轮机 15—冷凝器安全阀 16—冷水闸 17—冷凝器高压开关 18—冷却水流量计 19—内置流量控制阀 20—冷却水进口 21—冷却水出口 22—冷凝水回水阀 23—回锅炉冷凝水 24—安全脱开器

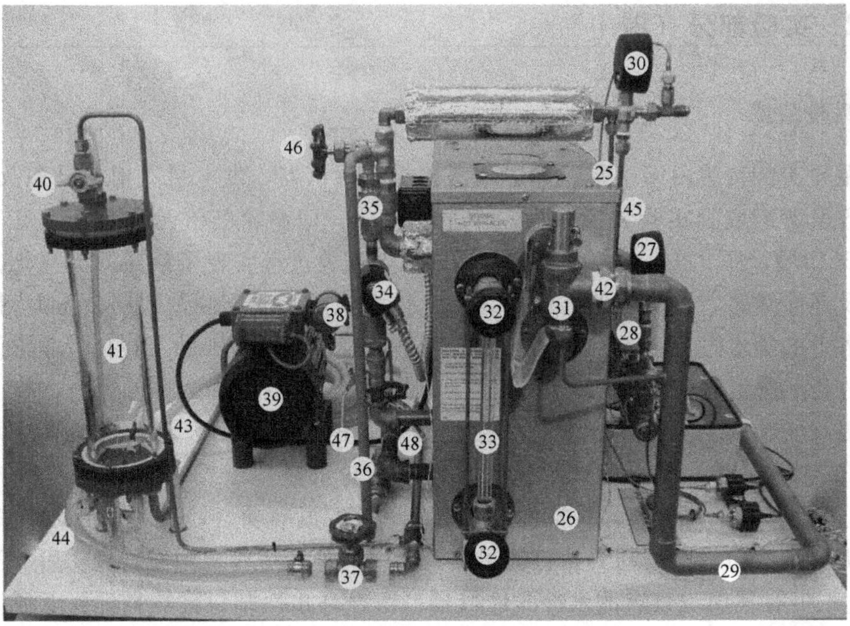

图 3.10.10　锅炉单元实验装置图

25—主开关（本视图中不可见）　26—锅炉外壳　27—锅炉压力计　28—最大压力开关　29—压力传感器
30—节流阀压力计　31—安全阀　32—水准测管阀　33—水准测管　34—给水电磁阀
35—给水过滤器　36—止回阀　37—喷射器控制阀　38—给水泵通风口　39—锅炉给水泵
40—补给水控制阀　41—给水泵蓄水池　42—蒸汽通风管　43—喷射器　44—补给水进水阀
45—锅炉压力控制开关　46—蒸汽节流阀　47—锅炉隔离阀　48—锅炉排水阀

2. 实验操作

朗肯循环实验装置基本操作如下，由锅炉进水、锅炉加热、涡轮启动、涡轮运行、实验测试、设备关闭六个基本操作单元组成。

操作单元一：锅炉进水

1）锅炉进水时，需要确保锅炉隔离阀 47 和锅炉排水阀 48 均为关闭状态，同时确保两个水准测管阀 32 均为打开状态。

2）向给水泵蓄水池 41 加水有两种方式：

第一种：打开喷射器控制阀 37，降低给水泵蓄水池 41 和涡轮冷凝器中的压力。打开补给水控制阀 40，补给水将自动进入给水泵蓄水池 41。

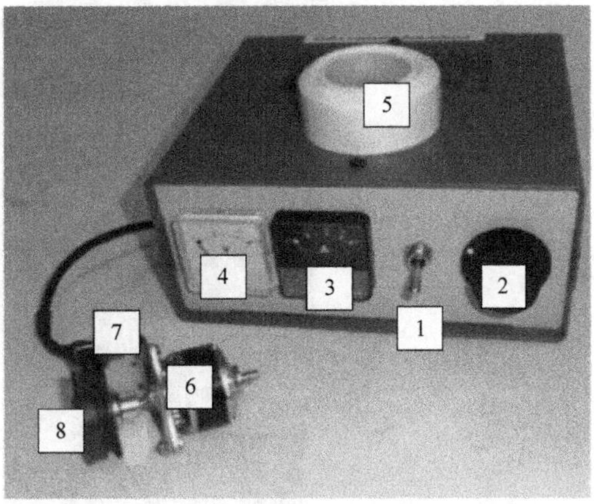

图 3.10.11　发电机单元实验装置图

1—负载开关　2—负载电阻调节　3—电流表　4—电压表
5—负载灯泡　6—发电机　7—安装支架　8—滑轮

第二种：打开喷射器控制阀 37，关闭补给水控制阀 40，打开给水泵蓄水池 41 底部的补给水进水阀 44，补给水将自动从盛水容器进入给水泵蓄水池 41。

3）打开锅炉机壳侧面的主开关 25，锅炉控制系统启动后，锅炉给水泵 39 启动，蓄水池 41 中水位下降，给水泵将水压缩进入锅炉中。此时需向蓄水池 41 及时补充水，防止蓄水池中水排空后，造成空气进入给水泵。

4）锅炉内部有水位传感器，打开主开关 25 后，给水电磁阀 34 和锅炉给水泵 39 自动开启，水通过止回阀 36 进入锅炉。给水电磁阀 34 前安装了给水过滤器 35，防止固体颗粒接触到电磁阀 34 而致其关闭。止回阀 36 的作用是防止水倒回给水泵，即使给水电磁阀 34 未关闭时，也能阻止锅炉中的高压水逆向倒回给水泵 39。

操作单元二：锅炉加热

1）随着锅炉不断充水，水准测管 33 内的水位上升，当水位达到水准测管 33 的 2/3 位置（锅炉运行最低水位）时，锅炉继电器关闭，锅炉电加热器开启，开始自动加热。锅炉给水泵 39 将继续间歇性运行直到锅炉达到预定水位。当达到正常操作水位时，锅炉给水泵 39 停止，给水电磁阀 34 将自动关闭，此时可关闭喷射器控制阀 37，等待锅炉加热达到正常工作压力。当锅炉加热器开启时（继电器关闭），锅炉外壳的红灯亮起。

2）当锅炉压力达到预定压力时，预定压力可由锅炉后面板上的锅炉压力控制开关 45 设置，锅炉压力控制开关 45 将关闭锅炉加热器，锅炉处于全工况压力状态。如果压力控制开关 45 运行失败的话，最大压力开关 28 会运行，最大压力设置为 0.72MPa（注意此压力不可调节）。如果两者均控制失效，机械式安全阀 31 将运行（最高压力设置为 0.79MPa）。

3）锅炉蒸汽压力由锅炉压力计 27 显示，蒸汽温度由安装在锅炉蒸汽出口的热电偶测量。锅炉内的水不断汽化为蒸汽，当锅炉压力达到设定的工作压力时，慢慢打开锅炉隔离阀 47 和锅炉蒸汽节流阀 46，蒸汽进入到涡轮单元。锅炉蒸汽节流阀 46 后的蒸汽压力由节流阀压力计 30 显示。

操作单元三：涡轮启动

1）在蒸汽进入涡轮单元前，需要确保节流阀 9 和冷水控制闸 6 处于关闭状态。检查冷凝水回水阀 22，保证其处于前沿位置。检查光传感器 12 上的红色指示灯，其随着手动旋转涡轮每次循环亮 2 次，对转速传感器进行校准和接线。

2）涡轮机 14 为单级轴流式冲动型，带有一个单级缩放喷嘴加速蒸汽。蒸汽进入涡轮机完成做功后，直接流进带有玻璃观察窗的水冷式冷凝器。涡轮轴是垂直安装的，在密封式滚珠轴承中运转。当涡轮排汽压力低于大气压时，安装有一个密封压盖来减少空气进入。

3）涡轮轴上端的制动鼓反向带动制动带，通过负载调节器 13 改变摩擦阻力，移动滑轮进而在制动带上产生张力。摩擦力由测力传感器 10 测量，由显示器 5 显示读数。涡轮转速由光传感器 12 测量，由数字转速计 3 显示读数。冷却制动鼓的冷水从涡轮轴的顶部装置进入，离开制动鼓的边缘后收集并由冷水闸 16 排除。

4）在冷凝器的底部安装有回水阀 22，回水阀有前沿和后沿两个位置。回水阀处于前沿位置时，会将来自冷凝器的冷凝水返回到锅炉的给水泵蓄水池 41；驱动阀处于后沿位置时，冷凝水保留在冷凝器中，此时可通过测量冷凝水的体积从而计算出涡轮的蒸汽流量。

操作单元四：涡轮运行

1）离开锅炉的过热蒸汽通过涡轮单元端面后的管路进入涡轮模块，在进入涡轮喷嘴前经蒸汽电磁阀 7 和节流阀 9。打开涡轮冷却水流量计的调节阀，调节冷却水流量。随后打开喷射器控制阀 37，调节冷凝器真空度为负压状态，冷凝器压力由冷凝器压力表 2 显示。

2）打开涡轮面板开关，按复位按钮，此时蒸汽电磁阀打开，蒸汽到达节流阀。缓慢打开节流阀 9，当蒸汽压力达到 0.1MPa（表压）时，涡轮机已经开始旋转，排汽（汽水混合物）进入冷凝器中。

3）如果涡轮机终端是负载，通过调节负载调节器和冷凝器压力，使涡轮机转速达到 8000~12000r/min；如涡轮机终端是发电机，通过调节节流阀 9 和冷凝器压力，使涡轮机转速达到 5000r/min 左右。

4）涡轮机稳定运行 2~3min 后，继续开启节流阀 9，提高涡轮速度达到 30000r/min 左右。注意涡轮每次运行前需进行 40000r/min 的超速脱扣检测。

操作单元五：实验测试

子实验 1：朗肯循环演示实验

1）锅炉达到预定压力时，打开锅炉隔离阀 47 和锅炉蒸汽节流阀 46。

2）打开冷却水流量计 18 的调节阀，调节冷却水流量（流量范围 30~50mL/s）。

3）调节喷射器控制阀 37 开度，调整涡轮出口背压为某一压力值。

4）缓慢打开涡轮前蒸汽节流阀 9，使蒸汽进入涡轮，涡轮开始旋转。

5）继续增大涡轮节流阀的开度，使涡轮转速达到 30000~40000r/min 并稳定运行 2~3min 左右。

6）观察发电机单元中的电流表 3 和电压表 4 指针变化情况，观察负载灯泡 5 亮度变化情况。

子实验 2：水蒸气饱和压力与温度关系测定实验

1）打开锅炉主开关 25 后，锅炉开始加热，加热后即可开始本实验。

2）随着加热的进行，自行选择数据采样点并记录对应的主蒸汽压力 p_1 和主蒸汽温度 t_1，共做至少 10 个压力下的实验。

3）注意观察加热状态下，锅炉压力计示数 p_1 和锅炉温度 t_1 的变化情况。

子实验 3：通过绝热节流测定主蒸汽品质实验

实验工况一：绝热节流效应测定实验工况

1）锅炉达到预定压力时，打开锅炉隔离阀 47 和锅炉蒸汽节流阀 46。

2）读取锅炉压力计 27 示数 p_1，从温度显示器 4 读取温度示数 t_1。

3）缓慢调节锅炉蒸汽节流阀开度，设定节流阀出口压力，待出口参数稳定后，记录锅炉节流阀出口的压力和温度数值。

4）调节锅炉蒸汽节流阀，重复实验步骤 3），在保持节流阀进口压力和温度不变的条件下，共记录至少 8 组实验数据。

实验工况二：主蒸汽品质测定实验工况

1）锅炉达到预定压力时，打开锅炉隔离阀 47，将锅炉蒸汽节流阀 46 完全打开（即开度为 100%）。

2）打开冷却水流量计 18 的调节阀，调节冷却水流量（流量范围 30~50mL/s）。

3）缓慢打开涡轮前蒸汽节流阀 9，设定节流阀的出口压力，待出口参数稳定后，读取锅炉压力计 27 示数 p_1，蒸汽压力表 1 示数 p_2，从温度显示器 4 读取温度示数 t_2。

4）调节涡轮前蒸汽节流阀 9，重复实验步骤 3），在保持节流阀进口压力和温度不变的条件下，共记录至少 5 组实验数据。

子实验 4：不同排汽压力下系统摩擦损失实验

1）卸下发电机负载，移除制动带，涡轮速度完全由蒸汽节流阀 9 控制。

2）锅炉达到预定压力时，打开锅炉隔离阀 47 和锅炉蒸汽节流阀 46。

3）打开冷却水流量计 18 的调节阀，调节冷却水流量（流量范围 30~50mL/s）。

4）调节喷射器控制阀 37 开度，调整涡轮出口背压为某一压力值。

5）缓慢打开涡轮前蒸汽节流阀 9，使蒸汽进入涡轮，涡轮开始旋转。

6）当涡轮转速达到 40000r/min 时，开始计时，此时蒸汽电磁阀 7 将自动切断蒸汽，涡轮开始减速。

7）观察转速计 3 所示涡轮的转速，分别记录当涡轮转速下降到 30000r/min、20000r/min、10000r/min 的时间。

8）调节喷射器控制阀 37 开度，改变涡轮出口背压，重复实验步骤 5）至步骤 6），共做至少 5 个背压下的实验。

子实验 5：不同排汽压力下湿蒸汽干度测定实验

1）锅炉达到预定压力时，打开锅炉隔离阀 47 和锅炉蒸汽节流阀 46。

2）打开冷却水流量计 18 的调节阀，调节冷却水流量（流量范围 30~50mL/s）。

3）缓慢打开涡轮前蒸汽节流阀 9，使蒸汽进入涡轮，涡轮开始旋转。

4）调节喷射器控制阀 37 开度，调整涡轮出口背压为某一压力值。

5）涡轮机稳定运行 2min 左右（转速变化在 500r/min 之内可认为稳定），实验工况稳定，开始采集数据。

6）读取冷凝器压力表 2 示数 p_3，从温度显示器 4 读取温度示数 t_3 和冷凝水温度 t_5。

7）从温度显示器 4 读取冷却水进口温度 t_{in} 和出口温度 t_{out} 及环境温度 t_a。

8）保持涡轮进口压力不变，调节喷射器控制阀 37 开度，改变涡轮出口背压，重复实验步骤 4）至步骤 7），共做至少 5 个背压下的实验。

子实验 6：不同排汽压力下循环电热比测定实验

1）锅炉达到预定压力时，打开锅炉隔离阀 47 和锅炉蒸汽节流阀 46。

2）打开冷却水流量计 18 的调节阀，调节冷却水流量（流量范围 30~50mL/s）。

3）缓慢打开涡轮前蒸汽节流阀 9，使蒸汽进入涡轮，涡轮开始旋转。

4）调节喷射器控制阀 37 开度，调整涡轮出口背压为某一压力值。

5）涡轮机稳定运行 2min 左右（转速变化在 500r/min 之内可认为稳定），实验工况稳定，开始采集数据。

6）读取冷凝器压力表 2 示数 p_3，从温度显示器 4 读取温度示数 t_3 和冷凝水温度 t_5。

7）从温度显示器 4 读取冷却水进口温度 t_{in} 和出口温度 t_{out} 及环境温度 t_a。

8）从发电机单元的电流表 3 和电压表 4 读取电流 I 和电压 U 的示数。

9）保持涡轮进口压力不变，调节喷射器控制阀 37 开度，改变涡轮出口背压，重复实验步骤 4）至步骤 8），共做至少 5 个背压下的实验。

子实验 7：汽轮机相对内效率测定实验

1）锅炉达到预定压力时，打开锅炉隔离阀 47 和锅炉蒸汽节流阀 46。

2）打开冷却水流量计 18 的调节阀，调节冷却水流量（流量范围 30~50mL/s）。

3）缓慢打开涡轮前蒸汽节流阀 9，使蒸汽进入涡轮，涡轮开始旋转。

4）涡轮机稳定运行 2min 左右（转速变化在 500r/min 之内可认为稳定），实验工况稳定，开始采集数据。

5）读取蒸汽压力表 1 示数 p_2，冷凝器压力表 2 示数 p_3，从温度显示器 4 读取温度示数 t_2、t_3。

6）从温度显示器 4 读取冷却水进口温度 t_{in} 和出口温度 t_{out} 及环境温度 t_a。

7）保持涡轮出口背压不变，调节蒸汽节流阀 9 开度，改变涡轮进口蒸汽压力，重复实验步骤 4）至步骤 6），共做至少 5 个压力下的实验。

8）保持涡轮进口压力不变，调节喷射器控制阀 37 开度，改变涡轮出口背压，重复实验步骤 4）至步骤 6），共做至少 5 个背压下的实验。

子实验 8：朗肯循环热效率测定实验

实验方法一操作步骤：

1）锅炉达到预定压力时，打开锅炉隔离阀 47 和锅炉蒸汽节流阀 46。

2）打开冷却水流量计 18 的调节阀，调节冷却水流量（流量范围 30~50mL/s）。

3）缓慢打开涡轮前蒸汽节流阀 9，使蒸汽进入涡轮，涡轮开始旋转。

4）涡轮机稳定运行 2min 左右（转速变化在 500r/min 之内可认为稳定），实验工况稳定，开始采集数据。

5）从发电机单元的电流表 3 和电压表 4 读取电流 I 和电压 U 的示数。

6）保持涡轮出口背压为最低压力，调节蒸汽节流阀 9 开度，改变涡轮进口蒸汽压力，重复实验步骤 2）至步骤 5），共做至少 5 个压力下的实验。

7）保持涡轮进口压力为最高压力，调节喷射器控制阀 37 开度，改变涡轮出口背压，重复实验步骤 2）至步骤 5），共做至少 5 个背压下的实验。

实验方法二、实验方法三操作步骤：

1）锅炉达到预定压力时，打开锅炉隔离阀 47 和锅炉蒸汽节流阀 46。

2）打开冷却水流量计 18 的调节阀，调节冷却水流量（流量范围 30~50mL/s）。

3）缓慢打开涡轮前蒸汽节流阀 9，使蒸汽进入涡轮，涡轮开始旋转。

4）涡轮机稳定运行 2min 左右（转速变化在 500r/min 之内可认为稳定），实验工况稳定，开始采集数据。

5）读取锅炉压力计 27 示数 p_1，蒸汽压力表 1 示数 p_2，冷凝器压力表 2 示数 p_3，从温度显示器 4 读取温度示数 t_1、t_2、t_3 和冷凝水温度 t_5。

6）从温度显示器 4 读取冷却水进口温度 t_{in} 和出口温度 t_{out} 及环境温度 t_a。

7）关闭冷凝水回水阀 22，将阀门从前沿变化至后沿位置，测定产生 100mL 冷凝水需要时间，计算冷凝水流量 q_m。

8）调节蒸汽节流阀 9 开度，改变涡轮进口蒸汽压力，重复实验步骤 4）至步骤 7），共做至少 5 个压力下的实验。

操作单元六：设备关闭

1）在正常条件下，锅炉/涡轮是在均匀冷却后，按以下程序进行正常关闭：

① 关闭锅炉主开关 25，锅炉加热器即关闭，锅炉压力逐渐降低。

② 缓慢关闭节流阀，期间设置负载调节器使涡轮转速为 10000~25000r/min。

③ 随着锅炉的冷却，锅炉压力计 27 显示的蒸汽压力将逐渐降低。

④ 关闭喷射器控制阀 37。

⑤ 关闭涡轮单元电源。

⑥ 关闭冷凝器冷却水。

⑦ 关闭制动器冷却水。

⑧ 当锅炉压力下降至 0.15MPa 以下，缓慢打开锅炉排水阀 48，将热水和蒸汽排放到排水管中。

⑨ 当锅炉水和蒸汽排放完全后，关闭锅炉排水阀 48 和锅炉隔离阀 47，为下次运行做准备。

2）在紧急情况下，涡轮机如果需要快速关闭，可通过以下方法：关闭蒸汽节流阀 9 或关闭涡轮单元主电源。

3. 注意事项

1）实验装置通电后，需随时观察实验装置运行情况和实验参数变化情况，不得离开。

2）本实验设备为高温高压装置，需要严格按照操作流程，在实验老师的指导下进行。

3）部分实验设备表面温度较高，实验过程中需要戴隔热手套进行操作，防止高温烫伤。

4）涡轮机所连带轮和发电机所连带轮为高速旋转设备，实验过程中禁止触碰，防止受伤。

5）锅炉排水过程要防止高温烫伤，排水系统必须连接到能够承受高温热水或蒸汽的排水管道中。

4. 实验工况

本实验进行朗肯循环实验，实验中涉及温度、压力、流量、转速、电压、电流等多个实验参数的测量，并涉及多个子实验及实验工况：

子实验 1：朗肯循环演示实验

子实验 2：水蒸气饱和压力与温度关系测定实验

子实验 3：通过绝热节流测定主蒸汽品质实验

子实验 4：不同排汽压力下系统摩擦损失实验

子实验 5：不同排汽压力下湿蒸汽干度测定实验

子实验 6：不同排汽压力下循环电热比测定实验

子实验 7：汽轮机相对内效率测定实验

子实验 8：朗肯循环热效率测定实验

5. 分组研讨

正式实验前，学生通过分组研讨，确定实验方案和实验工况。

1）讨论子实验 3 的实验工况和实验 3.7 空气绝热节流效应测定实验有何不同。

提示：主要从实验工质、实验目的、实验结果几个方面考虑。

2）讨论子实验 7 除已列实验方法外，是否有其他实验方法。

提示：与子实验 6 相同，除利用蒸汽状态点的焓值获得实验结果外，还可利用输出到电负载功率的实验方法获得实验结果。

3）讨论子实验 8 所采用的三种实验方法，并对其进行评价。

提示：主要讨论三种实验方法的优点和缺点，分别需要采集哪些实验数据，主要存在哪些实验误差以及误差较大的数据点。

6. 实验数据

（1）实验数据表格

子实验 1：朗肯循环演示实验

本实验为演示实验，不需要记录数据。实验中需认真观察发电机单元电流表 3 和电压表 4 指针变化情况，观察负载灯泡 5 亮度变化情况。

子实验 2：水蒸气饱和压力与温度关系测定实验

本实验所测主要参数包括：主蒸汽压力 p_1 和主蒸汽温度 t_1（表 3.10.1）。

表 3.10.1 饱和蒸汽温度压力关系实验数据

实验序号	饱和压力/MPa			饱和温度/℃		绝对误差	相对误差
	压力表读数 p_g	大气压力 p_b	绝对压力 $p=p_g+p_b$	温度表读数 t'	理论值 t	$\Delta t=t-t'$	$\frac{\Delta t}{t}\times 100\%$
1							
2							
3							
⋮							

子实验 3：通过绝热节流测定主蒸汽品质实验

实验工况一：绝热节流效应测定实验工况

实验工况一所测主要参数包括：锅炉出口主蒸汽压力 p_1 和主蒸汽温度 t_1，涡轮进口主蒸汽压力 p_2 和主蒸汽温度 t_2（表 3.10.2）。

表 3.10.2 绝热节流效应测定实验数据

实验序号	节流前压力 p_1 /MPa	节流前温度 t_1 /℃	节流后压力 p_2 /MPa	节流后温度 t_2 /℃	绝热节流系数 μ_J
1					
2					
3					
⋮					

实验工况二：主蒸汽品质测定实验工况

实验工况二所测主要参数包括：锅炉出口主蒸汽压力 p_1，涡轮进口主蒸汽压力 p_2 和主蒸汽温度 t_2（表 3.10.3）。

表 3.10.3　主蒸汽品质测定实验数据

实验序号	节流前压力 p_1 /MPa	节流后压力 p_2 /MPa	节流后温度 t_2 /℃	主蒸汽焓值 h_1 /(kJ/kg)	主蒸汽干度 x (%)
1					
2					
3					
⋮					

子实验 4：不同排汽压力下系统摩擦损失实验

本实验所测主要参数包括：涡轮出口乏汽压力（背压）p_3、涡轮转速、涡轮减速时间（表 3.10.4）。旋转部件的惯性矩为已知量，相关数据计算见实验原理部分。

表 3.10.4　朗肯循环系统摩擦损失实验数据

实验序号	背压 p_3 /MPa	转速 n /(r/min)	时间 $\Delta\tau$ /s	角减速度 α_f /(rad/s^2)	摩擦力矩 M_f /N·m	摩擦功率 P_f /W
1		30000				
		20000				
		10000				
2		30000				
		20000				
		10000				
3		30000				
		20000				
		10000				
⋮		30000				
		20000				
		10000				

子实验 5：不同排汽压力下湿蒸汽干度测定实验

本实验所测主要参数包括：涡轮出口乏汽压力 p_3、乏汽温度 t_3、给水温度 t_5、冷凝水流量、冷却水流量、进出口冷却水温度（表 3.10.5）。能量平衡关系式及相关数据计算见实验原理部分。

表 3.10.5　湿饱和蒸汽干度测定实验数据

实验序号	乏汽压力 p_3 /MPa	乏汽温度 t_3 /℃	给水温度 t_5 /℃	环境温度 t_a /℃	冷凝水时间 /s	冷凝水流量 /(kg/s)
1						
2						
3						
⋮						

（续）

实验序号	冷却水温度 t_{in} /℃	冷却水温度 t_{out} /℃	冷却水流量 /(kg/s)	给水焓值 h_5 /(kJ/kg)	乏汽焓值 h_3 /(kJ/kg)	乏汽干度 x (%)
1						
2						
3						
⋮						

子实验 6：不同排汽压力下循环电热比测定实验

本实验需要按照子实验 5 不同排汽压力下湿蒸汽干度测定实验，测定涡轮出口乏汽的温度，通过能量平衡关系式获得乏汽的焓值。能量平衡关系式及相关数据计算见实验原理部分。注意实验中排汽压力（绝对压力）不能超过 0.1MPa，因为背压过高意味着冷凝器冷却水流量降低，导致水温过高，导致一定的问题和危险因素。

实验方法一：所测主要参数包括涡轮出口乏汽压力 p_3、乏汽温度 t_3、给水温度 t_5、冷凝水流量、冷却水流量、进出口冷却水温度、输出电压、输出电流（表 3.10.6）。

表 3.10.6　朗肯循环电热比测定实验数据（一）

实验序号	输出电压 /V	输出电流 /A	输出功率 /W	冷却水温度 t_{in} /℃	冷却水温度 t_{out} /℃	冷却水流量 /(kg/s)
1						
2						
3						
⋮						
实验序号	乏汽压力 p_3 /MPa	乏汽温度 t_3 /℃	给水温度 t_5/℃	冷凝水时间 /s	冷凝水流量 /(kg/s)	循环电热比 (%)
1						
2						
3						
⋮						

实验方法二：所测主要参数包括涡轮进口蒸汽压力 p_2、蒸汽温度 t_2、乏汽压力 p_3、乏汽温度 t_3、给水温度 t_5、冷却水流量、进出口冷却水温度（表 3.10.7）。

表 3.10.7　朗肯循环电热比测定实验数据（二）

实验序号	蒸汽压力 p_2 /MPa	蒸汽温度 t_2/℃	蒸汽焓值 h_2 /(kJ/kg)	冷却水温度 t_{in} /℃	冷却水温度 t_{out} /℃	冷却水流量 /(kg/s)
1						
2						
3						
⋮						

（续）

实验序号	乏汽压力 p_3 /MPa	乏汽温度 t_3 /℃	乏汽焓值 h_3 /(kJ/kg)	给水温度 t_5/℃	给水焓值 h_5 /(kJ/kg)	循环电热比 (%)
1						
2						
3						
⋮						

子实验 7：汽轮机相对内效率测定实验

本实验同样需要按照子实验 5 不同排汽压力下湿蒸汽干度测定实验，测定涡轮出口乏汽的温度，通过能量平衡关系式获得乏汽的焓值。能量平衡关系式及相关数据计算见实验原理部分。

实验所测主要参数包括：涡轮进口蒸汽压力 p_2、蒸汽温度 t_2、乏汽压力 p_3、乏汽温度 t_3、冷却水流量、进出口冷却水温度。实验中保持涡轮出口背压不变，改变涡轮进口蒸汽压力，测定一组实验数据；或保持涡轮进口蒸汽压力不变，改变涡轮出口背压，测定一组实验数据，填入表 3. 10. 8 中。

表 3. 10. 8　涡轮相对内效率测定实验数据

实验序号	蒸汽压力 p_2 /MPa	蒸汽温度 t_2/℃	蒸汽焓值 h_2 /(kJ/kg)	冷却水温度 t_{in} /℃	冷却水温度 t_{out} /℃	冷却水流量 /(kg/s)
1						
2						
3						
⋮						
实验序号	环境温度 t_a /℃	乏汽压力 p_3 /MPa	乏汽温度 t_3 /℃	乏汽焓值 h_3 /(kJ/kg)	乏汽焓值 h_4 /(kJ/kg)	相对内效率 (%)
1						
2						
3						
⋮						

子实验 8：朗肯循环热效率测定实验

根据朗肯循环热效率的计算公式，$\eta_t = \dfrac{W_{net}}{Q_1} = \dfrac{\text{循环净输出功率}}{\text{锅炉提供热功率}}$，实验中采用了三种方法测定朗肯循环的热效率。

实验方法一：循环净输出功率 W_{net} 等于输出到电负载的功率与给水泵消耗功率的净差值，锅炉提供热功率 Q_1 理论上为电加热锅炉的加热功率。公式中锅炉额定功率为 6kW，水泵消耗功率可忽略不计。

实验所测主要参数包括：输出电压、输出电流。其中表 3. 10. 9 为保持涡轮出口背压为最低压力，改变涡轮进口蒸汽压力时的实验数据表；表 3. 10. 10 为保持涡轮进口压力为最高

表 3.10.9 朗肯循环热效率测定实验数据（保持涡轮出口背压为最低压力）

实验序号	蒸汽压力 p_2 /MPa	输出电压 /V	输出电流 /A	输出功率 /W	锅炉功率 /kW	循环热效率 (%)
1						
2						
3						
⋮						

表 3.10.10 朗肯循环热效率测定实验数据（保持涡轮进口压力为最高压力）

实验序号	乏汽压力 p_3 /MPa	输出电压 /V	输出电流 /A	输出功率 /W	锅炉功率 /kW	循环热效率 (%)
1						
2						
3						
⋮						

压力，改变涡轮出口背压时的实验数据表。

实验方法二：利用蒸汽流量与锅炉提供的蒸汽焓差来计算锅炉提供的热功率，蒸汽流量根据冷凝水流量进行测量。

实验所测主要参数包括：输出电压、输出电流、锅炉出口蒸汽压力 p_1、蒸汽温度 t_1、涡轮进口蒸汽压力 p_2、给水温度 t_5、冷凝水流量（表 3.10.11）。

表 3.10.11 朗肯循环热效率测定实验数据（实验方法二）

实验序号	蒸汽压力 p_2 /MPa	输出电压 /V	输出电流 /A	输出功率 /W	蒸汽压力 p_1 /MPa	蒸汽温度 t_1 /℃
1						
2						
3						
⋮						

实验序号	给水温度 t_5 /℃	冷凝水时间 /s	冷凝水流量 /(kg/s)	蒸汽焓值 h_1 /(kJ/kg)	给水焓值 h_5 /(kJ/kg)	循环热效率 (%)
1						
2						
3						
⋮						

实验方法三：完全根据循环过程中水和蒸汽的焓值计算循环热效率，循环净输出功率 W_{net} 近似等于汽轮机输出功率，等于蒸汽流量与汽轮机蒸汽焓降的乘积，锅炉提供的热功率 Q_1 利用蒸汽流量与锅炉提供的蒸汽焓差来计算。

按方法三实验时，需要按照子实验 5 不同排汽压力下湿蒸汽干度测定实验，测定涡轮出口乏汽的温度，通过能量平衡关系式获得乏汽的焓值。实验所测主要参数包括：锅炉出口蒸

汽压力 p_1、蒸汽温度 t_1、涡轮进口蒸汽压力 p_2、涡轮出口乏汽压力 p_3、乏汽温度 t_3、给水温度 t_5、冷凝水流量、冷却水流量、进出口冷却水温度（表 3.10.12）。

表 3.10.12　朗肯循环热效率测定实验数据（实验方法三）

实验序号	蒸汽压力 p_2 /MPa	蒸汽温度 t_2 /℃	蒸汽压力 p_1 /MPa	蒸汽温度 t_1 /℃	给水温度 t_5 /℃	环境温度 t_a /℃
1						
2						
3						
⋮						
实验序号	冷却水温度 t_{in} /℃	冷却水温度 t_{out} /℃	冷却水流量 /(kg/s)	蒸汽焓值 h_1 /(kJ/kg)	蒸汽焓值 h_2 /(kJ/kg)	给水焓值 h_5 /(kJ/kg)
1						
2						
3						
⋮						
实验序号	乏汽压力 p_3 /MPa	乏汽温度 t_3 /℃	乏汽焓值 h_3 /(kJ/kg)	冷凝水时间 /s	冷凝水流量 /(kg/s)	循环热效率 (%)
1						
2						
3						
⋮						

(2) 实验数据处理

子实验 1：观察电流表和电压表变化及负载灯泡亮度

子实验 2：绘制饱和压力与饱和温度的 p-t 关系曲线

子实验 3：绘制水蒸气绝热节流效应的 T-p 曲线

子实验 4：计算不同排汽压力下系统的摩擦功率

子实验 5：计算不同排汽压力下湿饱和蒸汽干度

子实验 6：计算不同排汽压力下朗肯循环电热比

子实验 7：计算不同工况下汽轮机的相对内效率

子实验 8：计算不同实验方法下朗肯循环热效率

3.10.3　拓展部分（课后）

1. 思考问题

1）为什么实验室朗肯循环的热效率很低？分析影响热效率的主要原因。

2）分析实验室朗肯循环和火电厂朗肯循环的主要不同之处，除已有实验外，还可以开展哪些实验？

3）对于理想朗肯循环，乏汽和冷凝水都处于饱和状态，其压力和温度是对应关系，而在实验中为什么乏汽和冷凝水的压力和温度参数都要测量？

2. 实验拓展

1）根据实验结果和误差分析，如何对实验室朗肯循环装置进行改进？如何提高循环的热效率？

2）已有的实验室朗肯循环装置还可以做哪些实验？对实验方案和实验工况进行设计和讨论。

3）查阅网站资料，访问相关的朗肯循环虚拟仿真实验平台，对虚拟仿真实验进行了解和探究。

3. 知识拓展

1）英国科学家朗肯（W. J. M. Rankine）于1859年出版《蒸汽机和其他动力机手册》，这是第一本系统阐述蒸汽机理论的经典著作。查阅相关文献，了解朗肯循环的提出背景和发展历史。

2）在传统朗肯循环的基础上，通过查阅文献资料，对超临界朗肯循环、有机工质朗肯循环等学科前沿知识进行了解，写一篇小论文。

第 4 章　传热学创新实验

本章内容主要介绍传热学创新实验，包括 9 个实验：线性导热实验、径向导热实验、非稳态导热实验、导热系数及热扩散率实验、自然和强制对流换热实验、沸腾换热模块实验、辐射换热模块实验、扩展表面传热实验、对流和辐射综合传热实验。

4.1 线性导热实验

4.1.1 理论部分（课前）

1. 实验目的

1）理解傅里叶导热定律的物理意义和适用条件。

2）测量在稳态传热时单一固体材料和复合固体材料温度分布的差异。

3）测量和比较不同固体材料的导热系数。

4）测量复合平板材料在相邻接触面上的温降。

2. 涉及知识点

（1）导热　导热是指物体内部或相互接触的物体表面之间，依靠分子、原子及自由电子等微观粒子的热运动而产生热量传递的现象。

（2）导热基本定律（傅里叶导热定律）

$$\Phi = -\lambda A \frac{\mathrm{d}t}{\mathrm{d}x} \tag{4.1.1}$$

式中，Φ 是热流量，单位为 W；λ 是导热系数（或热导率），单位为 W/(m · ℃) 或 W/(m · K)；A 是垂直于导热方向的横截面积，单位为 m^2；$\frac{\mathrm{d}t}{\mathrm{d}x}$是 x 方向上的温度变化率，单位为℃/m。

式（4.1.1）中负号表示导热方向与温度升高的方向相反。

3. 实验原理

本实验是根据无限大平板的一维导热问题设计的。如图 4.1.1 所示，假设平板厚度为 δ，初始温度为 t_0，平板一侧受恒定的热流密度 q_c 均匀加热，达到稳态时的热量传递过程由傅里叶导热定律描述：

$$q_c=\lambda\frac{t_1-t_2}{\delta} \tag{4.1.2}$$

平板内的温度分布为线性分布规律：

$$t=t_1-\frac{t_1-t_2}{\delta}x$$

式中，t_1、t_2 是平板两个表面的温度，单位为℃。

根据式（4.1.2）可获得平板材料导热系数的公式：

$$\lambda=\frac{q_c\delta}{\Delta t}=\frac{q_c\delta}{t_1-t_2}$$

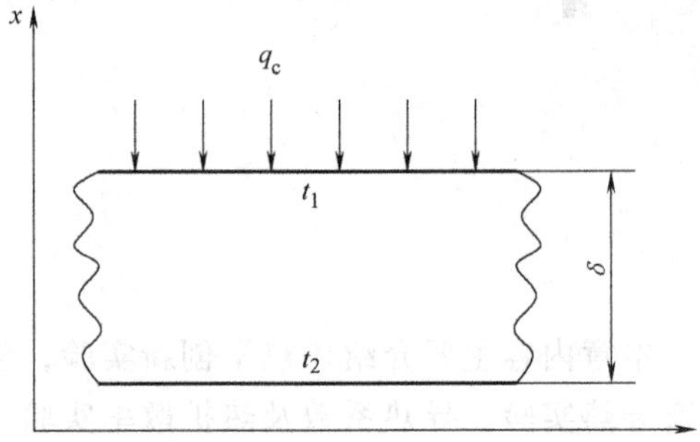

图 4.1.1　无限大平板一维导热

在实际问题中，无限大平板是无法实现的。一般认为，当试件的横向尺寸为厚度的6倍以上时，两侧的散热对试件中心的温度影响可忽略不计。因此实验中采用有限尺寸的固体材料试件，试件两端面中心处的温差相当于无限大平板两端面的温差。

4.1.2　实验部分（课中）

1. 实验装置

按上述理论及物理模型设计的线性导热实验装置如图 4.1.2 和图 4.1.3 所示。

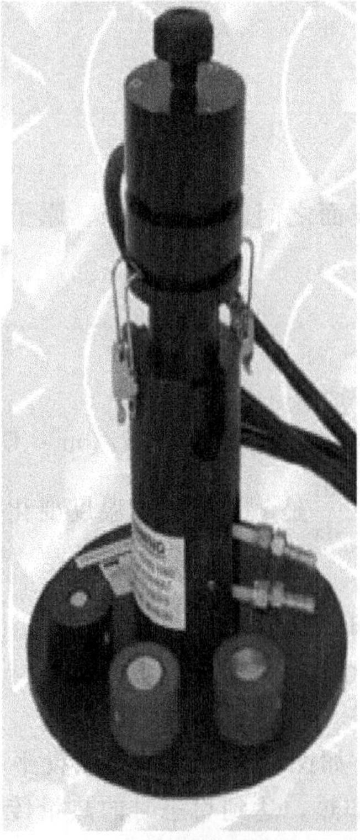
图 4.1.2　线性导热实验装置图

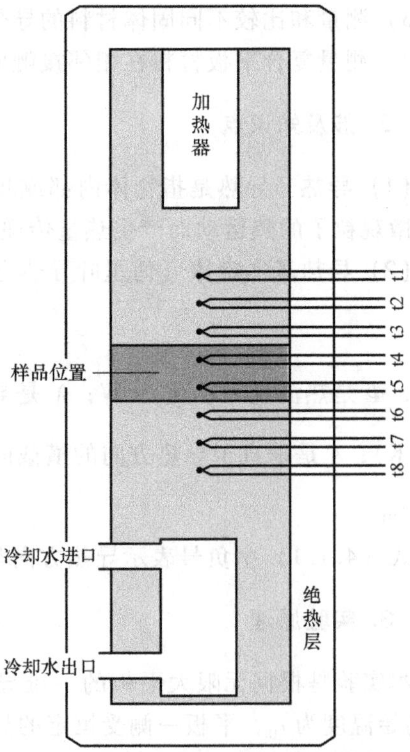

图 4.1.3　线性导热实验装置内部结构图

1）本实验装置主要用于研究线性导热原理、传热过程和温度分布。

2）冷、热端均采用直径为 25mm 的黄铜圆柱，中间可放置传热试件，所有模块在径向方向均包有绝热材料。

3）在热端上部装有夹紧调节螺钉，在冷端装有金属夹具，用以固定实验试件，并通过热端调节螺钉紧固试件。

4）热端最大加热功率为 65W，通过综合实验台主机控制，该主机安装限温开关，冷端通入冷却水冷却。

5）冷、热两端的柱体上沿轴向每隔 15mm 设置一热电偶，共 6 个。

6）本实验所涉及的试件名称及尺寸为：①不锈钢，30mm×ϕ25mm；②铝，30mm×ϕ25mm；③黄铜，30mm×ϕ25mm、30mm×ϕ13mm。

综合传热实验台主机正面及背面面板如图 4.1.4 和图 4.1.5 所示。

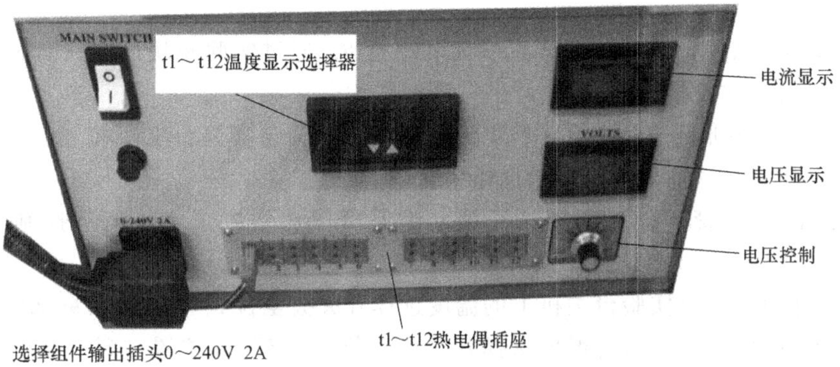

图 4.1.4　综合传热实验台主机正面图

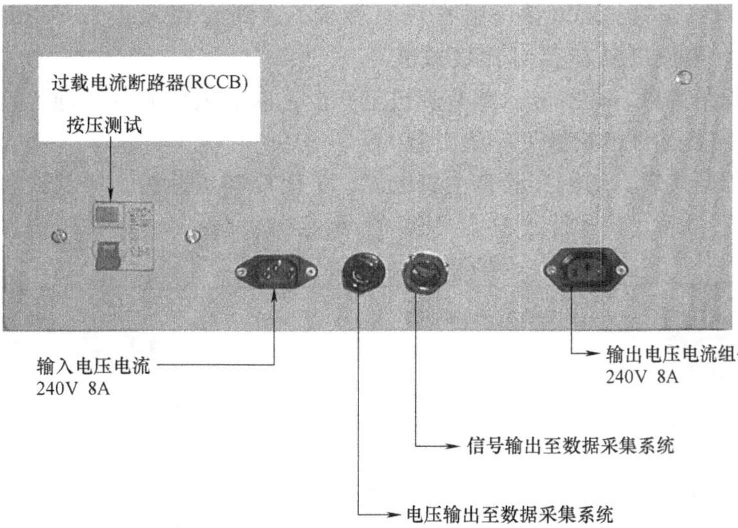

图 4.1.5　综合传热实验台主机背面图

实验台主机仅提供电源输出、仪表控制和部分测量等功能，内置漏电短路保护器和过载电流断路器（RCCB）装置，能提供多种规格的电源输出，正面设置有 12 个 K 型热电偶插槽、3个电子显示屏等，测量参数包括温度、电压（0~240V）、电流（0~2A），背面设置有电源插槽和连接计算机数据采集模块的数据接口。

综合传热实验台主机的操作步骤及注意事项如下：

1）实验前主开关处于关闭位置（数字显示器不应亮灯），后面板过载电流断路器处于合上的位置。

2）实验模块的电线插头插入实验台主机前面板电源插槽，逆时针旋转电压控制器，将交流电压设置为最小值。

3）实验开始时，打开主开关，数字显示屏亮起，旋转电压控制器，增加电压值到实验要求的指定值。

4）实验结束时先将调节旋钮调至0位，再关闭主开关，最后拔出实验模块的电线插头。

2. 实验操作

1）选取实验试件，记录试件的面积 A 和厚度 δ，通过实验模块冷端夹具和热端调节螺母固定在线性导热实验模块上。

2）按图4.1.6所示，将线性导热实验模块电线插头与实验台主机相连，接好电源，将实验所用的热电偶插入前面板对应的插槽中。

3）接通冷却水管，打开冷却水开关，确保冷却水供应正常，流量控制在1.5L/min左右。

4）打开主开关，将实验台主机上的温度选择开关拨至位置“1”，测量试件加热前的温度 t_1（即实验环境温度）；再将温度选择开关拨至位置“3”和位置“6”，测量试件上下两面的温度 t_3 和 t_6，保证初始温差不超过0.1℃。

5）顺时针调节前面板的电压调节旋钮，给加热器通以恒定电流并记录电流值 I，待加热5min后开始计时，每隔2min读一组 t_3 和 t_6 数值，直到 t_3 与 t_6 差几乎保持不变。记录此时加热器的电压、电流以及 t_1 至 t_8 温度数值。

6）本组实验结束后，调节电压调节旋钮至0位，取下试件并继续通水冷却，待加热器冷却到室温后，更换试件继续做下一组实验。

7）实验全部结束后，切断实验台主机电源，关闭冷却水开关，实验设备恢复至实验初

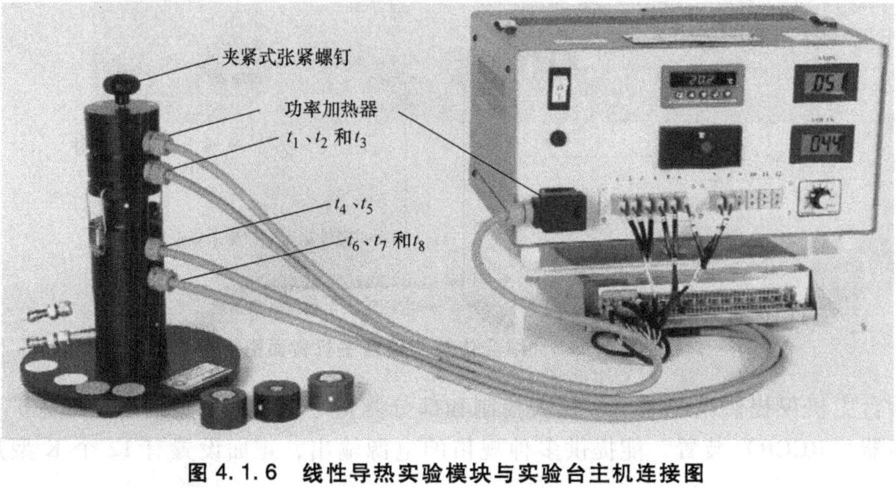

图4.1.6 线性导热实验模块与实验台主机连接图

始状态。

3. 注意事项

1）冷却水进出水管不要接反。

2）换取试件时，注意试件表面可能高温，必须戴隔热手套进行操作。

3）完成一组实验后应通水冷却，使设备冷却至室温后才能做下一组实验。

4. 实验工况

将实验数据记入表 4.1.1 中。

室温 t_0:	℃;	加热器电流 I:	A
加热器电压 U:	V;	试件截面面积 A:	m^2
试件厚度 δ:	m;	试件材料密度 ρ:	kg/m^3

表 4.1.1　线性导热实验数据记录表

实验序号	t_1/℃	t_2/℃	t_3/℃	t_4/℃	t_5/℃	t_6/℃	t_7/℃	t_8/℃	U/V	I/A
1										
2										
3										
⋮										

5. 实验数据

利用导热基本公式计算以下各参数：

稳态时温差 Δt:	℃
热流量 Φ:	W
热流密度 q:	W/m^2
导热系数 λ:	$W/(m \cdot K)$

附表 7 给出了不同金属材料在不同温度的导热系数等物性参数，可将实验结果与附表中数据进行对比。

4.1.3　拓展部分（课后）

1. 思考问题

1）该实验为什么要采用水冷？如果不采用水冷效果如何？

2）本实验所测材料为金属，如果测量绝热材料，实验方案有何不同？

3）本实验装置能否开展非稳态导热实验，如果进行非稳态导热性能实验，能按照一维物体处理吗？

2. 实验拓展

1）本实验通过不同金属材料、不同面积的线性导热实验测定材料的导热系数，而热扩散率也是一种非常重要的热物性参数，分析能否通过本实验装置测定材料的热扩散率。

2）试件和设备之间有一定的空隙，会产生额外热阻，造成实验误差，实验中可采用导热膏填充的方法予以补偿。分析采用导热膏对实验结果有何影响。

3. 知识拓展

1）导热系数是表征材料热性能的重要物性参数之一，查阅文献资料，了解不同材料导热的物理机理。

2）大型汽轮机汽缸及转子的导热性能影响汽轮机的安全可靠性，查阅文献资料，从导热的角度了解大型汽轮机设计制造过程需要关注的问题。

4.2 径向导热实验

4.2.1 理论部分（课前）

1. 实验目的

1）测量圆筒壁稳态导热时的温度分布规律。

2）利用傅里叶导热定律计算热流密度。

3）利用傅里叶导热定律测量圆盘材料的导热系数。

4）了解非稳态导热的实验方法，总结非稳态导热的温度变化规律。

2. 涉及知识点

（1）定解条件 使微分方程获得唯一解的特定条件，又称为单值性条件，定解条件包括以下四项：

1）几何条件：表征导热体的几何形状和尺寸。

2）物理条件：表征导热物体的物理性质和物性参数。

3）时间条件：又称为初始条件，表征导热体初始时刻的温度分布。稳态导热不需要时间条件，对于非稳态导热需要给出导热体初始时刻的温度分布。

4）边界条件：表征导热体的边界温度或换热情况。

（2）边界条件 边界条件包括第一类、第二类和第三类边界条件。

1）第一类边界条件：给定边界上的温度值 t_w。

2）第二类边界条件：给定边界上的热流密度值 q_w。

3）第三类边界条件：给定边界上物体与周围流体间的表面传热系数（也作对流换热系数）h 及周围流体的温度 t_f。

3. 实验原理

通过圆筒壁的导热及温度分布如图 4.2.1 所示，当一个圆筒壁的内、外表面存在温差时，热量通过圆筒壁径向传递。由于圆柱体的对称性，距圆柱中心轴线距离相等的位置温度相等。随着圆柱面半径的不断增大，温度梯度和热流密度逐渐减小。

根据傅里叶导热定律，通过圆筒壁的热流量为

$$\Phi=-2\pi\lambda r\frac{\mathrm{d}T}{\mathrm{d}r} \qquad (4.2.1)$$

对于稳态导热，Φ 为定值，整理式（4.2.1），可得

$$\int_{R_i}^{R_o}\frac{1}{r}\mathrm{d}r=\int_{T_i}^{T_o}\frac{-2\pi\lambda}{\Phi}\mathrm{d}T$$

考虑到热流量和导热系数均为定值，两侧分别进行积分，可得圆筒壁导热系数公式

$$\lambda=-\frac{\Phi\ln\dfrac{R_o}{R_i}}{2\pi(T_o-T_i)}$$

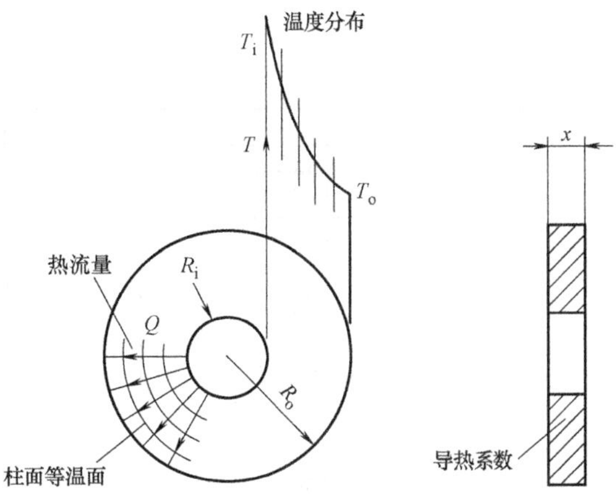

图 4.2.1　通过圆筒壁的导热及温度分布

实验中以圆盘作为试件，在圆盘中心以恒定热功率加热试件，热量沿径向传递，温度逐渐变化，直到达到稳定状态，测量此时的加热功率（即热流量）、内外壁的表面温度和试件半径即可获得试件材料的导热系数。

4.2.2　实验部分（课中）

1. 实验装置

按上述理论及物理模型设计的径向导热实验装置如图 4.2.2 所示。

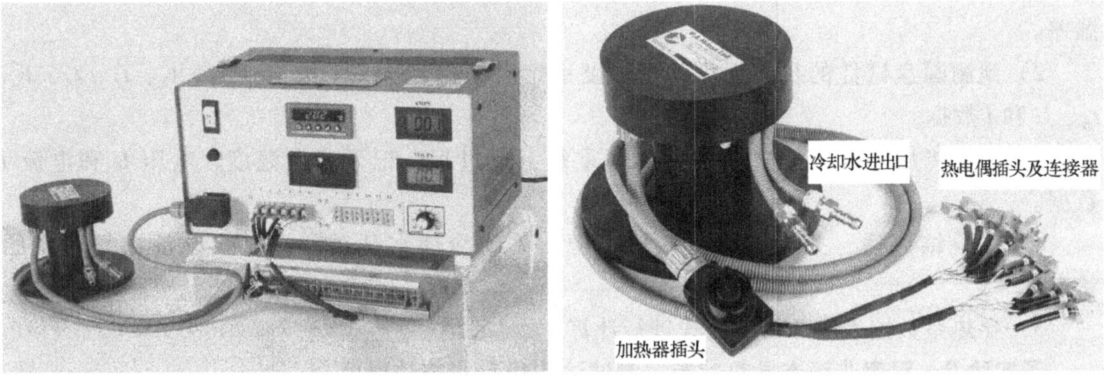

图 4.2.2　径向导热实验装置图

1）本实验装置中的导热圆盘由黄铜制成，尺寸为 ϕ110mm×3.2mm。

2）圆盘中心采用电加热，最大加热功率为 100W，四周布置有冷却管道，内通冷却水，实验装置结构图如图 4.2.3 所示。

3）导热圆盘在轴向和上下端面敷设有绝热材料。

4）从圆盘中心开始到圆周外围，每隔 10mm 布置 1 个 K 型热电偶，共有 6 个。

5）热电偶的径向位置：$r_1=0.007\text{m}$，$r_2=0.010\text{m}$，$r_3=0.020\text{m}$，$r_4=0.030\text{m}$，$r_5=$

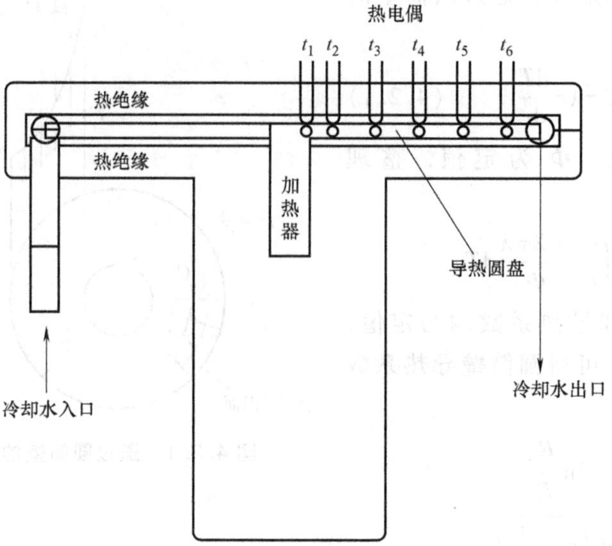

图 4.2.3 径向导热实验装置结构图

0.040m，$r_6 = 0.050$m。

2. 实验操作

子实验 1：测量稳态导热时圆筒壁的温度分布及材料导热系数

1）将径向导热装置的加热电线插头、热电偶插头分别与实验台主机相连接，接通冷却水确保冷却水正常流动，调整电压调节旋钮将加热器电压 U 设置为 100V。如果冷却水温较高（超过 25℃时），需要增大加热器的电压值，从而增大试件中心热端和圆周冷端之间的温差。

2）观测圆盘试件的径向温度，当温度稳定时，在表 4.2.1 中记录 t_1、t_2、t_3、t_4、t_5、t_6、U 和 I 数据。

3）每次将加热电压提高 50V 左右，重复上述过程，记录径向温度、电压 U 和电流 I 数据。

4）实验结束后，关闭实验台主机电源，关闭冷却水开关，将实验设备恢复至初始状态。

5）导热系数按表 4.2.2 中公式进行计算。

子实验 2：观察非稳态导热状态，测试达到稳定状态的时间

1）径向导热装置与实验台主机相连接，确保冷却水正常流动。

2）打开实验台主机前面板的电源主开关，拔出加热器插头，然后将加热器电压设置为 66V。

3）重新连接加热器插头，试件开始加热，每隔 30s 记录一次 t_1、t_2、t_3、t_4、t_5、t_6、U 和 I 实验数据，在表 4.2.3 中记录数据。

4）当实验参数稳定后结束实验，关闭实验台主机电源，关闭冷却水开关，将实验设备恢复至初始状态。

3. 注意事项

1）热电偶插头需按照对应序号连接到实验台主机上，第一个热电偶处的温度最高不得高于 100℃。

2）实验设备不能连续使用，完成一组实验后应使加热器通水冷却至室温后才能做下一组实验。

3）改变实验工况，通过降低初始电压，或减小每两组实验电压的增加值，从而获得更多次的实验数据。

4. 实验工况

表 4.2.1　径向导热实验数据记录表

实验序号	t_1/℃	t_2/℃	t_3/℃	t_4/℃	t_5/℃	t_6/℃	U/V	I/A
1								
2								
3								
⋮								
r/m	0.007	0.010	0.020	0.030	0.040	0.050	—	—

表 4.2.2　导热系数计算

实验序号	热流量 Φ /W	$\dfrac{\Phi\ln\dfrac{r_6}{r_1}}{2\pi(t_1-t_6)}$	$\dfrac{\Phi\ln\dfrac{r_3}{r_1}}{2\pi(t_1-t_3)}$	$\dfrac{\Phi\ln\dfrac{r_6}{r_4}}{2\pi(t_4-t_6)}$
1				
2				
3				
⋮				

表 4.2.3　不同时刻各点温度测试数据

时间/s	t_1/℃	t_2/℃	t_3/℃	t_4/℃	t_5/℃	t_6/℃	U/V	I/A
0								
30								
60								
⋮								

5. 实验数据

本实验需要绘制的坐标图如下：

1）以时间为横坐标，温度为纵坐标，绘制各个测点的温度随时间的变化曲线。

2）以径向距离为横坐标，温度为纵坐标，绘制不同功率下各测点温度变化曲线。

3）以对数 $\ln\dfrac{r}{r_0}$ 为横坐标，温度为纵坐标，绘制各个测点的温度随时间的变化曲线。

4.2.3 拓展部分（课后）

1. 思考问题

1）实验设备中绝热层的作用是什么？

2）与线性导热相比，径向导热实验的误差是如何变化的？

3）本实验需要通水冷却，冷却水量大小对本实验有何影响？

4）加热功率增大以后，测量误差如何变化？主要原因是什么？

2. 实验拓展

1）本实验以圆盘为实验元件开展圆柱形物体的导热性能实验，测定其温度分布、热流量及材料导热系数，分析在此基础上能否开展圆柱形物体一维非稳态性能实验。

2）查阅文献，调研其他测定圆筒壁导热系数的实验，本实验与其相比的优缺点是什么？

3. 知识拓展

1）实际生产过程中圆筒壁导热应用范围很广，如火电厂各种蒸汽管道加装保温材料，都属于圆筒壁的导热问题，查阅资料了解圆筒壁导热问题的应用情况。

2）导热微分方程及其定解条件对于求解导热问题非常重要。针对传热学实验中的典型导热问题，分析建立导热微分方程和获得定解的条件。

4.3 非稳态导热实验

4.3.1 理论部分（课前）

1. 实验目的

1）掌握毕奥数（也作毕渥数）和傅里叶数的物理意义。

2）理解集中参数法的方法和应用条件。

3）测量非稳态导热时不同形状、不同材料的几何中心温度随时间的变化。

4）掌握非稳态实验的基本方法。

2. 涉及知识点

（1）毕奥数 *Bi* 为物体内部的导热热阻与边界处的对流换热热阻之比。

$$Bi=\frac{\delta/\lambda}{1/h}=\frac{\delta h}{\lambda} \tag{4.3.1}$$

（2）集中参数法 当固体内部的导热热阻远小于其表面的换热热阻时，可认为整个固体在同一瞬间均处于同一温度下。此时所要求解的温度仅是时间 τ 的一元函数，与空间坐标无关，这种忽略物体内部导热热阻的简化分析方法称为集中参数法。

根据导热微分方程式或热平衡原理可得方程式

$$\rho cV\frac{\mathrm{d}t}{\mathrm{d}\tau}=-hA(t-t_{\infty})$$

引入过余温度 $\theta=t-t_{\infty}$，上式变为

$$\rho cV\frac{\mathrm{d}\theta}{\mathrm{d}\tau}=-hA\theta$$

分离变量后可得

$$\frac{\mathrm{d}\theta}{\theta}=-\frac{hA}{\rho cV}\mathrm{d}\tau$$

积分后，可得

$$\int_{\theta_0}^{\theta}\frac{\mathrm{d}\theta}{\theta}=-\int_0^{\tau}\frac{hA}{\rho cV}\mathrm{d}\tau$$

$$\ln\frac{\theta}{\theta_0}=-\frac{hA}{\rho cV}\tau$$

$$\frac{\theta}{\theta_0}=\frac{t-t_{\infty}}{t_0-t_{\infty}}=\mathrm{e}^{-\frac{hA}{\rho cV}\tau} \tag{4.3.2}$$

$\tau_c=\frac{\rho cV}{hA}$称为时间常数，反映物体对环境温度变化响应的快慢。时间常数越小，物体的温度变化越快。

3. 实验原理

平板、圆柱及圆球的非稳态一维导热的分析解如下。

(1) 平板　设有一块厚为 2δ 的无限大平板，初始温度为 t_0，在初始瞬间放置于温度为 t_{∞} 的流体中，设平板两面对称受热。可列出下列导热微分方程式及定解条件：

$$\frac{\partial t}{\partial x}=a\frac{\partial^2 t}{\partial x^2}\quad(0<x<\delta,\tau>0) \tag{4.3.3}$$

$$t(x,0)=t_0\quad(0\leqslant x\leqslant\delta)$$

$$\left.\frac{\partial t(x,\tau)}{\partial x}\right|_{x=0}=0$$

$$h[t(\delta,\tau)-t_{\infty}]=\lambda\left.\frac{\partial t(x,\delta)}{\partial x}\right|_{x=\delta}$$

采用分离变量法求解可得分析解如下：

$$\frac{\theta(\eta,\tau)}{\theta_0}=\sum_{n=1}^{\infty}Cn\exp(-\mu n^2 Fo)\cos(\mu n\eta)$$

式中，$Fo=\frac{a\tau}{\delta^2}$；$\eta=\frac{x}{\delta}$；$Cn=\frac{2\sin(\mu n)}{\mu n+\cos(\mu n)\sin(\mu n)}$。

μn 是下列超越方程的根，称为特征值：

$$\tan(\mu n)=\frac{Bi}{\mu n}\quad(n=1,2,\cdots) \tag{4.3.4}$$

(2) 圆柱 设半径为 r 的一实心圆柱，初始温度为 t_0，在初始瞬间放置于温度为 t_∞ 的流体中，流体与圆柱表面间的表面传热系数 h 为常数。圆柱中无量纲温度的分析解如下：

$$\frac{\theta(\eta,\tau)}{\theta_0}=\sum_{n=1}^{\infty}Cn\exp(-\mu n^2 Fo)J_0(\mu n\eta)$$

式中，$Fo=\frac{a\tau}{R^2}$；$\eta=\frac{r}{R}$；$Cn=\frac{2}{\mu n}\frac{J_1(\mu n)}{J_0^2(\mu n)+J_1^2(\mu n)}$。

$$\mu n\frac{J_1(\mu n)}{J_0(\mu n)}=Bi\quad(n=1,2,\cdots)\tag{4.3.5}$$

(3) 圆球 设半径为 r 的一实心球，初始温度为 t_0，在初始瞬间放置于温度为 t_∞ 的流体中，流体与圆柱表面间的表面传热系数 h 为常数。球中无量纲温度的分析解如下：

$$\frac{\theta(\eta,\tau)}{\theta_0}=\sum_{n=1}^{\infty}Cn\exp(-\mu n^2 Fo)\frac{\sin(\mu n\eta)}{\mu n\eta}$$

式中，$Fo=\frac{a\tau}{R^2}$；$\eta=\frac{r}{R}$；$Cn=2\frac{\sin(\mu n)-\mu n\cos(\mu n)}{\mu n-\sin(\mu n)\cos(\mu n)}$。

$$1-\mu n\cos(\mu n)=Bi\quad(n=1,2,\cdots)\tag{4.3.6}$$

4.3.2 实验部分（课中）

1. 实验装置

按上述理论及物理模型设计的非稳态导热实验装置及试件如图 4.3.1、图 4.3.2 和图 4.3.3 所示，实验装置主要包括装有加热器的圆柱形外桶、放置试件的圆柱形内桶、循环水泵及其管道系统、集成过载电流断路器、加热器电源、循环水泵电源的总开关、热电偶及测试元件。实验试件主要包括：①黄铜圆柱：100mm×ϕ20mm；②不锈钢圆柱：100mm×ϕ20mm；③黄铜圆柱：100mm×ϕ30mm；④黄铜平板：75mm×15mm×76mm；⑤不锈钢平板：75mm×15mm×76mm；⑥黄铜球体：ϕ45mm；⑦不锈钢球体：ϕ45mm。

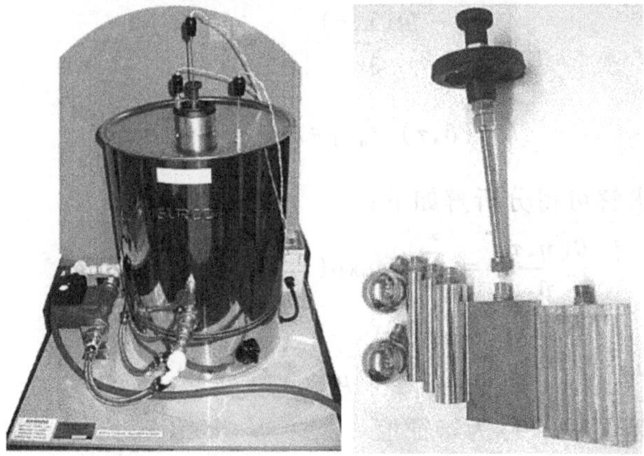

图 4.3.1 非稳态导热实验装置及试件

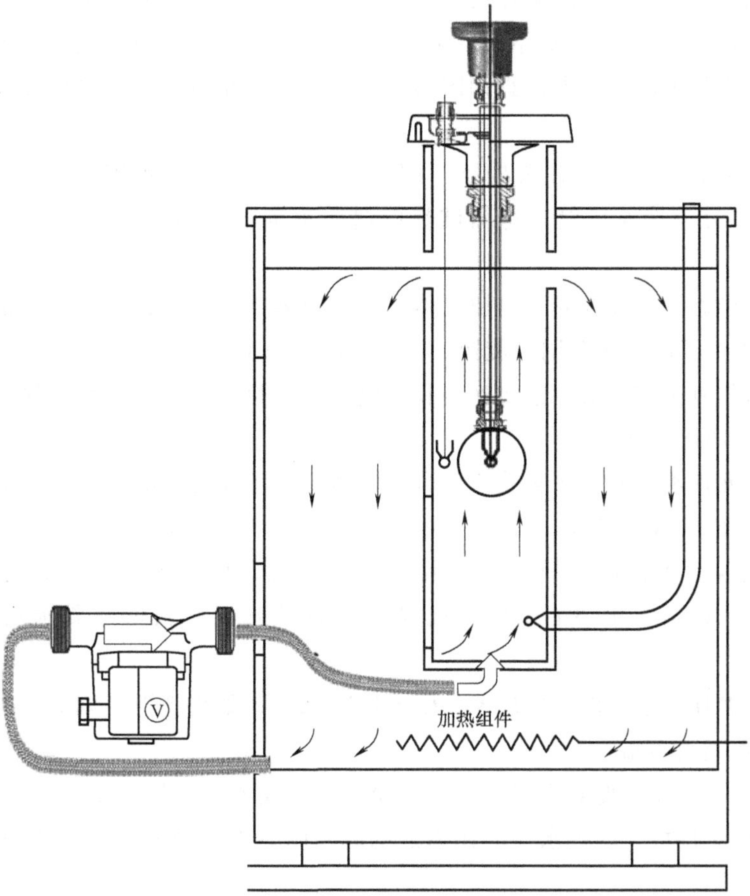

图 4.3.2 实验装置结构图

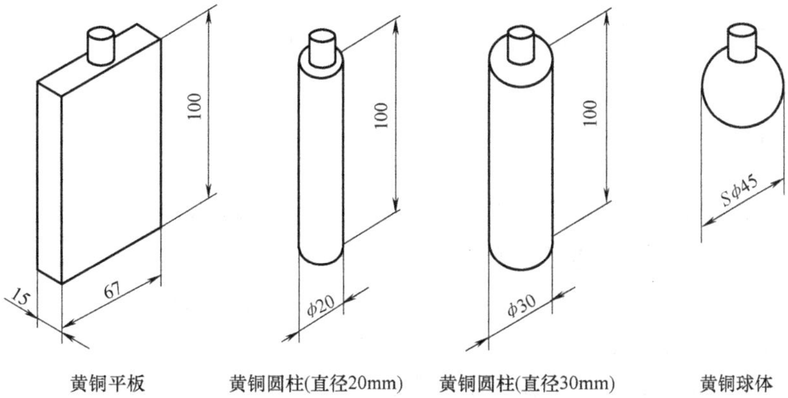

图 4.3.3 实验试件形状及尺寸

2. 实验操作

1）确保过载电流断路器处于合上位置，与循环水泵连接的排水阀处于关闭位置，将外桶水位填充至大约一半高度。

2）接通循环水泵电源启动循环水泵，并使之正常运行，从前部抬起泵使泵倾斜，使泵内残留的空气排出，通过调节循环水泵端盖处的旋钮可以调节转速，有三个档位。

3）继续往水池里面填充水，直到内桶水位充满，内外桶水位一致保持在大约内桶上部孔洞一半的位置。

4）确保实验台主机的主开关处于关闭位置（三个数字显示屏均不亮），后面板上的过载电流断路器处于接通位置，将测试热电偶插头按序号插入实验台主机前面板热电偶插槽。

5）打开非稳态导热装置的总电源，然后合上加热器加热开关，外筒底部绿色电源指示灯亮起，调节外筒下部加热器调节旋钮，加热外筒中的水。

6）将所需的测试实验试件连接到装有热电偶的实验支架上，拧紧连接螺母，确保热电偶与试件中心金属接触良好。

7）将实验元件水平放置在实验工作台上以达到环境温度，实验过程中避免用手或其他物体接触实验试件以减少误差。

8）打开实验台主机前面板上的电源主开关，三个数字显示屏应亮起。将温度选择器开关设置到 t_1 以指示水浴的温度，观察 t_1 以确认其温度数值随着水浴的加热而缓慢增加。

9）为避免循环水泵出现空化现象，t_1 不超过 90℃，如果超温，则需将加热器调节旋钮调至 OFF 并等待冷却降温。

10）达到实验所需温度 85℃后，将加热器调节旋钮旋转至位置 2，保持现有温度。

11）将实验试件放入内桶水中，在指定的时间间隔内记录实验元件温度 t_3，直至 t_3 和水温 t_1 保持一致。

12）将实验元件取出放置在空气中，每隔 120s 读取一次 t_2 和 t_3 的温度并记录，直到试件几何中心温度 t_3 达到环境温度 t_2。

13）实验完成后，关闭实验台总开关和电源，关闭实验台主机上的主开关并切断电源，恢复实验设备至初始状态。

3. 注意事项

1）实验时试件表面温度高达 85℃左右，实验过程需佩戴隔热手套，以免烫伤。

2）实验试件与热电偶相连时，确保热电偶与试件中心金属接触良好。

3）实验时等待水加热到目标温度的时间较长，需要提前加热。

4）加热结束时，由于热胀冷缩，水箱盖很难打开，因此实验时不要完全盖严密。

5）实验结束放水时，需等待仪器中的水完全冷却后再排出。

4. 实验工况

黄铜：$\lambda=121\text{W}/(\text{m}\cdot\text{K})$，$c=385\text{J}/(\text{kg}\cdot\text{K})$，$\rho=7930\text{kg}/\text{m}^3$，$a=3.7\times10^{-5}\text{m}^2/\text{s}$。

不锈钢：$\lambda=163\text{W}/(\text{m}\cdot\text{K})$，$c=460\text{J}/(\text{kg}\cdot\text{K})$，$\rho=8500\text{kg}/\text{m}^3$，$a=0.45\times10^{-5}\text{m}^2/\text{s}$。

将实验数据记入相应表格中（表 4.3.1、表 4.3.2）。

表 4.3.1　实验数据表格

记录时间 /s	流体流经试件前温度 t_1/℃	流体流过试件后温度 t_2/℃	试件几何中心温度 t_3/℃	无量纲温度 θ	傅里叶数 Fo	毕奥数倒数 $1/Bi$
0						
5						
10						
⋮						

将不同实验试件的几何中心温度 t_3 随时间 τ 变化的关系曲线绘制在坐标纸中。

表 4.3.2　集中参数法表格

时间 t/s	环境温度 t_2/℃	几何中心温度 t_3/℃	集中参数法计算温度 t/℃
0			
30			
60			
⋮			

将环境温度 t_0、几何中心温度 t_3 以及用集中参数法计算的温度 t 随时间变化的关系曲线绘制在坐标纸中。

4.3.3　拓展部分（课后）

1. 思考问题

1）实验过程中为什么要采用水循环？循环水泵的启动时间会影响实验结果吗？

2）实验所测试件（平板、圆柱、圆球）的非稳态导热过程都能按照集中参数法分析吗？

3）实验试件在热水中的非稳态加热过程与其在空气中的非稳态放热过程热量传递特性有何不同？

2. 实验拓展

1）非稳态导热过程既包括加热过程，又包括冷却过程，分析本实验能否开展这两个过程的非稳态导热实验。

2）能否利用强制对流换热实验通道，进行强制循环冷却，并测定其非稳态放热特性。

3）如果非稳态放热过程在空气中进行，是否需要考虑自然对流换热的影响？

3. 知识拓展

1）非稳态导热过程在生产实际中的应用很多，火电机组启动/停机过程、变负荷过程都属于该过程，目前灵活性成为火电机组应对高比例新能源电力系统的迫切任务，查阅文献，调研火电机组在提高灵活性方面所采取的措施。

2）金属部件在非稳态过程中温度场发生变化时会产生一定的热应力。查阅文献，了解热应力大小与温度场变化的关系，分析热应力最大的位置是否为温差最大的位置。

4.4 导热系数及热扩散率实验

4.4.1 理论部分（课前）

1. 实验目的

1）巩固和深化对非稳态导热理论的理解。

2）通过非稳态导热过程的温度变化掌握获得非稳态温度场的方法。

3）学习用常功率平面热源法同时测定绝热材料的导热系数 λ 和热扩散率 a 的实验方法。

4）深入理解导热系数 λ 和热扩散率 a 对温度场的影响。

2. 实验原理

如图 4.4.1 所示，试件Ⅰ、Ⅱ、Ⅲ的材料相同，其厚度分别为 x_1、δ 和 $x_1+\delta$。试件Ⅰ的长宽是厚度的 6 倍以上。试件Ⅰ和试件Ⅲ之间放置一个均匀的平面加热片，电加热片用直流稳压电源供电。

在试件Ⅰ的上、下表面中间分别装有铜-康铜热电偶 1 和热电偶 2，用以测试试件Ⅰ下表面温度 t_1 和上表面温度 t_2；热电偶 3 和热电偶 4 则分别用来测试试件Ⅱ的上表面温度 t_3 和试件Ⅲ的下表面温度 t_4。

由于采用对称加热面方法，平面热源的加热功率实际为总加热功率的一半，单侧热流密度 q_0 为

$$q_0=\frac{U^2}{2RA} \tag{4.4.1}$$

式中，U 是加热电压；R 是加热片电阻；A 是加热片面积。

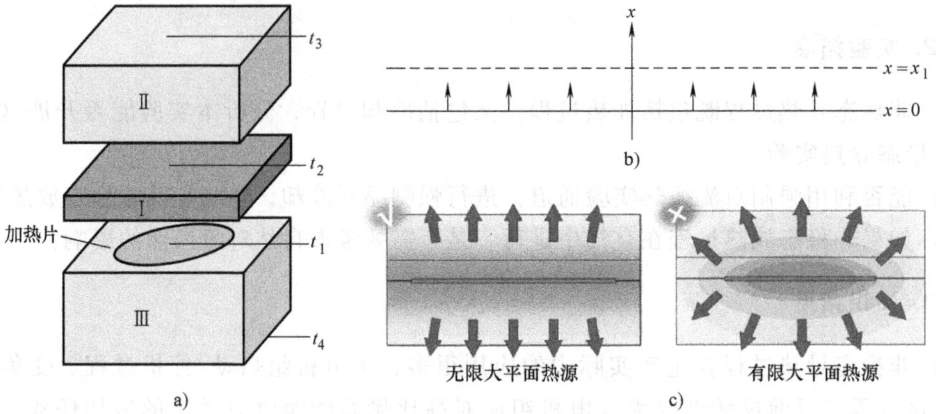

图 4.4.1 实验装置及原理图

a）实验装置图 b）实验原理图 c）无限大平面热源与有限大平面热源的区别

根据非稳态导热过程的基本理论，在初始温度 t_0 分布均匀的半无限大的物体中，从 $\tau=0$ 时刻起，半无限大的物体表面（即图 4.4.1 中 $x=0$ 的平面）受均匀分布的热流密度 q_0 的作用，在常物性条件下，离表面 x 处的温升为

$$t(x,\tau)-t_0=\theta(x,\tau)=\frac{2q_0}{\lambda}\sqrt{a\tau}\,\mathrm{ierfc}\left(\frac{x}{2\sqrt{a\tau}}\right) \tag{4.4.2}$$

式中，λ 和 a 是试件导热系数和热扩散率；τ 是时间。

令 $\xi=\dfrac{x}{2\sqrt{a\tau}}$，$\mathrm{ierfc}(\xi)$ 表示变量 ξ 的高斯误差补函数的一次积分。高斯误差补函数的一次积分表可参见附表 8。

$$\mathrm{ierfc}(\xi)=\int_{\xi}^{\infty}\mathrm{erfc}(\xi)\,\mathrm{d}\xi$$

$x=0$ 时，有

$$\mathrm{ierfc}\left(\frac{x}{2\sqrt{a\tau}}\right)=\mathrm{ierfc}(0)=\frac{1}{\sqrt{\pi}}$$

由式（4.4.2）可知

$$\theta(0,\tau)=\frac{2q_0}{\lambda}\sqrt{\frac{a\tau}{\pi}} \tag{4.4.3}$$

如果分别测定 τ_i 时刻 $x=0$ 处与 τ_j 时刻 $x=x_1$ 处的温升，根据式（4.4.2）和式（4.4.3）得

$$\frac{\theta(x_1,\tau_j)}{\theta(0,\tau_i)}\sqrt{\frac{\tau_i}{\tau_j}}=\sqrt{\pi}\,\mathrm{ierfc}\left(\frac{x_1}{2\sqrt{a\tau_j}}\right)$$

令 $\varphi=\dfrac{\theta(x_1,\tau_j)}{\theta(0,\tau_i)}\sqrt{\dfrac{\tau_i}{\tau_j}}$，由已测定量 φ 可得

$$\mathrm{ierfc}\left(\frac{x_1}{2\sqrt{a\tau_j}}\right)=\frac{1}{\sqrt{\pi}}\varphi$$

从数学函数表可确定自变量

$$\xi_{x_1}=\frac{x_1}{2\sqrt{a\tau_j}}$$

由此可计算出相应于测试温度范围 $t(0,\tau_i)\sim t(x_1,\tau_j)$ 的平均温度对应的热扩散率 a：

$$a=\frac{x_1^2}{4\xi_{x_1}^2\tau_j}$$

将 a 的值代入式（4.4.3），可求出试件的导热系数 λ 为

$$\lambda=\frac{2q_0}{\theta(0,\tau)}\sqrt{\frac{a\tau_i}{\pi}} \tag{4.4.4}$$

4.4.2 实验部分（课中）

1. 实验操作

1）测量试件Ⅰ的厚度 x_1。

2）安装热电偶及试件，将热电偶1贴在加热片与试件Ⅰ之间的中间位置处，热电偶2贴在试件Ⅰ的上表面中间位置处，热电偶3和4贴在试件Ⅱ上表面和试件Ⅲ下表面的中间位置处。

3）记录实验箱编号、加热面积 A 以便计算平面热源功率。记录 t_2 测点距热源距离 x_1，记录初始时刻的 t_1、t_2、t_3、t_4。

4）通过液晶屏选择一侧的试件，根据试件选择合适加热电压，输入试件密度、试件厚度和电压设定，确认无误后点击“开始实验”。

5）加热过程中监测试件顶端和底端温度测点 t_3、t_4 是否发生变化，如果不发生变化，则满足半无限大物体导热的规律，每隔1~2min记录一组4个温度值 t_1、t_2、t_3、t_4，共记录10组。若 t_3、t_4 有明显温升，证明热流已穿透试件Ⅱ、Ⅲ，继续测试的数据无效；当测试满足系统预设条件后，测试自动终止，也可通过点击“结束实验”手动停止测试。

6）实验结束后，可点击“实验结果”查询实验过程中记录的导热系数和热扩散率表格，或点击“原始数据”查询实验的原始数据。

2. 注意事项

1）试件温度不可超过60℃，防止设备超温。

2）实验完成后及时关机断电，避免加热器长时间工作。

3. 实验数据

1）根据实验过程中采集到的原始数据，计算 τ=480~720s（每次计算间隔30s）的导热系数 λ 和热扩散率 a。

2）根据实验结果画图分析：①热源温度 t_1 和 t_2 随时间 τ 的变化关系曲线；②导热系数 λ 随时间 τ 的变化曲线；③热扩散率 a 随时间 τ 的变化曲线；④结合物性和导热机理对②和③的变化规律进行分析。

3）根据半无限大物体非稳态导热理论解，结合实验条件，作图分析 λ 和 a 值对非稳态导热过程的影响：①固定 λ，改变 a（a 取不同的量级），研究 a 对 t_2-τ 温升曲线的影响；②固定 a，改变 λ（λ 取不同的量级），研究 λ 对 t_2-τ 温升曲线的影响。

4.4.3 拓展部分（课后）

1. 思考问题

1）如何理解无限大物体、半无限大物体、有限物体？在实际传热过程中对以上物体如何进行处理？

2）本实验采用的是无限大平板还是半无限大平板的分析方法？还是二者都可以采用？

2. 实验拓展

1）查阅文献，调研其他非稳态导热实验装置，并比较本实验与其相比的优缺点。

2）除实验所测试材料外，本实验装置能否测试其他材料？对材料形状有何要求？

3）本实验与实验 4.3 都是非稳态导热实验，二者有何异同？测试同种金属材料的实验方法一样吗？

3. 知识拓展

1）非稳态导热微分方程的建立及其定解条件确定，是求解非稳态导热的重要前提，查阅文献，了解本实验结果的求解方法。

2）查阅文献，了解本实验获得导热系数和热扩散率过程中采用的高斯误差函数和高斯误差补函数。

3）汽轮机启动、停机过程是非稳态过程，查阅文献，了解汽缸加热与冷却过程的导热问题应如何进行分析和求解。

4.5 自然和强制对流换热实验

4.5.1 理论部分（课前）

1. 实验目的

1）掌握自然对流和强制对流实验设备的使用方法。

2）测试表面气流速度对物体表面换热的影响。

3）测试不同换热表面对自然和强制对流换热的影响。

2. 涉及知识点

（1）对流换热　流体流过固体表面时，流体与固体表面之间的热量交换称为对流换热。

（2）表面传热系数

$$h=\frac{q}{\Delta t} \tag{4.5.1}$$

式中，q 是热流密度，单位为 W/m^2；Δt 是固体壁面与流体之间温差的绝对值，单位为℃；h 是表面传热系数，单位为 $W/(m^2 \cdot ℃)$。

（3）对流换热的影响因素

1）流动的起因：由外力引起的流体强制流动和由温差引起的流体自然流动。

2）流动的形态：层流、过渡状态和湍流。

3）流体有无相变：发生凝结、汽化、沸腾现象的有相变对流换热和无相变对流换热。

4）换热表面的几何因素：换热壁面的形状、大小以及相对于流动方向的位置。

5）流体的物理性质：导热系数 λ、比热容 c、动力黏度 μ、密度 ρ 等。

3. 实验原理

如图 4.5.1 所示，本实验通过管束和翅片来改变换热效率，通过风扇提高空气的流速来增强湍流。

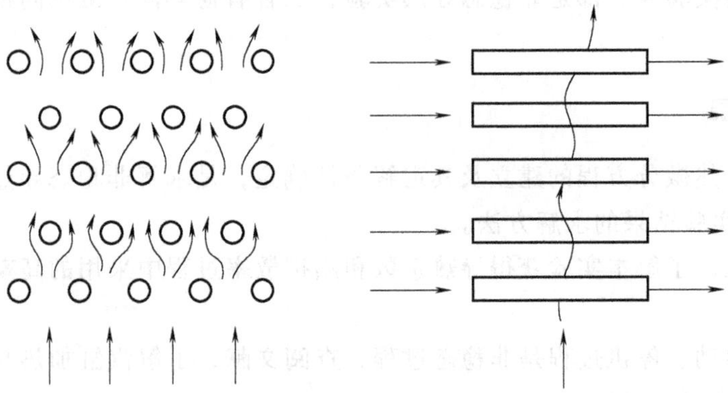

图 4.5.1 气流流过管束和翅片

4.5.2 实验部分（课中）

1. 实验装置

按上述理论及物理模型设计的平板、圆管和翅片自然和强制换热实验装置如图 4.5.2 所示，可进行平板、圆管和翅片的自由和强制对流实验，观察在自由和强制对流中各种表面的热量传递现象。

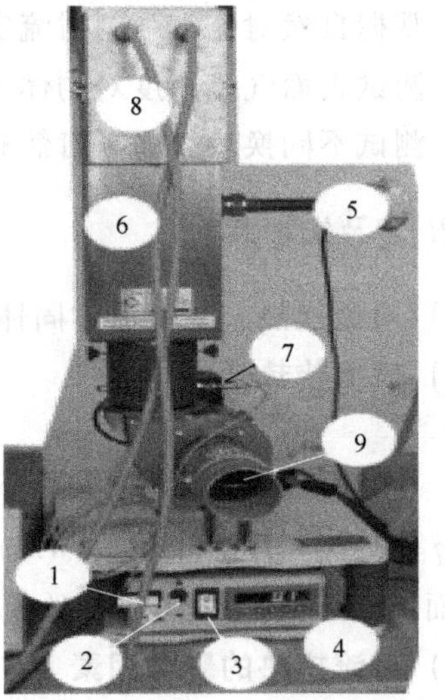

图 4.5.2 平板、圆管和翅片自然和强制换热实验装置

1—实验台电源开关 2—熔丝 3—风机开关 4—空气流速显示 5—热线风速计 6—矩形管道 7—测空气温度热电偶 8—待加热的试件 9—进气蝶阀

实验装置包含一个矩形管道 6，为安装在底部风机的出口流道。管道的中间布置热线风速计 5，通过一个线路插头与控制台相连，可以测量并且显示出管道内部的空气流速。在管道的中间有一个方形孔洞，可以用来安装 3 种测试元件（8），如图 4.5.3 所示。平板、带圆肋的平板、带翅片的平板换热器可以安装在管道中，通过双肘夹具保护，表 4.5.1 标明圆肋式换热器的热电偶位置，表 4.5.2 标明翅片式换热器的热电偶位置。温度传感器（7）位于管道的底部，测量加热板下方空气的温度。通过调节进气蝶阀 9 控制空气流速。对于自然对流实验，可通过控制台上的开关 3 关闭风机以实现空气自然流动。

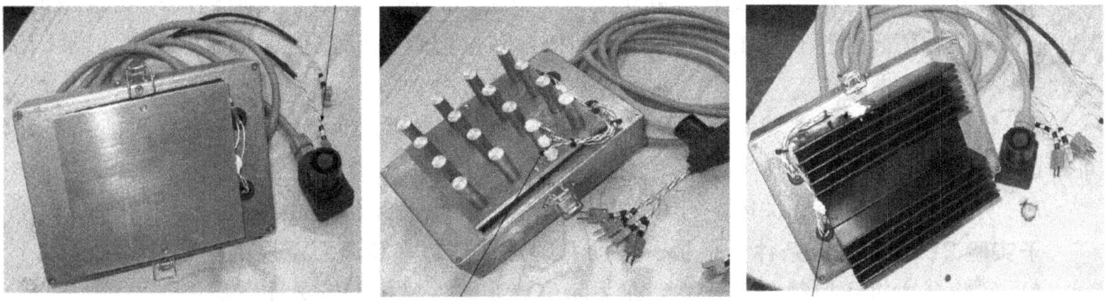

a)　　　　b)　　　　c)

图 4.5.3　平板、圆肋和翅片自然和强制换热实验装置

a）平板式换热器　b）圆肋式换热器　c）翅片式换热器

表 4.5.1　圆肋式换热器的热电偶位置

热电偶	t_2	t_3	t_4
到传热面的距离/mm	10	30	50

表 4.5.2　翅片式换热器的热电偶位置

热电偶	t_2	t_3	t_4
到传热面的距离/mm	10	30	46

2. 实验操作

子实验 1：自然对流条件下平板、圆肋和翅片加热功率和表面温度的变化关系

实验方法一：稳态法

1）实验台主机和控制台主开关处在关闭位置，确保风机处于关闭状态。

2）将实验用换热器安装到矩形管道中的正确位置，通过双肘夹具固定保护。

3）将实验台加热电源线插头、热电偶插头与实验台主机相连。

4）打开实验台主机前面板上的主开关，调节电压控制器旋钮，增大换热器电压，使换热器表面温度 t_1 稳定在接近 100℃，记录实时温度 t_1、电压 U 和管道内空气温度 t_5，若安装的是圆肋或翅片，则还需记录相应的肋片（或翅片）温度 t_2、t_3 和 t_4，将实验数据记录于表 4.5.3 中。

5）打开风机通风冷却换热器，调节电压控制器旋钮，降低换热器的电压为 0，冷却后将实验用换热器移出矩形管道并换另一种换热板重复进行上述操作。

6）实验过程完成后，首先将电压降至 0，依次关闭主开关及电源，恢复实验设备至初始状态。

实验方法二：非稳态法

1）实验台主机和控制台主开关处在关闭位置，确保风机处于关闭状态。

2）将实验用换热器安装到矩形管道中的正确位置，通过双肘夹具固定保护。

3）记录初始换热器表面温度 t_1 和空气温度 t_5，若安装的是圆肋或翅片，可以记录相应的初始温度 t_2、t_3 和 t_4，将实验数据记录于表 4.5.4 中。

4）将实验台加热电源线插头、热电偶插头与实验台主机相连。

5）打开实验台主机前面板上的主开关，调节电压控制器旋钮，使加热功率稳定在低于100W的某个数值，选择合适的时间间隔（10~15s）记录温度数据，将实验数据记录于表4.5.4中。

6）将换热器电压降为0，打开风机对换热器进行冷却，冷却后将更换不同的换热器，重复进行上述操作。

7）实验过程完成后，关闭主开关及电源，恢复实验设备至初始状态。

子实验2：强制对流条件下平板、圆肋和翅片加热功率和表面温度的变化关系

1）实验台主机和控制台主开关处在关闭位置，确保风机处于关闭状态。

2）将实验用换热器安装到管道中的正确位置，通过双肘夹具固定保护。

3）由于平板式换热器和圆肋式换热器对于空气流动的阻力不同，所以先使用圆肋式换热器进行实验以确定最大气流速度。

4）打开主开关，通过关小蝶阀将气流速度设置在一个较小的值，加热使表面温度 t_1 稳定在一个合适的温度值（不超过100℃），表面温度稳定后，记录表面温度 t_1、加热电压 U、加热电流 I 以及气流速度 u，记录于表4.5.5中。

5）开大空气蝶阀增加气流速度，在相同的加热电压和电流下，当表面温度稳定后，记录表面温度 t_1 以及气流速度 u，记录于表4.5.5中。

6）在相同的加热状况和气流速度下，更换不同的换热器重复进行上述操作，数据记录于表4.5.5中。

7）实验结束后，首先将加热器电压降至0，依次关闭风机、主开关及电源，恢复实验设备初始状态。

3. 注意事项

1）每个加热板包含一个热保护温控器。当元件温度超过100℃时，将自动切断电源以保护实验元件。此时需要使元件冷却，降温后热保护温控器将自动复位。

2）实验过程中加热板的温度可达100℃左右，操作不当会引起烫伤，因此在实验过程中不能直接触摸实验元件表面，也不能将高温实验元件直接放置在低温表面上，以免损坏实验元件。

4. 实验工况

表4.5.3 稳态法实验记录表

换热器	表面温度 t_1 /℃	热电偶温度 t_2 /℃	热电偶温度 t_3 /℃	热电偶温度 t_4 /℃	环境温度 t_5 /℃	电压 U /V	电流 I /A	热流量 Φ /W
平板式								
圆肋式								
翅片式								

根据表4.5.3的数据画出平板式换热器、圆肋式换热器和翅片式换热器热流量 Φ 柱形图。

表 4.5.4　非稳态法实验记录表

换热器形式：　　　　　　　　环境温度 t_5 =　　　　　　　　热流量 Φ = 100W

时间 t/s	表面温度 t_1/℃	热电偶温度 t_2/℃	热电偶温度 t_3/℃	热电偶温度 t_4/℃
0				
10				
20				
⋮				

根据表 4.5.4 的数据，画出平板式换热器、圆肋式换热器、翅片式换热器表面温度 t_1 随时间的变化曲线。

表 4.5.5　强制对流实验记录表

数据类型	1	2	3	……
加热电压 U/V				
加热电流 I/A				
加热功率 P/W				
环境温度 t_5/℃				
平板式换热器表面温度 $t_{1,1}$/℃				
圆肋式换热器表面温度 $t_{1,2}$/℃				
圆肋式换热器热电偶温度 t_2/℃				
圆肋式换热器热电偶温度 t_3/℃				
圆肋式换热器热电偶温度 t_4/℃				
翅片式换热器表面温度 $t_{1,3}$/℃				
翅片式换热器热电偶温度 t_2/℃				
翅片式换热器热电偶温度 t_3/℃				
翅片式换热器热电偶温度 t_4/℃				
表面温度与环境温度差值 $t_{1,1}-t_5$/℃				
表面温度与环境温度差值 $t_{1,2}-t_5$/℃				
表面温度与环境温度差值 $t_{1,3}-t_5$/℃				
空气流速 u(m/s)				

5. 实验数据

1）根据表 4.5.5 的数据画出三种换热器表面温度 t 与气流速度 u 的关系曲线。

2）根据表 4.5.5 的数据画出三种换热器表面温度与环境温度差值（$t-t_5$）与气流速度 u 的关系曲线。

3）根据表 4.5.5 的数据画出圆肋式和翅片式换热器在不同气流速度下换热器温度与距换热器表面距离的关系曲线。

4.5.3 拓展部分（课后）

1. 思考问题

1）影响对流换热的主要因素有哪些？
2）实验元件的温度测点位置是否影响实验结果？
3）实验过程中进气温度变化时，表面传热系数是否受到影响？

2. 实验拓展

1）查阅文献，调研其他对流换热实验装置，并比较本实验与其相比的优缺点。
2）通过本实验装置能否测试带圆肋平板或带直肋平板的换热器的表面传热系数大小。

3. 知识拓展

1）对流换热在实际生产过程中有广泛的应用，结合本实验，调研分析空冷电厂凝汽器的结构和传热方式。

2）CFD 模拟是用于分析复杂对流换热的有效工具，查阅资料，调研 CFD 模拟计算与实验测试结果用于指导生产实际的案例。

4.6 沸腾换热模块实验

4.6.1 理论部分（课前）

1. 实验目的

1）观察自然对流沸腾、核态沸腾和膜态沸腾现象。
2）测定热流密度和恒压下的表面传热系数。
3）测定饱和压力对临界热流密度的影响。
4）观察膜态凝结现象并计算传热系数。
5）测定纯净物的饱和压力温度关系。

2. 涉及知识点

（1）沸腾换热 沸腾换热是热量从壁面传给液体时，使液体沸腾汽化的对流换热过程。按液体所处的空间位置可分为：①池内沸腾，又称大容器内沸腾，指加热表面沉浸在具有自由表面的液体中所发生的沸腾现象，发生池内沸腾时流体依靠气泡的扰动和自然对流而流动。如生活中水壶烧开水就属于池内沸腾。②管内沸腾，指液体以一定流速流经加热管时所发生的沸腾现象，发生管内沸腾时产生的气泡不能自由上浮，而是与液体混在一起，形成管内气液两相流。如各种圆管式换热表面内液体的沸腾就属于管内沸腾。

对于池内沸腾，根据壁面过热度的大小可分为核态沸腾和膜态沸腾。大容器中水的沸腾曲线如图 4.6.1 所示，当壁面过热度很小时，传热取决于单相液体的自然对流；当壁面过热度增大时，壁面不断产生汽泡称为核态沸腾；当过热度超过某临界值时，汽泡大量产生，在

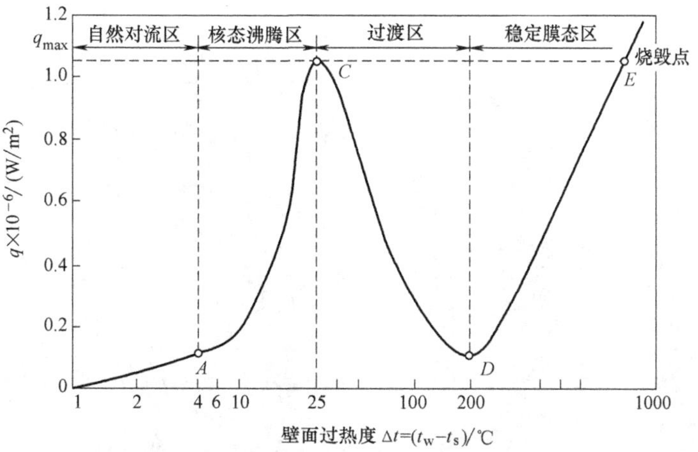

图 4.6.1　大容器中水的沸腾曲线

壁面连结成汽膜，称为膜态沸腾。

(2) 临界热流密度　亦称为“临界热通量”或“临界热负荷”，指液体发生大容器沸腾时处于由核态沸腾向膜态沸腾过渡的临界点上的热流密度。临界热流密度不仅取决于液体的物理性质，还受沸腾压力和加热表面情况等因素的影响。

(3) 膜态凝结　膜态凝结为凝结换热的一种形式，其特点是冷凝液能形成液膜而完全润湿器壁表面。膜态凝结换热时，壁面上始终覆盖着一层液膜，壁面和被冷凝蒸气间的传热存在阻力，所以传热效率低于珠状凝结。

3. 实验原理

沸腾换热实验中，加热器的热流量为

$$\Phi=UI$$

冷却盘管传递的热量为

$$\Phi_c=m_w c_w(t_5-t_4) \tag{4.6.1}$$

两者热流量相等，可得

$$\Phi=\Phi_c$$

对数平均温差为

$$\Delta t_m=\frac{\Delta t_{max}-\Delta t_{min}}{\ln\frac{\Delta t_{max}}{\Delta t_{min}}} \tag{4.6.2}$$

式中，$\Delta t_{max}=t_3-t_4$；$\Delta t_{min}=t_3-t_5$。

以上各式中的温度见实验装置图 4.6.2，总传热系数 h 为

$$h=\frac{\Phi}{A_c\Delta t_m} \tag{4.6.3}$$

4.6.2　实验部分（课中）

1. 实验装置

按上述理论及物理模型设计的沸腾换热实验装置如图 4.6.2 所示。

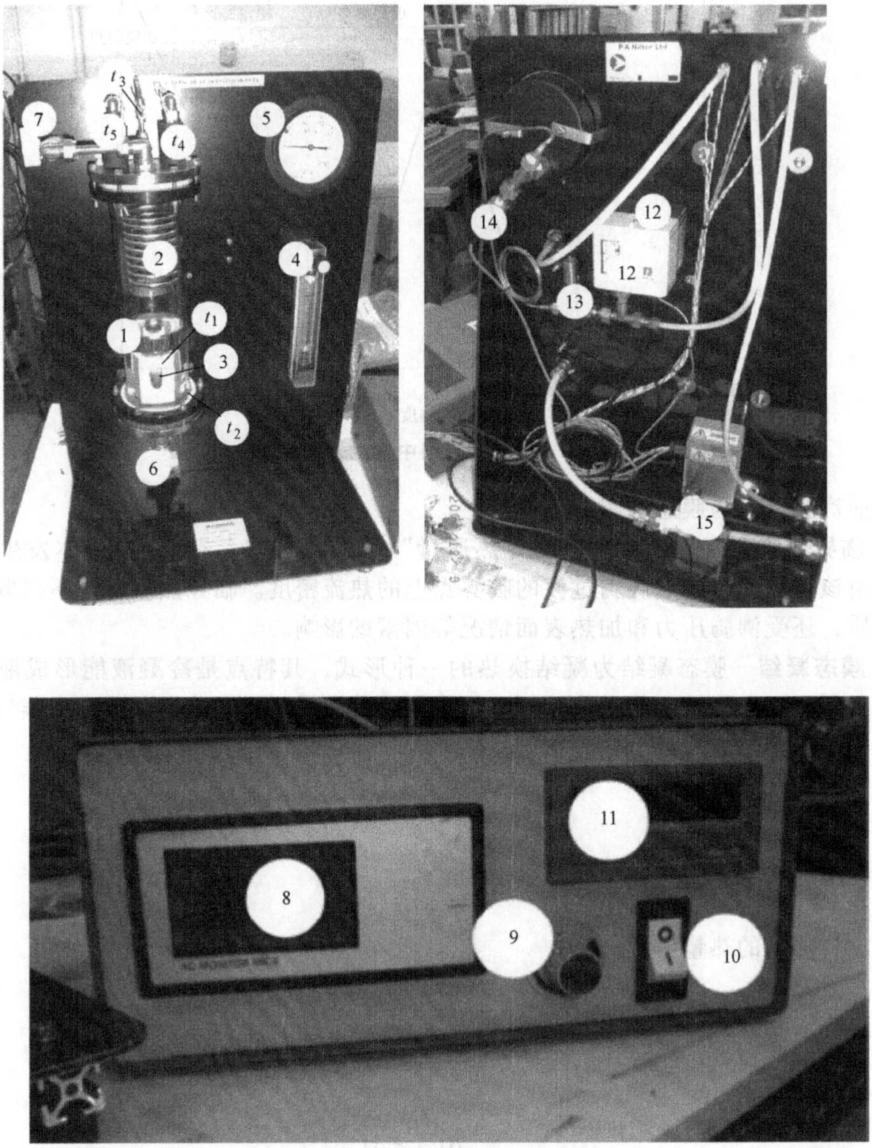

图 4.6.2 沸腾换热实验装置图

1—腔室 2—水冷式冷凝器 3—加热棒 4—转子流量计 5—腔室压力计 6—进排液体阀 7—排气阀 8—瓦特计 9—加热控制器 10—总开关 11—温度指示器 12—压力开关 13—安全阀 14—压力传感器 15—流量传感器

实验装置主要参数：

加热棒尺寸：长度 42mm，直径 12.7mm。

换热面积：0.0018m^2。

冷凝器面积：0.032m^2。

最大允许表面温度：220℃。

沸腾工质：SES36。

玻璃室尺寸：300mm×ϕ80mm，体积 0.0015m^3。

2. 实验操作

实验前准备工作：

1）接通循环冷却水并确保实验过程中能正常使用，实验设备电源连接正确。

2）打开实验台主机的电源总开关和控制台的总开关，检查 t_1 温度指示器的示数是否与液体的温度 t_2 相同，如不同需记下两者差值，并从 t_1 的读数中减去此差值。

3）实验过程中可通过以下方法控制饱和压力：利用转子流量计 4 调整冷凝水流量；利用加热控制器调节输入的热量。

4）实验完成时首先关闭主开关，切断电源开关，保持循环冷却水正常流动，直到压力下降为环境大气压。

子实验 1：观察自然对流沸腾、核态沸腾和膜态沸腾现象

1）打开电源和循环冷却水，调节加热控制器保持约 20W 的加热功率进行加热，观察 t_1 和 t_2 变化。

2）观察工质的流动状态，达到沸腾时可通过调节冷却水流量使沸腾稳定在自然对流沸腾状态。

3）增大加热功率，使加热棒表面出现圆形气泡，此时进入核态沸腾阶段。

4）继续增大加热功率，加热棒表面的气泡体积将增大，气泡将相互影响并合为较大的气块，直到形成完全覆盖加热柱表面的气膜，此时进入膜态沸腾阶段。密切观察温度 t_1，若出现快速上升，需要立即降低加热功率。

5）实验结束后，关闭电源和循环水开关，将实验装置恢复至初始状态。

子实验 2：测定热流密度和恒压下的表面传热系数

1）将加热器的输入功率控制在 30~50W，调整冷凝器循环水流量以达到理想的冷凝器压力。观察加热棒表面气泡，当达到核态沸腾时，记录瓦特计 8 读数、冷凝器压力、加热棒温度 t_1 和液体温度 t_2。

2）增大加热器的输入功率，观察加热棒表面气泡，直到从核态沸腾转变成膜态沸腾。在此条件下，通过调整加热器输入功率，可以精确地接近临界热流状况。

子实验 3：测定饱和压力对临界热流密度的影响

1）通过调整加热控制器 9，小幅度调整热量输入和冷凝器循环水流量以调整冷凝器的冷凝速率。

2）观察加热棒表面，当进入膜态沸腾时，记录此时瓦特计 8 读数、冷凝器压力、加热棒的温度 t_1 和液体温度 t_2。

子实验 4：观察膜状凝结现象并计算传热系数

1）在核态沸腾和膜态沸腾，蒸气离开液体表面或者变成气泡是由气室顶部的蒸气压力造成的。

2）调整加热控制器 9、转子流量计 4 直到达到所需的冷凝压力 p 和冷凝速率，记下冷却水流量 q_m、进水口温度 t_4、出水口温度 t_5、工质 SES36 的饱和温度 t_3。

3）按实验原理计算公式计算凝结换热的总传热系数。

子实验 5：测定纯净物的饱和压力温度关系

1）接通电源，并将加热输入功率调整为 200W 左右，冷凝水以最大速率循环，并在条件稳定时记录压力和温度。

2）在容器内压力增加时，测量气体冷凝时的压力和温度关系。

3. 注意事项

1）实验装置玻璃室的安全工作压力是300kPa，实验过程中不能超过此压力。

2）实验仪器里存在空气时会影响工质SES36达到饱和条件，因此需要通过排气阀7排出系统内的空气。

3）实验过程中务必确保排气阀7和进排液体阀6处于关闭状态，避免造成工质泄漏损失。

4. 实验数据

将相关实验数据分别填入表4.6.1~表4.6.4。

表4.6.1　子实验2数据记录表

热量输入 Φ/W								
液体温度 t_2/℃								
加热器温度 t_1/℃								
热流密度 q/(W/m^2)								
温差(t_1-t_2)/℃								
表面传热系数 h/[W/(m^2·℃)]								

表4.6.2　子实验3数据记录表

绝对压力 p/kPa							
核态沸腾输入热量 Φ/W							
临界热流密度 q_c/(W/m^2)							

表4.6.3　子实验4数据记录表

冷却水流量 q_m/(kg/s)	t_3/℃	t_4/℃	t_5/℃	Φ/W

表4.6.4　子实验5数据记录表

饱和蒸气温度 t_3/℃							
饱和蒸气压力 p/kPa							

4.6.3　拓展部分（课后）

1. 思考问题

1）实验过程中液位高低对实验结果有何影响？

2）实验过程中加热功率大小对实验过程有何影响？

3）实验过程中容器压力变化影响哪些过程？如何调节？

2. 实验拓展

1）查阅文献，调研其他研究大容器沸腾的实验装置，分析这些装置是否能完整做出大容器沸腾曲线，并比较本实验台与其相比的优缺点。

2）本实验台除观测凝结现象外，还能开展哪些实验？需要增加哪些测试手段？

3. 知识拓展

1）在生产实际中常遇到管内沸腾，查阅文献，调研分析池内沸腾与管内沸腾有何异同。

2）查阅资料了解电站锅炉水冷壁的沸腾换热过程，分析为什么在设计和运行过程中要避免第一类、第二类膜态沸腾。

3）塔式太阳能热发电需要太阳能集热器，在集热器内发生沸腾换热过程。查阅资料，了解太阳能集热器在沸腾换热方面存在的技术难题。

4.7 辐射换热模块实验

4.7.1 理论部分（课前）

1. 实验目的

1）掌握辐射换热实验装置的使用方法。

2）理解辐射换热相关的物理意义和使用条件。

3）熟悉传热学实验中变量控制的方法。

2. 涉及知识点

（1）斯特藩-玻尔兹曼定律　黑体的辐射力与热力学温度（K）的关系由斯特藩-玻尔兹曼定律描述：

$$E_b=\sigma(T_s^4-T_a^4) \tag{4.7.1}$$

式中，σ 是黑体辐射常数，为 5.67×10^{-8}W/(m^2·K^4)；T_s 是黑体表面的热力学温度，单位为 K；T_a 是环境的热力学温度，单位为 K。

（2）普朗克定律　各种不同温度下黑体的单色辐射力按波长变化的规律，表达式为

$$E_{\lambda,b}=\frac{c_1\lambda^{-5}}{e^{c_2/(\lambda T)}-1} \tag{4.7.2}$$

式中，$c_1=3.7419\times10^{-16}$W·m^2，是普朗克第一辐射常数；$c_2=1.4388\times10^{-2}$m·K，是普朗克第二辐射常数。

（3）基尔霍夫定律　在热平衡条件下，任何物体的自身辐射和它对来自黑体辐射的吸收率 α 的比值，恒等于同温度下黑体的辐射力，表达式为

$$\alpha=\frac{E}{E_b}\varepsilon \tag{4.7.3}$$

3. 实验原理

1）表面辐射强度反比于表面与辐射源距离的平方（热辐射平方反比定律）。表面热辐射原理示意图如图4.7.1所示，假设表面有限元面积 dA 的辐射处于真空状态，则辐射将从所有方向向外扩散。如果辐射被认为是连续膨胀的，则在半径 x 处将形成如图所示的半球形的均匀辐射强度的表面。

在半径变为原来2倍的情况下，半球的表面积变为原来的4倍，各个波长的辐射能量在半球上的分布面积与半径的平方成正比。因此单位时间单位面积上的辐射力变为原来的1/4，即平方反比。

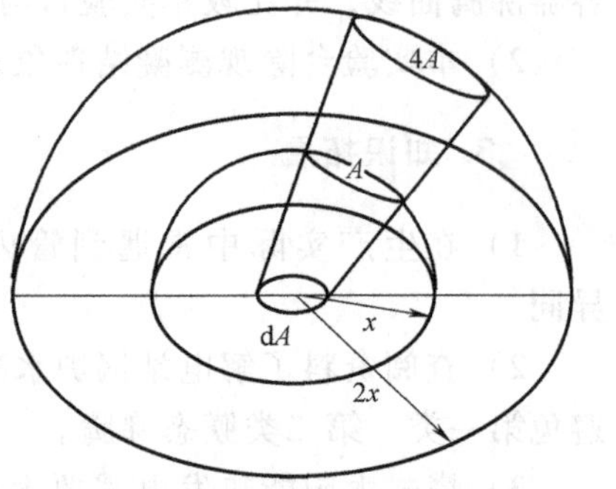

图 4.7.1　表面热辐射原理示意图

2）辐射强度随热力学温度的四次方变化（斯特藩-玻尔兹曼定律）。在离辐射源表面 x 处，辐射计接收并指示的能量将与黑体辐射常数有关，即

$$E_{x,\mathrm{b}}=X\sigma(T_{\mathrm{s}}^4-T_{\mathrm{a}}^4)$$

$$X=\frac{E_{x,\mathrm{b}}}{E_{\mathrm{b}}}$$

式中，X 是角系数，无量纲。

3）基尔霍夫定律，即灰体表面的发射率等于与其他表面处于热平衡时的吸收率。灰体表面热辐射原理示意图如图4.7.2所示，对于表面积为 A_1、温度为 T_1、发射率为 ε_1、吸收率为 α_1 的灰体和在同一温度 T_1 下面积为 A_2 的黑色包围体，为了热平衡，灰体必须吸收与发射相同数量的辐射量。

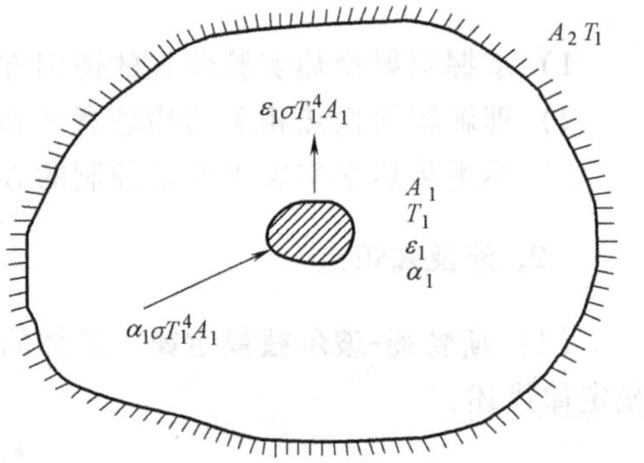

图 4.7.2　灰体表面热辐射原理示意图

4）角系数测定，两个表面间的辐射换热量取决于相互间的位置关系。一个黑体表面与另一个辐射表面之间的辐射热交换取决于每个表面可以"看见"另一个表面的量（每个表面吸收另一个辐射发射的一些辐射，反之亦然）。为了解决辐射换热问题，引入角系数 X，表示单位时间内由另一个表面接收的一个表面的能量分数。

两个表面间的辐射原理示意图如图4.7.3所示，考虑到温度为 T_{a}、面积为 A_{a} 的小热表面与温度为 T_{b}、面积为 A_{b} 的相对大的冷表面相邻的情况。两个表面之间的整体辐射热交换可以表示为

$$\Phi_{\mathrm{a,b}}=\sigma(T_{\mathrm{a}}^4-T_{\mathrm{b}}^4)A_{\mathrm{a}}X_{\mathrm{a,b}}$$

式中，$X_{\mathrm{a,b}}$ 是表面a相对于表面b的角系数，无量纲，物理意义为表面a中有多少面积可以投射到表面b上。整体辐射热交换也可表示为

$$\Phi_{\mathrm{a,b}}=\sigma(T_{\mathrm{a}}^4-T_{\mathrm{b}}^4)A_{\mathrm{b}}X_{\mathrm{b,a}}$$

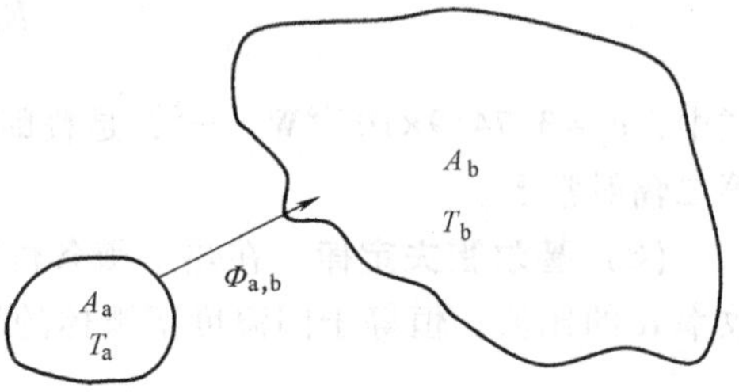

图 4.7.3　两个表面间的辐射原理示意图

式中，$X_{b,a}$ 是表面 b 相对于表面 a 的角系数，物理意义为表面 b 中有多少面积可以投射到表面 a 上。

4.7.2　实验部分（课中）

1. 实验装置

按上述理论及物理模型设计的辐射换热实验装置如图 4.7.4 和图 4.7.5 所示，该装置包括一个刚性轨道，上面装有三个托架、一个热源、一个光源及测试仪器和实验试件，可研究热和光辐射的各种特性。轨道带有刻度，可以用来测量组件之间的距离。热源由一个 200W 的陶瓷加热器和一个直径为 100mm 的黑色铝板组成，该铝板的裸露面涂有发射率接近 1.0 的耐热哑光黑色涂料。板的表面温度通过热电偶 t_5 测量，加热器额定功率约为 200W。热源处在最大电压时，板的温度可超过 300℃。光源包含一个 40W 灯泡，并装有散射玻璃以确保光源均匀，光源绕其垂直轴可旋转 180°，支架上的刻度可以指示散射玻璃法线相对于测光计的角度。辐射计与专用控制台相连并在屏幕显示辐射强度，辐射计配备有一个屏蔽罩，该罩安装在前孔中，可以在不使用设备时最大限度地减少热源对探测器主体的加热。测光仪是手持式液晶显示器，测试热辐射的试件为具有不同表面光洁度（抛光、亚光黑、暗灰色）的金属板，每个金属板都接有测量表面温度的热电偶，图 4.7.4 所示是使用热源和辐射探测计的左半部分，图 4.7.5 所示是使用光源和测光仪的右半部分，图 4.7.6 为辐射换热实验台结构组成示意图。

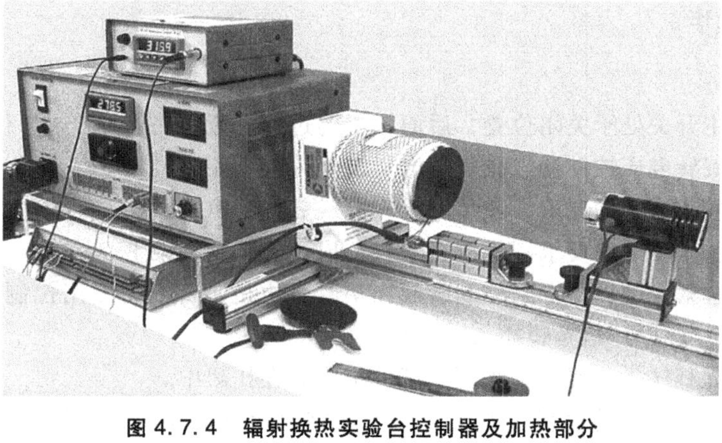

图 4.7.4　辐射换热实验台控制器及加热部分

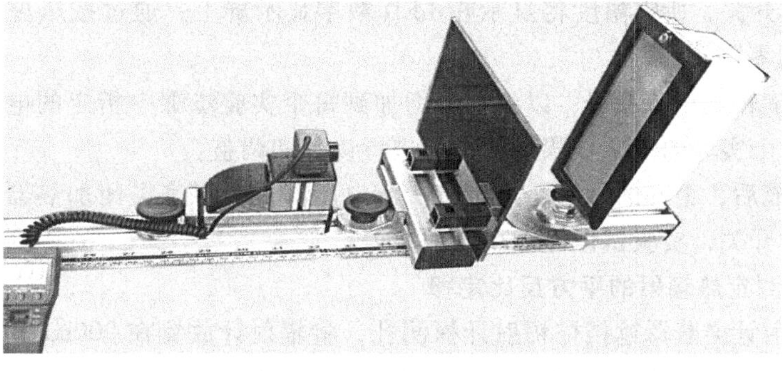

图 4.7.5　辐射换热实验台使用的光源和测光仪

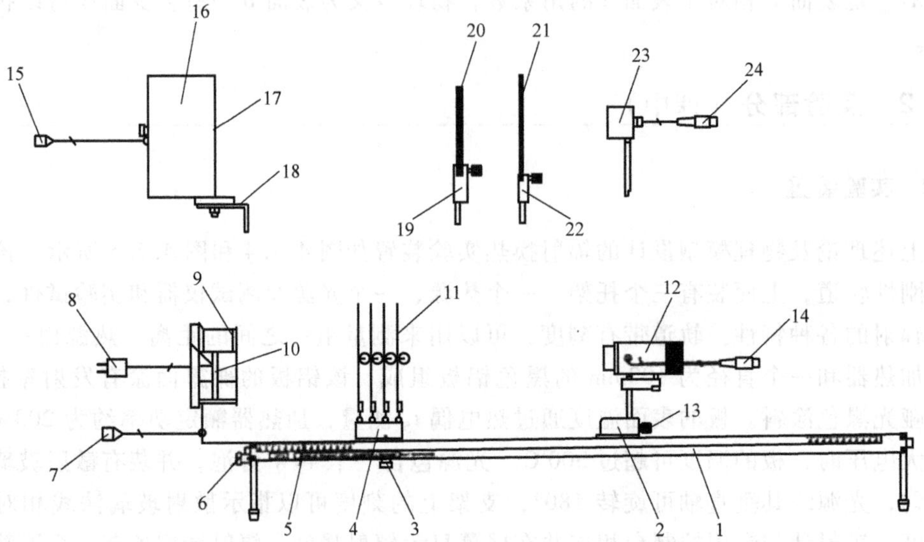

图 4.7.6 辐射换热实验台结构组成示意图

1—刚性轨道 2—辐射计 3—试件紧固旋钮 4—热辐射试件托架 5—轨道刻度计 6—热源固定旋钮 7—加热器电源线 8—加热器热电偶 9—金属板 10—热源加热器 11—热辐射试件 12—辐射计 13—辐射计紧固旋钮 14—辐射计电源线 15—光源电源线 16—光源 17—散射玻璃 18—光源角度刻度仪 19—滤光板托架 20—滤光板 21—可变孔径板 22—孔径板托架 23—测光仪 24—测光仪电源线

2. 实验操作

实验前准备：

1）实验台主开关处于关闭位置，后面板上的过载电流断路器处于 ON 位置。

2）逆时针旋转电压控制器以将交流电压设置为最小。

3）按照实验程序中的要求，连接用于光源或热源的电线插头。

4）按照实验程序中的要求，将测光仪或辐射计安装到托架上。

5）对于热辐射实验，将专用控制台放在实验台主机顶部。将专用控制台电源线与实验台主机连接，并将辐射计信号线插入前面板。

6）根据实验程序中的要求，将测试试件板安装在托架中。

7）打开实验台主机前面板主开关，三个数字显示屏应亮起，辐射计显示屏也应亮起。转动旋转选择器开关，所需温度将显示在 LED 数字显示屏上；通过按压星号按钮两次进行辐射计“自动调零”。

8）顺时针旋转电压控制器，以将电压增加到每个实验步骤中指定的电压；使系统达到稳定，并按照每个实验的各个步骤中的指示进行读数和调整。

9）实验完成后，正确的做法是通过将交流电压降低为零来关闭加热器的电源。然后关闭实验台主机主开关，实验试件冷却后放回原处。

子实验 1：测定热辐射的平方反比定律

1）确保辐射计屏蔽罩遮挡住辐射计探测孔，将辐射计放置在 900mm 位置，如图 4.7.7 所示，放置好辐射计屏蔽罩后，等几分钟以确保余热消散。

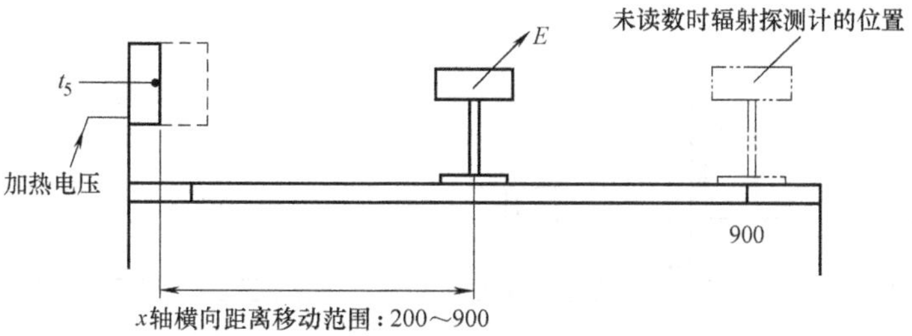

图 4.7.7　测定热辐射的平方反比定律示意图

2）实验台主机主开关处于关闭状态。将电压控制器逆时针方向调到最小。

3）连接实验台主机和专用控制台之间的电源线并将辐射计信号线插到专用控制台前面板上。将热源加热器热电偶插头插入实验台主机插孔 t_5 中，将一个黑板试件自带的热电偶插头插入实验台主机插孔 t_4 中，打开实验台主机前面板上的电源主开关，调节电压控制器旋钮控制热源加热器功率。

4）辐射计屏蔽罩保持原位，顺时针旋转电压控制器将电压增加到最大值。调节热电偶选择按钮，观察试件温度值 t_4，当温度达到极限值时取下辐射计屏蔽罩。观察数字显示值直到显示值达到最大，记录试件温度 t_4、热源温度 t_5、试件距离 x、辐射计读数 E。

5）移动装有辐射计的托架到距离加热板 800mm 位置，重复以上操作，再次记录 t_4、t_5、x、R。

6）以 100mm 的步长减少距离重复实验，直到辐射计距加热板 200mm，在表 4.7.1 中记录相关数据。

子实验 2：测定辐射强度随热源温度的四次方变化关系（斯特藩-玻尔兹曼定律）

1）将热源加热器热电偶插头插入实验台主机插孔 t_5 中，将一个黑板试件自带的热电偶插头插入实验台主机插孔 t_4 中，将辐射计安装在刚性轨道右侧托架上。

2）确保辐射屏蔽罩在辐射计上，将辐射计放入刚性轨道 900mm 的位置。

3）监视专用控制台数字显示屏，读数达到最小值后，按两次星号按钮使辐射计自动归零。

4）顺时针旋转电压控制器以增大电压到 40V，调节实验台主机温度选择开关，监测温度 t_5。

5）当 t_5 温度达到最高时，取下辐射屏蔽罩并将辐射计移动到离加热板 300mm 的位置，监视专用控制台数字显示值，直到其达到最大值，然后记录下列数据：t_4、t_5、x、E。

6）在不接触辐射计的情况下，再次将装有辐射计的托架移动到 900mm 的位置，并装回辐射屏蔽罩。

7）将加热器电压提高到 80V，再按上述步骤进行，并记录 t_4、t_5、x、E。

8）继续重复上述步骤，直到加热器电压设置最大为止，并记录相关数据在表 4.7.2 中。

子实验 3：验证基尔霍夫定律，即灰体表面的发射率等于与其他表面处于热平衡时灰体表面对其他表面投入辐射的吸收率

1）按照实验前的检查准备工作完成与实验台主机的连接。

2）将灰板试件的热电偶插头连接到实验台主机插孔 t_3 中，并将该板插入固定板的试件板托架左侧槽中，如图 4.7.8 所示。

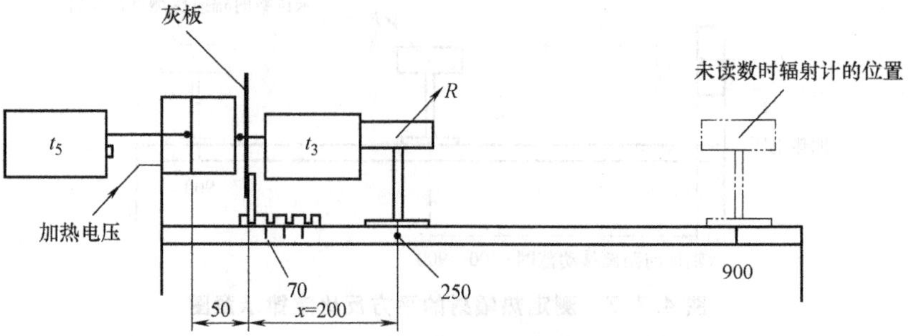

图 4.7.8　验证基尔霍夫定律实验示意图

3）将其中一个黑板试件的热电偶插头连接到实验台主机插孔 t_1 中，并将黑板试件放在工作台上以记录环境温度 t_1。

4）确保辐射屏蔽罩放在辐射计孔中，并将辐射计放在刚性轨道 900mm 的位置，放置几分钟，以确保余热消散。

5）将辐射计挡板保持在适当位置，顺时针旋转实验台主机前面板的电压控制器旋钮，将电压升高到最大值。调节温度选择按钮处于 t_3 位置，并监测 t_3 温度；当 t_3 温度达到最大值时，取下辐射屏蔽罩，将辐射计托架移到距离灰板试件 100mm 的位置。

6）专用控制台显示屏指示值立即开始上升。监视显示屏数值，直到最大值，然后将数据 t_3（灰板温度）、t_4（环境温度）和 E（辐射计读数）记录到表 4.7.3 中。

7）安装辐射屏蔽罩并将辐射计移动到 900mm 的位置。

8）取下辐射屏蔽罩，将辐射计指向设备邻近的墙壁或工作台，将传感面保持在距离目标 50~100mm 之间，并监视辐射计读数 E，记录 t_4 和 E 到表 4.7.3 中。

子实验 4：辐射角系数测定，验证两个表面间辐射换热量取决于表面间的相互位置关系

1）实验原理如图 4.7.9 所示，实验装置见图 4.7.10，按照实验前的检查准备工作完成本实验所用的测试仪器部件与实验台主机、专用控制器的连接。

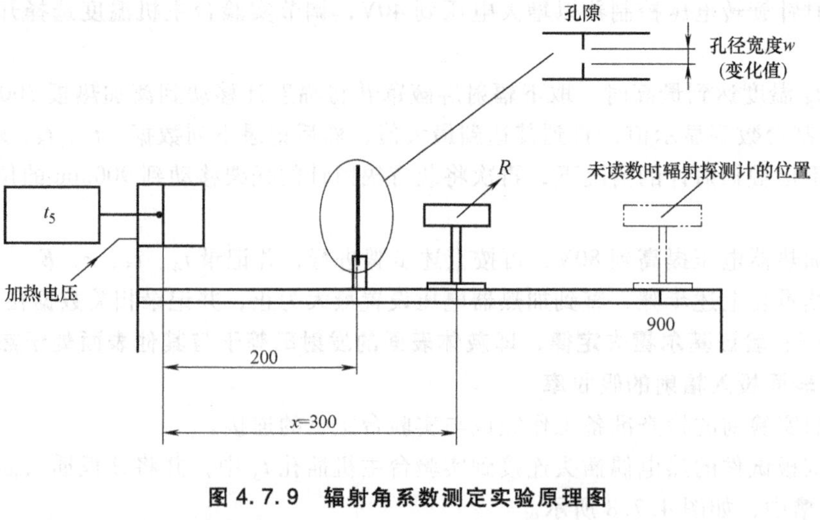

图 4.7.9　辐射角系数测定实验原理图

图 4.7.10　辐射角系数测定实验装置图

2）将加热板 t_5 安装在轨道的左侧，将辐射计安装在托架上，将可变孔径板托架安装在加热板 t_5 和辐射计支架之间，并将托架放置在离加热板 200mm 的位置，此时不要安装可变孔径板。

3）在不接触辐射计的情况下，取下辐射屏蔽罩并将辐射计托架移动至离加热板 300mm 的位置，指示值立即开始上升。监视专用控制台数字显示屏，直到显示值达到最大值，记录数据孔径宽度 w 和辐射计读数 E。

4）安装辐射屏蔽罩，并将辐射计移回到 900mm 的位置，安装可变孔径板，移动两板，保持约 5mm 的距离。

5）取下辐射屏蔽罩，并将辐射计托架放置在离加热板 300mm 的位置，让辐射计调零，再次监测辐射计读数，直到最大值，记录 w 和 E。

6）以 5mm 的增量增加可变孔径板间隙，重复此过程，直到两板相距较远，或者辐射探测计读数不再进一步增加，在表 4.7.4 中记录相关数据。

3. 注意事项

1）辐射换热实验时间较长，长时间运行后光源外壳会吸热发烫，因此在调整或移除光源过程中要佩戴隔热手套，小心操作，以免烫伤。

2）阳光和照明光线会影响测光仪的精度，应在断电熄灯条件下进行相关实验，此时应注意操作人员的安全。如果不能实现遮光条件，可以有较为柔和的光线，但是必须从所有测光仪读数中减去房间的环境光线读数。

3）实验过程中对于各个试件的放置位置要严格把控，因为辐射换热与距离、角度等参数密切相关。

4. 实验数据

将相关实验数据分别填入表 4.7.1～表 4.7.4。

表 4.7.1 子实验 1 数据记录表

序号	试件温度 t_4/℃	热源温度 t_5/℃	试件距离 x/mm	辐射计读数 E /(W/m^2)	校正辐射力 $E_c=0.785E$ /(W/m^2)
1					
2					
3					
⋮					

表 4.7.2 子实验 2 数据记录表

序号	试件温度 t_4/℃	热源温度 t_5/℃	试件距离 x/mm	辐射计读数 E /(W/m^2)	校正辐射力 $E_c=0.785E$ /(W/m^2)
1					
2					
3					
⋮					

表 4.7.3 子实验 3 数据记录表

序号	灰板温度 t_3/℃	环境温度 t_4/℃	辐射计读数 E/(W/m^2)
1			
2			
3			
⋮			

表 4.7.4 子实验 4 数据记录表

序号	孔径宽度 w/mm	试件距离 x/mm	辐射计读数 E/(W/m^2)	校正辐射力 E_c/(W/m^2)
1				
2				
3				
⋮				

4.7.3 拓展部分（课后）

1. 思考问题

1）辐射换热实验过程中，灯光照射、墙壁反射、人为移动等都对光源辐射强度产生波动，实验中采取哪些措施可以减少这些影响？

2）热辐射与光照辐射有何异同？

3）辐射换热实验过程中的余温会对实验结果有什么影响？如何消除？

2. 实验拓展

1）查阅文献，调研其他辐射换热实验装置，本实验与其相比的优缺点是什么？

2）辐射换热实验装置包括的实验组件较多，可进行多种辐射换热实验，结合所学传热学知识，利用现有实验装置还能开展哪些辐射实验？

3. 知识拓展

1）辐射现象普遍存在，查阅文献调研太阳能规模化利用的技术有哪些，在太阳能辐射与吸收方面存在哪些技术瓶颈。

2）燃煤电站锅炉炉膛主要通过热辐射方式进行热量传递，调研分析从炉膛设计的角度如何考虑热辐射的影响。

4.8 扩展表面传热实验

4.8.1 理论部分（课前）

1. 实验目的

1）总结复合换热条件下扩展表面温度分布规律。

2）进行实验结果与理论分析结果的比较和分析。

3）掌握等截面直肋的导热计算及分析。

2. 涉及知识点

（1）肋片效率　肋片效率指的是肋片实际散热量与假设整个肋处于肋基温度下的最大可能散热量之比。

$$\eta_{\mathrm{f}}=\frac{\text{肋片实际散热量}}{\text{最大可能散热量}}=\frac{\Phi}{\Phi_0}=\frac{PLh(t_{\mathrm{m}}-t_{\infty})}{PLh(t_0-t_{\infty})}=\frac{\theta_{\mathrm{m}}}{\theta_0} \tag{4.8.1}$$

（2）肋片效率影响因素

1）肋片的导热系数 λ。

2）肋片长度 L。

3）肋片厚度 δ。

4）肋片与周围流体的表面传热系数 h。

3. 实验原理

如图 4.8.1 所示，假设肋片形状为小圆棒，其所处环境温度为 t_{a}，长度为 L、直径为 D、截面面积为 A、周长为 P、导热系数为 λ，一端加热，圆棒总的外表面积为 A_{s}。热量从一端输入，小圆棒的温度高于周围的温度，因此热量以热对流和热辐射两种形式从表面散失。由于热量输入仅来自一端，温度会沿着棒体从热端 t_1 变化到末端 t_8，圆棒足够长时可忽略顶端的散热，假设在任何距离 x 处的温度是 t_x，考虑热对流和热辐射的总体传热系数为 h。根据以上条件可列出以下微分方程：

$$\frac{\mathrm{d}^2 t_x}{\mathrm{d}x^2}-\frac{hP}{kA}(t_x-t_{\mathrm{a}})=0 \tag{4.8.2}$$

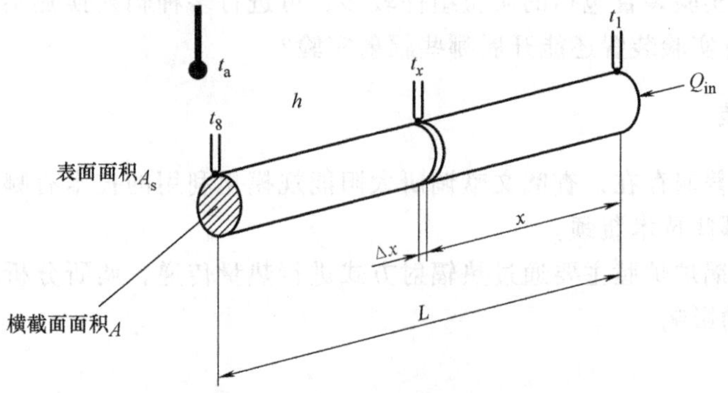

图 4.8.1 肋片加热原理

引入过余温度 $\theta=t_x-t_a$，方程变为

$$\frac{d^2t_x}{dx^2}-\frac{hP}{kA}\theta=0$$

引入变量 $m^2=\frac{hP}{kA}$，则有

$$\frac{d^2\theta}{dx^2}-m^2\theta=0$$

方程的通解为（式中 C_1、C_2 为常数）

$$\theta=C_1\cosh(mx)+C_2\sinh(mx)$$

根据边界条件，在 $x=0$ 处，$t_x=t_1$；$x=L$ 处，$dt_x/dx=0$，有

$$\frac{t_x-t_a}{t_1-t_a}=\frac{\cosh[m(L-x)]}{\cosh(mL)}$$

肋板散失的热量等于加热器产生的热量。利用傅里叶导热定律，有

$$\Phi_x=-kA\left.\frac{dt}{dx}\right|_{x=0}$$

利用差分分析和替换，可导出

$$\Phi_x=kAm(t_1-t_a)\tanh(mL)$$

其中 $m=\sqrt{\frac{hP}{kA}}$，因此

$$\Phi_x=\sqrt{kAhP}(t_1-t_a)\tanh\left(\sqrt{\frac{hP}{kA}}L\right)$$

热量通过小圆棒向周围进行对流和辐射，圆棒的总传热系数 h 包括两个因素，因此有

$$h=h_r+h_c \quad (4.8.3)$$

式中，h_r 是辐射换热系数，单位为 $W/(m^2\cdot K)$；h_c 是表面传热系数，单位为 $W/(m^2\cdot K)$。

$$h_r=\sigma F\varepsilon\frac{T_m^4-T_a^4}{T_m-T_a} \quad (4.8.4)$$

$$h_c=1.32\left(\frac{T_m-T_a}{D}\right)^{0.25} \quad (4.8.5)$$

式中，σ 是黑体辐射常数，等于 $5.67\times10^{-8}\mathrm{W/(m^2\cdot K^4)}$；$F$ 是形状系数，无量纲，等于 1；ε 是圆棒表面的发射率，无量纲，等于 0.95；T_a 是环境热力学温度，单位为 K；T_m 是圆棒表面的平均热力学温度，单位为 K；D 是圆棒的直径，单位为 m。

根据以上各式，可得导热系数

$$\lambda=\frac{hP}{m^2A} \tag{4.8.6}$$

4.8.2　实验部分（课中）

1. 实验装置

按上述理论及物理模型设计的扩展表面传热实验装置结构图和设备如图 4.8.2 和图 4.8.3 所示。

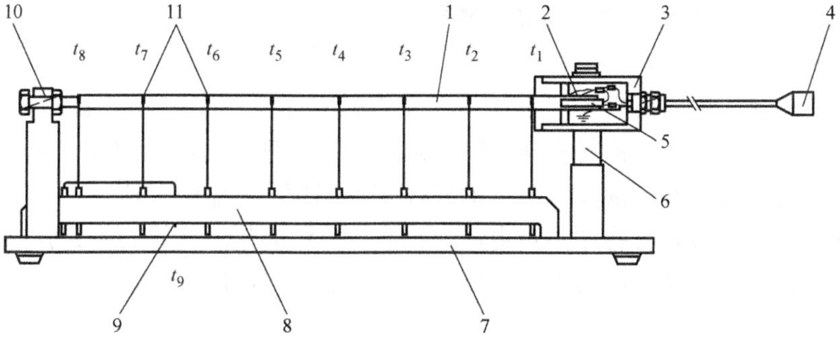

图 4.8.2　扩展表面传热实验装置结构图

1—铜棒　2—恒温器　3—隔热罩　4—电源线　5—电加热器

6、10—装置支架　7—装置底座　8—线槽　9、11—热电偶

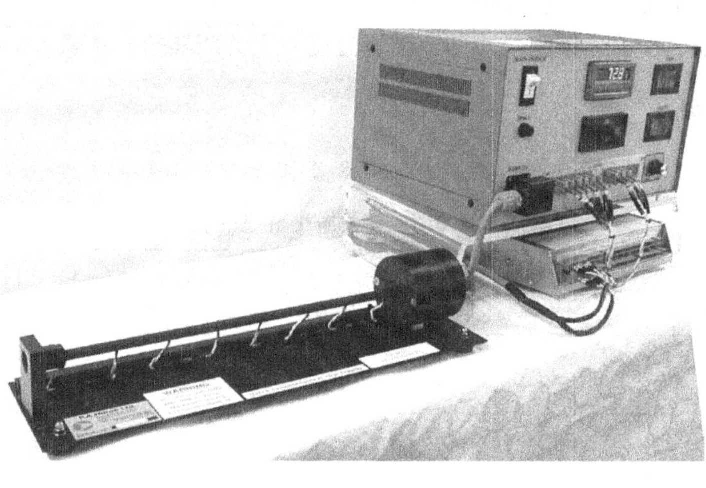

图 4.8.3　扩展表面传热实验设备图

实验设备重要参数如下：加热棒直径 $\phi=0.01\mathrm{m}$；加热棒有效长度 $L=0.35\mathrm{m}$；加热棒有效横截面面积 $A=7.854\times10^{-5}\mathrm{m^2}$；加热棒表面积 $A_s=0.01099\mathrm{m^2}$；加热棒料导热系数 $\lambda=$

121W/(m·K)。

2. 实验操作

子实验 1：测定扩展表面沿程温度分布

1）实验台主开关在关闭状态，过载电流断路器处于 ON 的位置。

2）逆时针旋转电压控制器旋钮，将交流电压设置为最低。

3）将扩展表面传热模块连接到实验台主机。

4）打开实验台主机前面板上的主开关，调节温度选择器按钮显示温度 t_1，旋转电压控制器旋钮，将电压设置为指定值。

5）当系统达到稳定时，读取所测量的棒体表面温度 $t_1 \sim t_8$ 的数值。

6）实验完成后，逆时针旋转电压控制器旋钮关闭加热器，使棒体充分冷却，随后关闭主开关。

子实验 2：测量扩展表面换热量和导热系数

1）重复子实验 1 的步骤 1）至步骤 3）。

2）打开实验台主机前面板上的主开关，调节温度选择器按钮显示温度 t_1，观测该温度值直到 t_1 达到 80℃左右，随后调节电压控制器旋钮使加热器电压至 70V 左右。

3）当系统达到稳定时，读取所测量的棒体表面温度 $t_1 \sim t_8$ 的数值。

4）调节电压控制器旋钮将加热器电压升高到 120V 左右，重复上述实验过程。

5）实验完成后，逆时针旋转电压控制器旋钮关闭加热器，使棒体充分冷却，随后关闭主开关。

3. 注意事项

1）实验操作时，棒体表面高温，避免人体接触。

2）采用稳态法实验时，在读取温度时需温度稳定后再读数。

3）实验结束后需等棒体完全冷却至环境温度后再关闭实验台主机。

4. 实验数据

将相关实验数据分别记入表 4.8.1、表 4.8.2 和表 4.8.3 中。

表 4.8.1　子实验 1 数据记录

测量温度/℃		与 t_1 的距离/m	$\frac{t_x-t_a}{t_1-t_a}$	$\frac{\cosh[m(L-x)]}{\cosh(mL)}$	计算温度/℃
t_1					
t_2					
t_3					
⋮					

表 4.8.2　子实验 2 数据记录

测量参数	样本 1	样本 2	样本 3	与 t_1 的距离/m
U/V				
电流 I/mA				
t_1/℃				
t_2/℃				
t_3/℃				
⋮				

表 4.8.3　子实验 2 数据整理

热量输入/W	与 t_1 的距离/m	$\frac{t_x-t_a}{t_1-t_a}$	$\frac{\cosh[m(L-x)]}{\cosh(mL)}$	计算传热量/W

4.8.3　拓展部分（课后）

1. 思考问题

1）影响实验结果的主要误差有哪些？应如何处理？

2）对比沿扩展表面温度分布的实验值与理论值，分析产生误差的原因。

3）根据沿肋长的温度分布特性，分析不同肋片材料对散热性能的影响。

2. 实验拓展

1）本实验只涉及单根圆肋，如果采用矩形肋片对实验结果会产生哪些影响？

2）为确保实验精度，对于长度的修正是必要的，对于长度修正遵循 $L_c=L+A_c/P$，其中，L_c 为肋端长度，A_c 为肋端面积，P 为肋周长。本实验是否有必要对肋端长度进行修正？需考虑哪些因素？

3）查阅文献，调研其他扩展表面传热实验装置，本实验与其相比的优缺点是什么？

3. 知识拓展

1）扩展表面的散热性能很强，可以极大地增强换热强度。在扩展表面的尾端，如果扩展表面越长，尾端的温压越小，对散热起到的作用越小，可通过计算得出最佳长度以及最佳形状，平衡材料成本和散热性能之间的矛盾。

2）肋片强化换热在实际中应用很多，查阅文献，了解电站锅炉省煤器采用 H 型鳍片管的应用情况。

4.9 对流和辐射综合传热实验

4.9.1 理论部分（课前）

1. 实验目的

1）测定在自然对流条件下，圆柱体在不同功率输入和相应表面温度下的综合传热量。

2）测量低温表面的表面传热系数和高温表面的辐射换热系数。

3）测定强制对流条件下不同气流速度对圆柱体综合传热效果的影响。

4）测定圆柱体周围的局部传热系数。

2. 涉及知识点

(1) 复合传热 几种热量传递机制同时起作用的传热过程称为综合传热或复合传热。

(2) 复合传热系数 对于同时存在辐射与对流换热的复合传热问题，常引入复合传热系数进行传热计算。

复合传热的总传热量可表示为

$$\Phi = h_c A\Delta t + h_r A\Delta t = (h_c + h_r) A\Delta t = hA\Delta t \tag{4.9.1}$$

式中，下角标 c 表示对流换热；下角标 r 表示辐射换热；h 是包括辐射与对流换热在内的复合传热系数，单位为 W/(m^2 · ℃)。

3. 实验原理

测定在自然对流、不同功率输入和相应表面温度下，水平圆柱中的复合传热量。

如图 4.9.1 所示，直径为 d，长度为 l 的圆柱，当圆柱的温度 t_s 高于周围空气温度 t_a 时，柱体周围空气受热，密度降低，向上流动。假设没有外界影响，圆柱体周边将建立起一个局部流场，邻近的冷空气自底端或四周流向圆柱，经过加热后向上运动，此过程将热量传递到空气中，称为自然对流传热。

在相对较低的温度下，对流是主要的传热方式。当圆柱表面温度升高时，辐射换热的强度将逐渐增加。辐射造成的热损失的比例取决于表面温度、发射率、周围环境的发射率以及周围环境的温度。

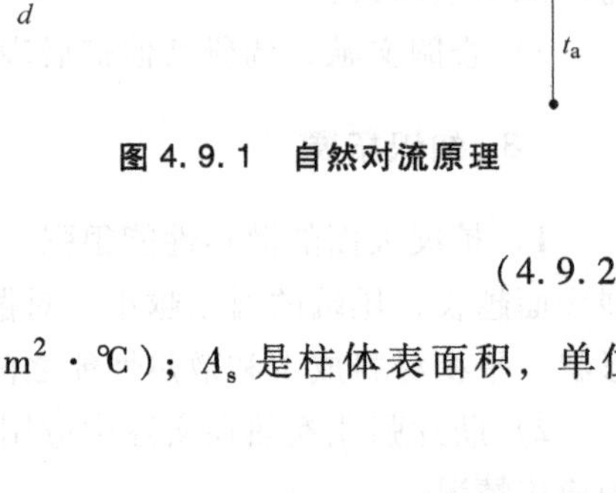

图 4.9.1 自然对流原理

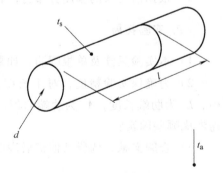

自然对流热损失的热流量 Φ_c 为

$$\Phi_c = h_c A_s (t_s - t_a) \tag{4.9.2}$$

式中，h_c 是自然对流时的表面传热系数，单位为 W/(m^2 · ℃)；A_s 是柱体表面积，单位为 m^2。

过程中的辐射损失的热流量 Φ_r 为

$$\Phi_r = h_r A_s (t_s - t_a) \tag{4.9.3}$$

式中，h_r 是辐射换热系数，单位为 W/(m^2·℃)

对于辐射换热系数，可根据整体的传热系数确定：

$$h_r = X\varepsilon\sigma \frac{T_s^4 - T_a^4}{T_s - T_a} \tag{4.9.4}$$

式中，σ 是黑体辐射常数，等于 5.67×10^{-8}W/(m^2·K^4)；ε 是表面发射率，无量纲；X 是相对于热本体的角系数，无量纲。

其中涉及的主要实验及理论包括：

(1) 测量低温表面的表面传热系数和高温表面的辐射换热系数　通过实验过程和后续的非量纲分析，可描述出一个圆柱或平板的整体表面传热系数和局部表面传热系数，整体表面传热系数比局部传热系数更容易测量。传热系数的辐射分量和对流分量的分离增加了复杂性。

本实验中，采用抛光圆筒进行低表面温度的对流分量实验，同时测量总热量输入和表面的自由流温差，可得到总传热系数。

(2) 测定强制对流对圆柱体热量传递的影响　对于强制对流系数，有各种复杂的实验关联方程式，本实验经验公式如下：

$$Nu = 0.3 + \frac{0.62Re^{0.5}Pr^{0.33}}{\left[1+\left(\frac{0.4}{Pr}\right)^{0.66}\right]^{0.25}\left[1+\left(\frac{Re}{282000}\right)^{0.5}\right]} \tag{4.9.5}$$

$$Re = \frac{u_f d}{\nu}$$

式中，Re 是根据直径 d 确定的雷诺数，无量纲；u_f 是气流速度，单位为 m/s。

(3) 测定圆柱体周围的局部传热系数　实验原理如图 4.9.2 所示，如果一个直径为 d、长度为 l、温度为 t_s 的圆筒在流速为 u_e 的气流中加热，那么热量就会从圆柱转移到气流中。

由于强制对流而导致的表面散热损失的速率很大程度上受到边界层和自由流中存在的湍流的影响。流体绕圆柱体的流线如图 4.9.2 所示。

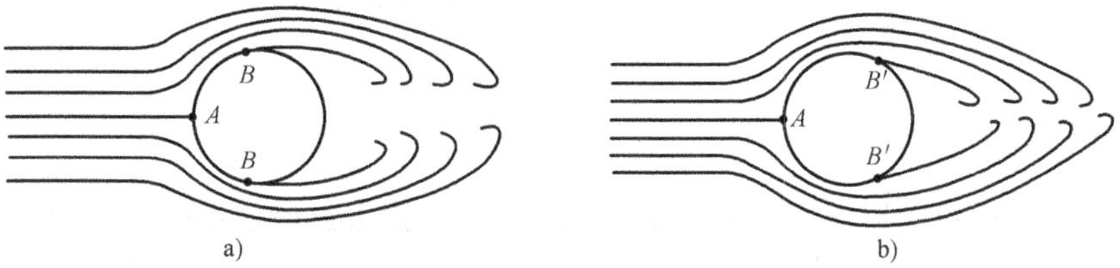

图 4.9.2　流体绕圆柱体的流线图

如图 4.9.2a 所示，靠近圆柱的气流速度相对较低，在 A 点处，气流停止，该点称为停滞点。停滞点的两侧柱面形成边界层，流体速度较低时边界层是层流状态，热量传递主要通过导热；层流边界层在逆压梯度下不稳定，在 B 点处会分离。

在较高的气流速度时，如图 4.9.2b 所示，边界层中将产生湍流状态，湍流边界层抵抗逆压梯度的时间比层流边界层长，因此分离发生在 B' 点。湍流状态下表面传热系数相对于层流状态将大幅度提高。

4.9.2 实验部分（课中）

1. 实验装置

按上述理论及物理模型设计的对流和辐射综合传热实验原理及装置如图 4.9.3 所示。

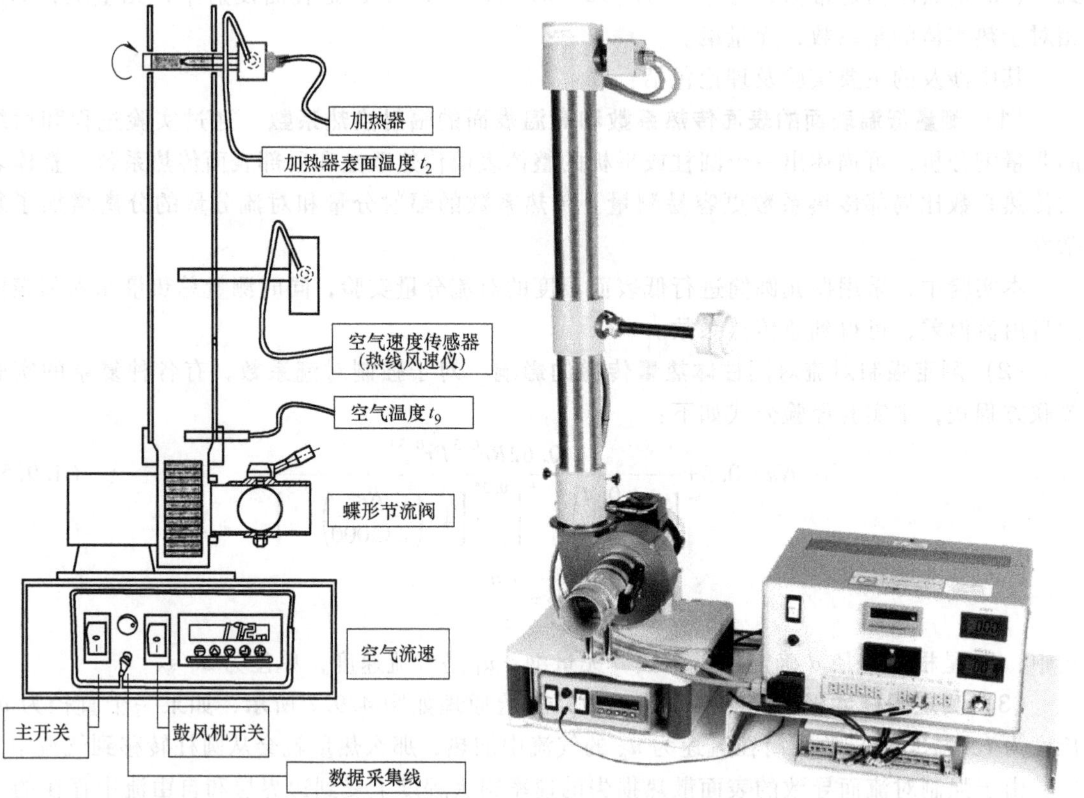

图 4.9.3 对流和辐射综合传热实验装置图

2. 实验操作

子实验 1：测定在自然对流下不同功率输入和不同表面温度时水平圆柱中的复合传热量

1）确保圆柱位于管道顶部的支架上的水平位置，旋转圆柱使得热电偶的位置位于流通管道的左侧。

2）调节实验台主机前面板的电压控制器旋钮，设定初始电压为 50V。

3）调节实验台主机前面板的热电偶选择按钮，选择并监测温度 t_2。

4）打开入口蝶阀，但不要开启风机，此时处于自然对流状态。

5）当温度 t_2 达到稳定状态时记录第一组数据：t_1、t_2、U 和 I。

6）调节电压控制器旋钮，增大电压至 80V，当温度 t_2 达到稳定状态时，记录第二组数据：t_1、t_2、U 和 I。

7）继续增大电压至 150V，当温度 t_2 达到稳定状态时，记录第三组数据：t_1、t_2、U 和 I。

8）继续增大电压至 185V，当温度 t_2 达到稳定状态时，记录第四组数据：t_1、t_2、U 和 I，并将所有数据记录在表 4.9.1 中。

子实验 2：测量低温表面的表面传热系数和高温表面的辐射换热系数

实验步骤同子实验 1，同样将相关数据记录在表 4.9.1 中。

子实验 3：测定强制对流条件下，不同气流速度对圆柱热量传递的影响

1）确保圆柱位于管道顶部的支架上的水平位置，旋转圆柱使得热电偶的位置位于流通管道的左侧。

2）打开实验台主机主开关，打开风道进口调节阀，开启风机。

3）调节电压控制器旋钮，设定初始电压为 200V。

4）调整风机进气口的蝶阀，直至指示的风速约为 0.5m/s。

5）调节实验台主机前面板的热电偶选择按钮，选择温度位置 t_2，并监测温度 t_2。

6）当温度 t_2 达到稳定状态时，记录第一组数据：u_f、t_1、t_2、U 和 I。

7）继续增大风速至大约 1.0m/s，在相同的电压读数，当温度 t_2 达到稳定状态时记录第二组数据：u_f、t_1、t_2、U 和 I。

8）按照大约 0.5m/s 的速率继续增大风速达到最大，每次读取一组数据，并将相关数据记录在表 4.9.2 中。

9）实验完成后，调节电压控制器旋钮至 0 位，依次关闭风机、主开关及电源，恢复实验设备至初始状态。

子实验 4：测定圆筒周围的局部传热系数

1）打开蝶阀和风机开关。

2）调节电压控制器旋钮，设定初始电压为 200V。

3）调整蝶阀，直到指示的风速约为 7m/s。

4）调节实验台主机前面板的热电偶选择按钮，选择温度位置 t_2，并监测温度 t_2。

5）当温度 t_2 达到稳定状态时，记录第一组数据：u_f、t_1、t_2、U 和 I。

6）松开锁紧螺母，顺时针旋转加热圆柱体 90°，此时 t_2 热电偶直接面对气流。

7）重复上述实验步骤，记录第二组数据：u_f、t_1、t_2、U 和 I。

8）松开锁紧螺母，再逆时针旋转加热圆柱体 180°，此时 t_2 热电偶布置在气流背面。

9）重复上述实验步骤，记录第三组数据：u_f、t_1、t_2、U 和 I，并将所有数据记录在表 4.9.3 中。

10）实验完成后，调节电压控制器旋钮至 0 位，依次关闭风机、主开关及电源，恢复实验设备初始状态。

3. 注意事项

1）在气流速度较低的情况下，加热圆柱体的温度高，要防止触碰加热圆柱体。

2）圆柱体表面温度 t_2 不允许超过 500℃。

3）子实验 3 扭转角度时应先断开电源，避免漏电导致其内线路与加热线路交错，造成短路跳闸。

4. 实验数据

表 4.9.1 子实验 1 和子实验 2 数据记录表

序号	U/V	I/A	t_1/℃	t_2/℃
1				
2				
3				
⋮				

序号	Φ_{input}/W	h_r/[W/(m^2·℃)]	h_c/[W/(m^2·℃)]	Φ_r/W	Φ_c/W	Φ_{total}/W
1						
2						
3						
⋮						

表 4.9.2 子实验 3 的数据记录与处理表

序品	U/V	I/A	u_f/(m/s)	t_1/℃	t_2/℃
1					
2					
3					
⋮					

序号	Φ_{input}/W	u_f/(m/s)	ν/(m^2/s)	h/[W/(m^2·℃)]	Pr	Re	Nu
1							
2							
3							
⋮							

序号	h_c/[W/(m^2·℃)]	Φ_c/W	h_r/[W/(m^2·℃)]	Φ_r/W	Φ_{total}/W
1					
2					
3					
⋮					

表 4.9.3 子实验 4 的数据记录与处理表

角度 θ/(°)	U/V	I/A	u_f/(m/s)	t_1/℃	t_2/℃	(t_1-t_2)/℃
0						
90						
180						

5. 实验分析

1）子实验 2：绘制以温度 t_1 为横坐标、传热系数为纵坐标，不同温度下 h_c、h_r 随温度的变化曲线。

2）子实验 4：绘制以角度为横坐标、温差为纵坐标，不同圆柱表面温度与角位置的变化曲线。

4.9.3　拓展部分（课后）

1. 思考问题

1）对流辐射复合过程中的综合传热系数如何确定？什么情况下可以忽略对流换热影响？什么情况下可以忽略辐射换热的影响？

2）周围环境如何影响实验过程与实验结果？为什么？

2. 实验拓展

1）查阅文献，调研其他对流辐射综合传热实验装置，并比较本实验与其相比的优缺点。

2）本实验台在风道出口处加装加热棒以产生热辐射，分析加热棒安装位置对实验结果有何影响。

3）实验 4.5 自然和强制对流换热实验台实验部件也能加热，同样会产生热辐射，能开展对流辐射综合实验吗？

3. 知识拓展

1）燃煤电站锅炉烟道、燃气-蒸汽联合循环余热锅炉中发生的传热过程都是复合传热过程，调研分析上述设备在设计过程中如何考虑对流与辐射综合影响。

2）结合对流辐射换热的知识调研分析宇宙飞船在升空、在轨飞行、返回地球的过程中会发生哪些传热过程，在设计制造时需要考虑哪些传热问题。

附录　热工测量仪表性能及热工实验相关参数表

扫描下方二维码获取对应附表内容。

附表 1　不同类型温度计性能比较表

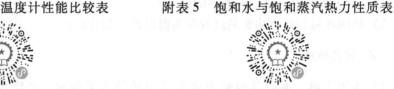

附表 2　常见标准型热电偶性能对比表

附表 3　不同类型压力计性能比较表

附表 4　不同类型流量计性能比较表

附表 5　饱和水与饱和蒸汽热力性质表

附表 6　不同制冷剂工质饱和温度压力关系表

附表 7　不同金属材料物性参数表

附表 8　高斯误差补函数的一次积分表

扫描下方二维码并选择 PDF，可下载相关数据表。

参考文献

[1] 王修彦. 工程热力学 [M]. 2版. 北京：机械工业出版社，2022.

[2] 陶文铨. 传热学 [M]. 5版. 北京：高等教育出版社，2019.

[3] 能源动力学科教学指导委员会. 热工基础课程发展战略研究报告 [EB/OL]. (2005-11-21) [2022-12-10]. https：//www. edu. cn/edu/cooperate/crct/sixth/yanjiu/200603/t20060323_150309. shtml.

[4] 王伟，胡真虎，苏馈足，等. 大学生创新实验项目教学改革和实践 [J]. 实验科学与技术，2014，12 (5)：178-179.

[5] 刘波，毛先柏，刘曼玲. 新工科电工电子创新实验教学改革探索 [J]. 电气电子教学学报，2020，42 (2)：138-142.

[6] 袁哲，蔡印，牛立刚. 开放性创新实验教学模式改革与实践研究 [J]. 实验室科学，2018，21 (3)：145-148.

[7] 李兵，刘龙辉，李子涵. 面向培养科学素养的创新实验设计与实践 [J]. 商丘师范学院学报，2022，38 (9)：25-28.

[8] 常太华，苏杰. 过程参数检测及仪表 [M]. 北京：中国电力出版社，2009.

[9] 张东风. 热工测量及仪表 [M]. 3版. 北京：中国电力出版社，2015.

[10] 郭美荣，俞爱辉，高婷. 热工实验 [M]. 北京：冶金工业出版社，2015.

[11] 姜世昌. 红外测温技术概述 [J]. 信息产品与节能，1999 (3)：18-21.

[12] 马国荣. 光学高温计 [J]. 中国教育技术装备，2005 (9)：25-26.

[13] 金辉，王晓岚，孙健. 红外测温仪测量准确度的影响因素分析及修正方法 [J]. 上海计量测试，2019，46 (5)：34-38.

[14] 樊尚春. 传感器技术及应用 [M]. 3版. 北京：北京航空航天大学出版社，2016.

[15] 陈建元. 传感器技术 [M]. 北京：机械工业出版社，2008.

[16] 付家才，沈显庆，孙懿男. 传感器与检测技术原理及实践 [M]. 北京：中国电力出版社，2008.

[17] 钟邦荣. 用单管压力计作标准器检定双波纹管差压计时的示值修正 [J]. 天然气工业，1989 (2)：78-79.

[18] 范鹏程. 关于弹簧管式压力表示值误差的分析和调整 [J]. 中国石油和化工标准与质量，2021，41 (21)：30-31.

[19] 马群. 新型波纹管压力传感器 [J]. 传感器技术，2001 (8)：53-54.

[20] 张弘毅. 电容式压力传感器的原理及分析 [J]. 中国新通信，2018，20 (9)：236-237.

[21] 李艳，李新娥，裴东兴. 应变式压力传感器及其应用电路设计 [J]. 计量与测试技术，2007 (12)：32-33.

[22] 冯明. 霍尔相位传感器的研究开发 [D]. 上海：上海微系统与信息技术研究所，2004.

[23] 李勇，罗亚军，陈振茂. 我国工业控制传感器市场发展综述 [J]. 自动化应用，2012 (1)：63-64.

[24] 张龙龙，钟山. 基于振弦式压力传感器的桥梁索力监测探讨 [J]. 交通世界，2022 (15)：29-31.

[25] 邢威. 高精度气体活塞压力计的改造设计与航空应用 [J]. 现代工业经济和信息化，2022，12 (5)：69-71.

[26] 李海兵，袁恩阁，卓华，等. 双活塞式压力计准确度等级的确定 [J]. 计测技术，2017，37 (2)：37-39.

[27] 朱宇辉，丁川，阮健. 容积式流量计的研究现状及展望 [J]. 液压与气动，2019 (4)：1-14.

[28] 袁中林，梁君英. 靶式流量计的分类及应用 [J]. 自动化仪表，2008 (4)：67-70.

[29] 周志华. 三杯式风速计特性分析与实验研究 [D]. 哈尔滨：哈尔滨工业大学，2007.

[30] 黄咏梅，张宏建，孙志强. 涡街流量计的研究 [J]. 传感技术学报，2006 (3)：776-782.

[31] 殷光. 超声波流量测量技术研究［D］. 西安：西安石油大学，2012.
[32] 袁艳平，曹晓玲，孙亮亮. 工程热力学与传热学实验原理与指导［M］. 北京：中国建筑工业出版社，2013.
[33] 杨思远. 超临界和亚临界 CO_2 的定压比热和密度实验研究［D］. 大连：大连理工大学，2020.
[34] 曹冬冬，郭亚军，冯松，等. 碳氢燃料低温定压比热测量实验研究［J］. 热能动力工程，2017，32（5）：15-18.
[35] 黄淑君，郭亚军，杨竹强，等. 吸热型碳氢燃料的定压比热测量研究［J］. 热能动力工程，2015，30（6）：833-836.
[36] 董力. 超临界二氧化碳发电技术概述［J］. 中国环保产业，2017（5）：48-52.
[37] 郑立辉，李云雁，宋光森，等. 六氟化硫 *pVT* 关系测定实验教学体会与思考［J］. 化工高等教育，2014，31（4）：87-90.
[38] 延洪剑，刘晖，李金华. 超临界二氧化碳 *pVT* 性质计算研究［J］. 广州化工，2015，43（22）：33-35.
[39] 刘洋，郜宇琦，丁治英，等. 超临界 CO_2 大展身手的时代［J］. 大学化学，2022，37（9）：81-85.
[40] 李昌植. 喷管喉部沉积现象原因分析及解决途径［J］. 宇航材料工艺，1992（2）：47-52.
[41] 徐长松，宋福元，费景洲，等. 组合式饱和蒸汽压力和温度关系实验平台设计［J］. 教育教学论坛，2017（42）：273-274.
[42] 蒋贤，杜建芬，刘煌，等. 管输原油饱和蒸气压实验测定与模拟预测［J］. 石油与天然气化工，2019，48（3）：86-90.
[43] 陈梦君. 石油产品蒸气压测量准确性研究［D］. 北京：中国石油大学，2017.
[44] 张永明. 石油产品饱和蒸气压测定方法探讨［J］. 广东化工，2009，36（11）：209-210.
[45] 秦海杰，李鹏冲. CO_2 跨临界循环与常规制冷剂循环性能比较［J］. 制冷与空调，2014，14（2）：50-53.
[46] 诸葛成. 超临界 CO_2 流体萃取在化学工业中的应用研究［J］. 石化技术，2020，27（6）：55-56.
[47] 李光霁，陈王川. 超临界 CO_2 在超高压状态下的热力学性质研究［J］. 机械设计与制造，2018（6）：243-245.
[48] 娄彝忠，方荣青，顾春明. 相变与临界乳光现象［J］. 物理实验，2011，31（4）：15-17.
[49] 龚庆杰，岑况，陈明. 超临界流体与超临界现象［J］. 地球学报，1999，20（S1）：438-444.
[50] 张可，何健钊，孟婧，等. 饱和蒸气压测量与临界现象观测实验教学装置的研制［J］. 中国现代教育装备，2022（9）：59-62.
[51] 耿晖，崔晓钰，佘海龙. *J-T* 效应节流制冷系统的研究进展［J］. 能源研究与信息，2020，36（2）：95-102.
[52] 佘海龙，崔晓钰，耿晖，等. 微小型焦-汤效应节流制冷器发展与研究［J］. 制冷学报，2019，40（3）：8-23.
[53] 曹菁，侯予，李家鹏，等. 微型低温节流制冷器结构优化设计［J］. 红外技术，2020，42（9）：893-898.
[54] 孙志利，臧润清，季卫川. 制冷系统用节流装置特性及应用分析［J］. 冷藏技术，2014，（4）：18-24.
[55] 贺传龙. 基于焦耳-汤姆逊效应的 CO_2 制冷实验研究［D］. 大连：大连海事大学，2013.
[56] 常国峰，崔贤. 不同环境因素对空气绝热指数测量误差的影响［J］. 实验室科学，2021，24（3）：31-35.
[57] 劳振花. 测量气体绝热指数的智能仪器研制［J］. 科学技术与工程，2008（3）：624-628.
[58] 房德康. 空气绝热指数测定装置的研究［J］. 江苏理工大学学报，1995（4）：34-37.

[59] 邵建新，刘云虎，张子英，等. 空气绝热指数的计算［J］. 科学技术与工程，2009，9（3）：673-674.
[60] 刘旭辉. 空气比热比的振动法测量研究［J］. 湖南科技学院学报，2014，35（5）：39-42.
[61] 孙石，宋兆丽. 用振动法测量气体的定熵指数［J］. 大学物理实验，1996（4）：18-19.
[62] 刘颖刚，李明，韩党卫. 驻波法测量空气绝热指数的研究［J］. 陕西师范大学学报，2003（S1）：75-77.
[63] 盛健，胡佳怡，羊恒复，等. 活塞式压气机性能测试实验教学装置改进［J］. 实验室科学，2021，24（2）：65-69.
[64] 谢志辉，杨立，陈伯义，等. 活塞式压气机性能测试实验台的研制与应用［J］. 物理实验，2007（4）：26-28.
[65] 徐艳. 火电厂直接空冷凝汽器传热性能实验研究［D］. 北京：华北电力大学，2011.
[66] 赵斌，张晓亮，刘玲. 汽轮机凝汽器最佳真空的影响因素及确定方法［J］. 河北理工大学学报，2007（4）：85-89.
[67] 郑浩，汤珂，金滔，等. 有机朗肯循环工质研究进展［J］. 能源工程，2008（4）：5-11.
[68] 郭丛. 有机朗肯循环系统集成及蒸发过程性能研究［D］. 北京：华北电力大学，2015.
[69] 张鑫，赵贤聪，苍大强，等. 超临界朗肯循环热力性能研究［J］. 热能动力工程，2015，30（2）：228-232.
[70] 李维腾，李季. 基于实验室朗肯循环装置的实验研究［J］. 实验科学与技术，2020，18（6）：46-50.
[71] 何雅玲，陶文铨. 对我国热工基础课程发展的一些思考［J］. 中国大学教学，2007（3）：12-15.
[72] 付越，王新伟. 传热学创新性实验教学体系的改革与建设［J］. 教育教学论坛，2016（12）：245-246.
[73] 俞爱辉，冯妍卉，张欣欣. 传热学多层次创新性实验教学模式的研究［J］. 中国现代教育装备，2011（7）：115-117.
[74] 胡刚刚，杨志平. 面向创新人才培养的传热学综合实验平台建设与实验模式探索［J］. 实验室研究与探索，2021，40（10）：247-251.